ユーキャンの

第二種
電気工事士

筆記試験
合格 テキスト & 問題集

〔第2版〕

第二種電気工事士の筆記試験について

1 第二種電気工事士とは

　現代の私たちの生活は、一日中、一年中、電気無しではまったく成り立たないものになっています。

　そうした環境の中で、一般住宅をはじめとして、商店、ビル、工場などの電気工事の欠陥による災害の発生を防止し、電気設備の安全を守るために、電気工事の内容によっては、一定の資格のある人でなければ工事を行ってはならないことが、法令で決められています。

　その資格のある人を電気工事士といいます。その中で、第二種電気工事士は、一般住宅や店舗などの低圧（600ボルト以下）で受電する設備の電気配線や電気使用設備等（一般用電気工作物）の工事に従事できます。

2 第二種電気工事士の筆記試験

電気技術者試験センターが試験を実施します。

どなたでも受験できます。

▶ ▶ ▶ **筆記試験の科目・問題数・試験時間**

　試験科目と問題数については、次ページの表にあります。

　筆記試験の試験時間は、**2時間**です。

　カラー写真を使った問題＝鑑別問題が、一般問題の、③電気機器、配線器具ならびに電気工事用の材料および工具で3問程度、⑦配線図で10問出題されます。

【筆記試験の科目・問題数】

	筆記試験科目	問題数	
一般問題	① 電気に関する基礎理論	5問程度	30問
	② 配電理論および配線設計	5問程度	
	③ 電気機器、配線器具ならびに電気工事用の材料および工具	8問程度	
	④ 電気工事の施工方法	5問程度	
	⑤ 一般用電気工作物の検査方法	4問程度	
	⑥ 一般用電気工作物の保安に関する法令	3問程度	
配線図	⑦ 配線図	20問	20問
			合計50問

試験は、**四肢択一のマークシート方式**です。

全体の出題数の60%以上の成績を修めた人が合格と言われています。

▶▶▶ 技能試験

　第二種電気工事士筆記試験の合格者は、**技能試験**を受験することができます。この技能試験に合格したあと、都道府県知事へ申請をすると、第二種電気工事士の**免状**が交付されます。

▶▶▶ 筆記試験の免除

　次の方は、筆記試験が免除になります。

①前回の第二種電気工事士筆記試験の合格者

②学校教育法による高等学校もしくは旧中等学校令による実業学校またはこれらと同等以上の学校において、電気工事士法で定める電気工学の課程を修め

て卒業した方
③第一種、第二種または第三種電気主任技術者免状の取得者
　旧電気事業主任技術者資格検定規則による電気事業主任技術者の有資格者
　その他、詳しくは受験案内をご覧ください。

3　受験の手続き

▶▶▶試験地
　上期・下期それぞれで指定された**試験地**の中から選ぶことができます。試験会場は選ぶことができません。

▶▶▶試験案内・受験申込書
　電気技術者試験センター、書店、河合塾主要校舎、各電力会社の支店・営業所などで入手できます。

受験願書は
全国共通です。

▶▶▶申込方法
　郵便申込み（受験申込書〔払込取扱票〕に必要事項を記入し、ゆうちょ銀行で受験手数料を払い込む）と、**インターネット申込み**（電気技術者試験センターのホームページから申し込む）があります。

▶▶▶試験日
　例年、**6月上旬**（上期）と**10月上旬**（下期）の日曜日に、全国一斉に実施されます。

試験の詳細、お問い合わせ等

一般財団法人　電気技術者試験センター
ホームページ　http://www.shiken.or.jp/
※試験日程や試験案内の内容等を確認することができます。
電話　03-3552-7691

科目別出題傾向の分析

一般問題

筆記試験50問のうち一般問題は30問です。全問イ、ロ、ハ、ニの４つの選択肢の中から正解を１つ選ぶ択一式の問題です。科目別に出題傾向をみておきましょう。

第1章　電気に関する基礎理論

電圧、電流、抵抗の関係（**オームの法則**）など、中学の理科で学習した電気に関する基礎的な知識から、**交流回路**の基礎理論までが出題範囲となります。毎回**5問**程度出題され、**計算問題**がほとんどですが、その多くが過去問でくり返し出題されている問題と同じパターンなので、頻出問題を確実に理解しておけば得点に結びつけることができます。

頻出問題

- 直流回路の**直並列接続**におけるオームの法則
- 電力と**発熱量**の関係
- 導線の**太さ**、長さと**抵抗値**の関係
- 抵抗とコイルを含んだ**交流回路**（R-L回路）におけるオームの法則
- 交流回路の**力率**
- **三相交流回路**における電圧・電流、断線、消費電力

第2章　配電理論および配線設計

電気を使用する工場や一般家庭等に電力を供給することを**配電**といいます。**配電方式の種類**（単相２線式、単相３線式、三相３線式）、配電線路における**電圧降下**および**電力損失**、**電線の許容電流**、**屋内幹線の設計**、**分岐回路の施設**などが出題範囲となります。毎回**5〜6問**の出題があります。第１章と同様、**計算問題**が多く、数値だけを変えた同じパターンの問題が出題される傾向があ

ります。設問に出てくる図も毎回同じものがほとんどなので、頻出問題に慣れてしまえば、得点に結びつけることができます。

頻出問題

- 配電線路（単相2線式、単相3線式、三相3線式）における**電圧降下**
- 配電線路（単相3線式、三相3線式）における**電力損失**
- 電線の**太さ**と**許容電流**
- **幹線**の許容電流の計算
- 幹線の**過電流遮断器**の定格電流
- **分岐開閉器**と**過電流遮断器**の施設
- **分岐回路**の電線の太さと**コンセント**の定格電流

第3章　電気機器、配線器具ならびに電気工事用の材料および工具

電気機器（誘導電動機、照明器具など）、**配線器具**（開閉器、遮断器、電線、接続器など）、金属管工事や合成樹脂管工事などに使用する**電気工事用材料**と**工事用工具**、その他の**作業用工具**が出題範囲となります。平均して**7〜8問**の出題があります。第1章や第2章とは異なり、計算問題はほとんどなく、出題の4割近くが**写真鑑別問題**（工具、材料、配線器具、計測器のカラー写真を見て、その名称や用途を答える問題）です。同じものがくり返し出題されることは少なく、まんべんなく出題されるので、**コツコツ覚える学習**が重要です。ただし、**誘導電動機**については理論的な問題も出題されます。

頻出問題

- 三相誘導電動機の回転速度、逆回転、**進相コンデンサ**の役割
- 配線用遮断器の動作時間
- 電線の種類（**絶縁電線、ケーブル、コード**）
- 電気工事の種類と**使用する工事**の組合せ
- 金属管の切断・曲げ作業に使用する工具

第4章　電気工事の施工方法

　施設場所によって施工できる**屋内配線工事の種類**、**特殊場所**（粉じんの多い場所など）で施工できる工事の種類、各種の**屋内配線工事**、**接地工事**のほか、**電線の接続**が出題範囲となります。**5問**程度の出題があります。屋内配線工事の施工方法については、各種工事が**総合的に出題**される傾向があります。

頻出問題

- 施設場所（**湿気の多い場所**、点検できない隠ぺい場所など）と工事の種類
- **特殊場所**（粉じん、危険物などが存在する場所）で施工できる工事の種類
- 屋内配線工事（**金属管**、**合成樹脂管**、**ケーブル**、**ダクト**など）の施工方法
- その他の工事（**ネオン放電灯工事**、**エアコンの取り付け**）の施工方法
- **接地工事**の種類と接地抵抗値、D種接地工事の**省略**
- **電線の接続**（基本的条件、圧着マーク、接続箇所の絶縁処理）

第5章　一般用電気工作物の検査方法

　竣工検査（新増設検査）、**接地抵抗の測定**、**絶縁抵抗の測定**、各種検査用の**測定器**、**電気計器の記号**などが出題範囲となります。平均して**4問**程度出題され、測定器についてはたまに**写真鑑別問題**として出題されることもあります。また、接地抵抗と絶縁抵抗の総合問題や、測定器とその用途の組合せ問題などもみられます。

頻出問題

- **竣工検査**の項目
- **接地抵抗**の測定方法
- **絶縁抵抗**の測定（**絶縁抵抗値**、**絶縁抵抗計**、測定が困難なとき）
- 各種測定器（**回路計**、**検電器**、**検相器**、**クランプ形電流計**など）の用途

　一般に電気保安4法と呼ばれる**電気事業法、電気工事業法、電気用品安全法**および**電気工事士法**が出題範囲となります。毎回2〜3問の出題があります。

頻出問題

- 電気事業法が定める「**一般用電気工作物**」の適用を受けるもの
- 電気工事士法が定める**電気工事士**の**義務**および**免状**
- **電気工事士しかできない作業**
- 電気用品安全法が定める「**特定電気用品**」の適用を受けるもの
- 電気用品安全法に基づく**表示制度**

配線図

第7章 配線図

　問31〜問50の20問は、**配線図**に関する問題（四肢択一）です。配線図（平面図・分電盤結線図）を見ながら設問に答える形式になっており、**一般問題の応用編**といえます。そのうち、後半の問41〜問50は**写真鑑別問題**ですので、ここでは前半の問31〜問40と後半の問41〜問50に分けて詳しく出題分析を行います。

（1）問31〜問40の分析

　設問の最後に提示された配線図（**平面図**〔▶P.263〕、**分電盤結線図**〔▶P.266〕）に基づく出題であり、そのうち4〜5割程度が**図記号**に関する問題です。

頻出問題

- **図記号**の器具等の**名称**（毎回3問程度）
- **図記号**の器具等の**傍記表示**（毎回1問程度）
- **図記号**の器具等の**使用目的**（2回に1問程度）
- 平面図のある部分の**最少電線本数**（毎回1問程度）
- 平面図のある部分の**絶縁抵抗**の許容される**最小値**（3回に2問程度）
- 平面図のある部分の**接地抵抗**の許容される**最大値**（2回に1問程度）
- **コンセントの刃受**（2回に1問程度）

(2) 問41～問50（写真鑑別問題）

配線図に示された各部分または配線図全体の施工に使用されている（または使用されていない）器具等について、4枚の写真から1枚を選ぶ形式になっています。なお、問31～問40の分析の**最少電線本数**の問題と、問41～問50（鑑別問題）の**リングスリーブ**と**差込形コネクタ**の**種類**と**最少個数**に関する問題については、276ページ～297ページを参照してください。

頻出問題

- 平面図のある部分において使用する**リングスリーブ**の種類とその最少個数の組合せ（**毎回1問**）
- 平面図のある部分において使用する**差込型コネクタ**の種類とその最少個数（**毎回1問**）
- 平面図のある部分で使う**コンセントの種類**（**毎回1問**程度）
- 平面図のある部分で使う**点滅器の種類**（**毎回1問**程度）

◆問41～問50によく出題される写真

圧着ペンチ（圧着端子用）、回路計（テスタ）、クランプ形電流計、絶縁抵抗計、配線用遮断器、圧着ペンチ（リングスリーブ用）、進相コンデンサ、壁付換気扇、合成樹脂用カッタ、自動点滅器、プレート、平形ケーブル、ライティングダクト

鑑別問題対策

① 鑑別問題とは

第二種電気工事士の筆記試験は、次のような構成になっています。いずれも四肢択一です。

●問1．一般問題（問1〜問30）
●問2．配線図（問31〜問50）

そのうち、

●一般問題で3問（問16〜問18）
●配線図で10問（問41〜問50）

が、**カラー写真**（◉別冊の「鑑別問題対策資料集」）を見ながら解答する問題になっています。そして、このカラー写真を見ながら解答する問題を、一般的に鑑別問題と呼んでいます。

② 鑑別問題の内容

●一般問題の3問（問16〜問18）

　これは、**カラー写真**で示されたものの、**名称**と**用途**を問う問題です。ですので、電気工事に使う、**道具**、**材料**、**配線器具**、**計測器**に関して、写真で示されたものの名称と用途を、答えられるようにしておく必要があります。

●配線図の10問（問41〜問50）

　配線図（平面図［◉P.263］・分電盤結線図［◉P.266］）に示された①〜⑱前後の各部分や配線図全体の施工で使われている（逆に使われていない）**道具**、**材料**、**配線器具**、**計測器**について問われます。

（1）鑑別問題全体の内容

　実際には、次のような問題が出題されます（四肢択一）。

> ⑪で示す天井部分に取り付けられる図記号のものは。
> ⑫で示す電線の切断に使用する工具で**適切な**ものは。
> ⑱で示す部分に接地工事を施すとき、使用されることのないものは。

　ですので、次の点が試験対策のポイントになります。

鑑別問題の試験対策ポイント

①**写真**を見て、そのものの**名称**と**用途**を選択肢から選択できるようにしておくこと

②**配線図**（平面図・分電盤結線図）に示された**図記号**を見て、そのものの**写真**を選択肢から選択できるようにしておくこと

③配線図（平面図・分電盤結線図）の全体や、図番号で示された部分の**施工に使われている**（あるいは使われていない）**道具や材料の写真**を選択肢から選択できるようにしておくこと

配線図のある部分で使っているケーブルの種類を問う問題もあります。

（2）配線の接続に関する問題について

配線図に関する10問の鑑別問題のうち、例年2問が

①**リングスリーブの種類**と**最少個数**の組合せ
②**差込型コネクタの種類**と**最少個数**の組合せ

となっていて、次のような問題が出題されます。

⑬で示すボックス内の接続をすべて圧着接続とする場合、使用するリングスリーブの種類と最少個数の組合せで、**適切なものは。**
ただし、使用する電線はＶＶＦ1.6とし、ボックスを経由する電線は、すべて接続箇所を設けるものとする。

これらの問題を解くためには、まず、指定箇所の配線図＝単線図を複線図に置き換えて（⊙P.276～）、配線の数を確定することが必要です。

その上で、リングスリーブの場合は、下の表に基づいて、サイズと数を決めます。鑑別問題に出題される差込型コネクタは、2本用、3本用、4本用がありますから、配線の数に合わせてサイズと数を決めます。

スリーブ	電線の組合せ〔本〕		
	1.6mm	2.0mm	異なる場合
小	2～4	2	2.0×1＋1.6×1～2
中	5～6	3～4	2.0×1＋1.6×3～5 2.0×2＋1.6×1～3 2.0×3＋1.6×1

なお、配線の太さは、平成25年以降の問題では、「ＶＶＦ1.6」か「ＩＶ1.6」と、問題文に指定されています。問題文に指定がない場合も、配線図に書き込まれていますので見落とさないようにしましょう。

計算の基礎

分数の計算

⭐ 分数とは

分数とは、簡単に言うと、割り算のことです。

$$3 \div 4 \, を \, \frac{3 \, (分子)}{4 \, (分母)} \, と表しているのが分数$$

⭐ 逆数とは

逆数とは、分子と分母を入れ替えた数をいいます。

$$\frac{3}{4} \, の逆数は \, \frac{4}{3}$$

$$2 は \frac{2}{1} \, なので、2 の逆数は \, \frac{1}{2}$$

分母の1は省略できます。
つまり、2や3は
$\frac{2}{1}$、$\frac{3}{1}$ のことなのです。

⭐ 分数の割り算（割り算とは、逆数をかけること）

たとえば、3の逆数は $\frac{1}{3}$ なので、4を3で割るということは

4に $\frac{1}{3}$ をかけることと同じです（逆数をかけるということです）。

$$4 \div 3 = 4 \times \frac{1}{3} = \frac{4 \times 1}{3} = \frac{4}{3}$$

$$\frac{1}{2} \div \frac{1}{3} = \frac{1}{2} \times \frac{3}{1} = \frac{1 \times 3}{2 \times 1} = \frac{3}{2}$$

分数の割り算は、
割る数を逆数にし
てかけ算します。

★ 分数のかけ算

　分数同士をかけ合わせるときは、分子と分子、分母と分母をそれぞれかけ合わせます。

$$\frac{2}{3} \times \frac{4}{5} = \frac{2 \times 4}{3 \times 5} = \frac{8}{15}$$

★ 分数の足し算

◇ 分母の数が同じ場合

　分母の数が同じ分数同士を足すときは、**分子の数を合計**します。

$$\frac{2}{10} + \frac{3}{10} = \frac{2+3}{10} = \frac{5}{10}$$

分母の数は合計しません。

　また、分子と分母が同じ数で割れるときは割ります。

　分子と分母を同じ数で割って、なるべく小さい数字で表すことを約分といいます。

$$\frac{5}{10} = \frac{1}{2}$$

左の約分では、分子と分母を、同じ5で割っています。

◇ 分母の数が違う場合

　$\frac{3}{4} + \frac{1}{6}$ のように分母の数が違うときは、まず**分母を同じ数にし**てから足し算をします。

13

分数それぞれに数をかけて、分数の分母が同じになるようにします。これを**通分**といい、たとえば

$\dfrac{3}{4}$ は分母と分子に3をかけると $\dfrac{9}{12}$ と表すことができ、

$\dfrac{1}{6}$ は分母と分子に2をかけると $\dfrac{2}{12}$ と表すことができます。

$$\dfrac{3}{4} + \dfrac{1}{6} = \dfrac{9}{12} + \dfrac{2}{12} = \dfrac{9+2}{12} = \dfrac{11}{12}$$

★ 分数の引き算

◇ 分母の数が同じ場合

前の分子の数から後ろの分子の数を引きます。

$$\dfrac{4}{10} - \dfrac{3}{10} = \dfrac{4-3}{10} = \dfrac{1}{10}$$

分母の数は
引き算しません。

◇ 分母の数が違う場合

通分してから分子の数を引きます。

$$\dfrac{3}{4} - \dfrac{2}{6} = \dfrac{9}{12} - \dfrac{4}{12} = \dfrac{9-4}{12} = \dfrac{5}{12}$$

$\dfrac{3}{4}$ は分母と分子に3をかけると $\dfrac{9}{12}$ と表すことができます。

$\dfrac{2}{6}$ は分母と分子に2をかけると $\dfrac{4}{12}$ と表すことができます。

比例と反比例

⭐ 比例とは

たとえば1個100円の商品を買うとき、買う個数が2倍になれば、支払い額も2倍になります。こうした場合、支払い額は買う個数に比例するといいます。

> **Aを3倍にすると、Bも3倍になる場合、BはAに比例する**

⭐ 反比例とは

たとえば、100kmの道のりを行くのに、自動車の速度を10kmから2倍の20kmにすれば、かかる時間は $\frac{1}{2}$ 倍になります。こうした場合、かかる時間は速度に反比例するといいます。

> **Aを3倍にすると、Bは $\frac{1}{3}$ 倍になる場合、BはAに反比例する**

⭐ 比例・反比例の式

AがBに比例し、Cに反比例するという場合、

$A = \dfrac{B}{C}$ という式が成り立ちます。

> 分数の**分子**にあるものは**比例**、**分母**にあるものは**反比例**するものと考えます。

√ （ルート）の計算

★ √ （ルート）とは

$\sqrt{A}$ とは「2乗したらAになる数」のことです。たとえば、$\sqrt{25}$ は2乗したら25になる数なので、5（5×5＝25）ということです。

> **2乗したら9になる数は3だから、$\sqrt{9}$ ＝ 3**
>
> **2乗したら100になる数は10だから、$\sqrt{100}$ ＝ 10**

> 2乗は、同じ数を
> 2回かけることです。

★ √ （ルート）の近似値

では、$\sqrt{3}$（2乗したら3になる数）はいくらでしょう。

√の中が9や100のように何かの2乗であれば答えられますが、そうでない場合は近似値で答えるしかありません。

> $\sqrt{3}$ ≒ 1.73、 $\sqrt{2}$ ≒ 1.41

> 近似値とは、
> およその数のことで、
> 記号≒を用いて表します。

12〜16ページの「算数の基礎」を、しっかりおさらいしておきましょう。

　電気工事士試験の一般問題には、毎回7〜8問の計算問題が出題されますが、どの問題も、小中学校で習った算数や数学のレベルで解けるものばかりです。

　電気工事士試験で問われるのは、分数の掛け算・足し算、比例と反比例、$\sqrt{}$（ルート）を含んだ計算だけですから、12〜16ページの「算数の基礎」を押さえていれば解けます。

　12〜16ページの「算数の基礎」をしっかりおさらいしてください。

いよいよ、次ページから、電気工事士試験対策の学習が始まります。

頑張ります！

本書の使い方

1 レッスンの内容を把握！

レッスン冒頭の解説と「1コマ劇場」で、これから学習する内容や学習のポイントを大まかに確認しましょう。

2 本文を学習しましょう

項目ごとの重要度がひと目でわかります。
欄外の記述やアドバイス、イラストや図表も活用して、本文の学習を進めましょう。

ABC
高 ⟹ 低
重要度

「1コマ劇場」でイメージを膨らまそう

レッスンの重要な内容を、1コマ漫画で表現しました。

しっかり教えますから、合格目指して頑張りましょう！

電工先生

これから皆さんと一緒に学習します。よろしくね！

コージくん

欄外で理解を深めよう

 用語

難しい用語を詳しく解説します。

 プラスワン

本文にプラスして覚えておきたい事項です。

重要

試験で問われやすい重要ポイントです。

Lesson 1

第1章 電気に関する基礎理論

直流回路（1）

Lessonのポイント　直流回路では電流が一定の向きに流れます。電流を流す働きをする電圧と、電流を流れにくくする抵抗の関係（オームの法則）を学習しましょう。また、直列接続の場合と並列接続の場合では、合成抵抗の求め方などが異なることに注意しましょう。

では、このように接続した場合は何Ω？

このように接続した場合は何Ω？

4Ωと4Ωだから、合計8Ωですね！

1コマ劇場

1 オームの法則　A

用語

直流回路
電流が、常に一定の向きに一定の大きさで流れている回路を直流回路という。これに対して、電流の向きや大きさが周期的に変化する回路を交流回路という。

右の図は、電流が一定の向きに一定の大きさで流れているから直流回路だね。

下の図のように、電池の＋極と−極に豆電球をつなぐと豆電球に電気が流れて点灯します。このような電気の流れを電流（記号I）といい、単位にはアンペア〔A〕を用います。また電流を流すには電気的な高低（電位差）を必要とします。これを電圧（記号V）といい、単位にはボルト〔V〕を用います。電流が流れる通り道を回路といいます。

■豆電球の回路とその回路図

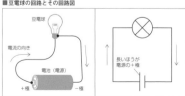

豆電球

電流の向き

電池（電源）

＋極　　　−極

長いほうが電源の＋極

24

3 ○×問題で復習

本文の学習が終わったら各レッスン末の「確認テスト」に取り組みましょう。知識の定着に役立ちます。

Lesson 1・直流回路 (1)

確認テスト

できたら チェック ☑

Key Point		
オームの法則	□ 1	抵抗 R に電圧 V を加えたときに流れる電流を I とすると、I = V/R の関係が成り立つ。
	□ 2	回路全体の抵抗が30Ωで、電源の電圧が6Vであるとき、この回路に流れる電流は、5Aである。
直列接続	□ 3	4Ω、8Ω、12Ωの3つの抵抗を直列接続した場合、この回路全体の合成抵抗値は24Ωである。
	□ 4	直列接続の場合、回路を流れる電流の大きさは、各抵抗を流れる電流の和に等しい。
	□ 5	右の回路に3Aの電流が流れているとすると、電源電圧は18Vである。
	□ 6	6Ωの抵抗を3個直列に接続した場合、合成抵抗は12Ωになる。
	□ 7	右の回路の合成抵抗値は、12Ωである。

4 重要過去問題集

巻末には、「重要過去問題」を50問掲載しています。いずれも試験によく出される問題ばかりです。実践力を付けるためにくり返し挑戦してください。

5 別冊資料集『ポイントレッスン』

別冊の資料集『ポイントレッスン』が付いています。

鑑別問題対策用の写真と、学習上の要点をまとめたものです。携帯に便利なサイズですから、予習、復習に、また試験前の直前学習にぜひご活用ください。

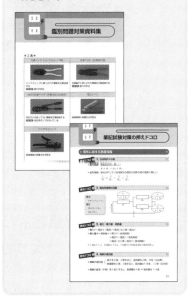

Lesson 1・直流回路 (1)

第一章 電気に関する基礎理論

電流は電圧に比例し、電圧が高いほど大きな電流が流れます。これに対し、電流を流れにくくする働きを**電気抵抗**または単に抵抗（記号 R）といいます。単位はオーム〔Ω〕を用います。

電流 I、電圧 V、抵抗 R の関係を式に表すと、次のようになり、この関係をオームの法則といいます。

$$電流\ I = \frac{電圧\ V}{抵抗\ R}$$

例題1 抵抗が6Ωの直流回路に、2Aの電流が流れている。このとき、電源の電圧は何Vか。

答 電圧を求めるので V を指で隠す。
すると I と R が横に並ぶので、I × R
∴電源の電圧 V = I × R = 2 × 6
= 12V

下の円形の図はオームの法則を表しています。

$$\frac{V\ (V)}{I\ (A) \times R\ (\Omega)}$$

求めたいものを指

2 直列接続

下の図は2つの抵抗（R₁、R₂）を直列接続した回路です。直列接続の場合、回路のどこでも同じ大きさの電流 I が流れています。また、回路全体にかかる電圧を V とし、各抵抗にかかる電圧を V₁、V₂とすると、V = V₁ + V₂ が成り立ちます。

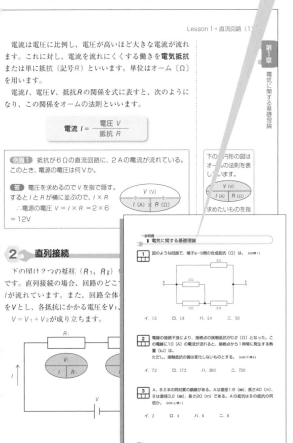

一般問題

1 電気に関する基礎理論

1 図のような回路で、端子 a−b の合成抵抗 〔Ω〕は。 [H29 問1]

イ. 1.5　　ロ. 1.8　　ハ. 2.4　　ニ. 3.0

2 電線の接続不良により、接続点の接触抵抗が0.2Ωとなった。この電線に10Aの電流が流れると、接続点から1時間に発生する熱量〔kJ〕は。
ただし、接触抵抗の値は変化しないものとする。 [H28 問4]

イ. 7.2　　ロ. 17.2　　ハ. 20.0　　ニ. 72.0

3 A、B2本の同材質の銅線がある。Aは直径1.6〔mm〕、長さ40〔m〕、Bは直径3.2〔mm〕、長さ20〔m〕である。Aの抵抗はBの抵抗の何倍か。 [H25 問1]

イ. 2　　ロ. 4　　ハ. 6　　ニ. 8

306

目　　次

第1章　電気に関する基礎理論

第2章　配電理論および配線設計

第3章	電気機器、配線器具ならびに電気工事用の材料および工具

第4章	電気工事の施工方法

第5章	一般用電気工作物の検査方法

第6章　一般用電気工作物の保安に関する法令

第7章　配線図

■索引

重要過去問題集

■別冊『ポイントレッスン』

第1章

電気に関する基礎理論

中学校で学習したオームの法則（電圧、電流、抵抗の関係）の復習から始めましょう。直列と並列が組み合わさった回路の合成抵抗や、各抵抗の電圧・電流を求める計算問題が毎回出題されています。導線の長さや太さと抵抗値の関係も重要です。また、電気工事士が実際に取り扱う交流回路の基礎理論（直流回路との違い、インピーダンス、力率など）を確実に理解しましょう。

Lesson 1 直流回路（1）

Lessonのポイント
直流回路では電流が一定の向きに流れます。電流を流す働きをする電圧と、電流を流れにくくする抵抗の関係（オームの法則）を学習しましょう。また、直列接続の場合と並列接続の場合では、合成抵抗の求め方などが異なることに注意しましょう。

1コマ劇場

では、このように接続した場合は何Ω？

4Ωと4Ωだから、合計8Ωですね！

1　オームの法則　A

用語

直流回路
電流が、常に一定の向きに一定の大きさで流れている回路を直流回路という。これに対して、電流の向きや大きさが周期的に変化する回路を交流回路という。

右の図は、電流が一定の向きに一定の大きさで流れているから直流回路だね。

下の図のように、電池の＋極と－極に豆電球をつなぐと豆電球に電気が流れて点灯します。このような電気の流れを電流（記号 I）といい、単位にはアンペア〔A〕を用います。また電流を流すには電気的な高低（電位差）を必要とします。これを電圧（記号 V）といい、単位にはボルト〔V〕を用います。電流が流れる通り道を**回路**といいます。

■豆電球の回路とその回路図

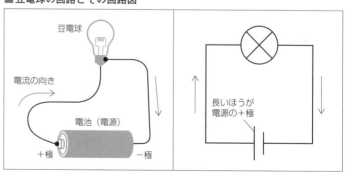

豆電球

電流の向き

電池（電源）

＋極　　　　－極

長いほうが電源の＋極

　電流は電圧に比例し、電圧が高いほど大きな電流が流れます。これに対し、電流を流れにくくする働きを**電気抵抗**または単に**抵抗**（記号R）といいます。単位は**オーム〔Ω〕**を用います。

　電流I、電圧V、抵抗Rの関係を式に表すと、次のようになり、この関係を**オームの法則**といいます。

$$電流\ I = \frac{電圧\ V}{抵抗\ R}$$

例題1　抵抗が６Ωの直流回路に、２Ａの電流が流れている。このとき、電源の電圧は何Ｖか。

答　電圧を求めるのでVを指で隠す。するとIとRが横に並ぶので、$I \times R$

∴電源の電圧 $V = I \times R = 2 \times 6$
$= 12V$

下のだ円形の図は**オームの法則**を表しています。

求めたいものを指で隠すと、計算式がわかります。

2　直列接続　A

　下の図は２つの抵抗（R_1、R_2）を直列に接続した回路です。直列接続の場合、回路のどこでも同じ大きさの電流Iが流れています。また、回路全体の電圧（電源の電圧）をVとし、各抵抗にかかる電圧をV_1、V_2とすると、

　$V = V_1 + V_2$が成り立ちます。

用語

直列接続
電流の流れる道筋が途中で枝分かれしない接続の仕方。

たとえば$V_1 = 6$Ｖで$V_2 = 8$Ｖの場合には、回路全体の電圧Vは、
$6 + 8 = 14V$
となります。

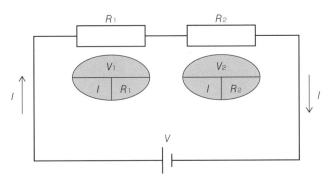

つまり、直列接続の回路では、回路全体の電圧（電源の電圧）は、各抵抗にかかる電圧の和（**合計**）に**等しい**というわけです。

〔直列接続の回路〕
　電流…どこでも同じ大きさの電流が流れる
　電圧…全体の電圧は各抵抗にかかる電圧の和に等しい

また、直列接続では、**回路全体の抵抗**（合成抵抗）の値は、各抵抗の和に等しくなります。

例題2　4Ω、6Ω、8Ωの3つの抵抗を直列接続した場合、この回路全体の合成抵抗の値はいくらか。

答　直列接続の場合、合成抵抗値は各抵抗の和に等しい。
∴4＋6＋8＝18Ω

例題3　10Ω、20Ω、20Ωの3つの抵抗を直列接続した。電源電圧を100Vとすると、この回路に流れる電流は何Aか。また、10Ωの抵抗にかかる電圧は何Vか。

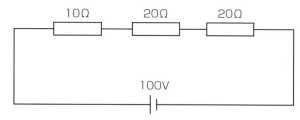

答　この回路の合成抵抗値は、10＋20＋20＝50Ω。回路全体のオームの法則を考えてみると、電源電圧が100Vなので、

回路に流れる電流 $I = \dfrac{100}{50} = 2A$

　次に、10Ωの抵抗にかかる電圧 V_1 について考えてみると、この抵抗にも2Aの電流が流れるので、

$V_1 = 2A × 10Ω = 20V$

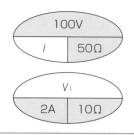

例題3 は直列接続だから、回路のどこでも同じ大きさの電流が流れています。

オームの法則は、回路全体で成り立つだけでなく、各抵抗ごとに考えることもできるんだよ。

3 並列接続

下の図は2つの抵抗（R_1、R_2）を並列に接続した回路です。並列接続の場合は、回路が枝分かれして並列になっている部分にかかる**電圧は同じ大きさ**です。

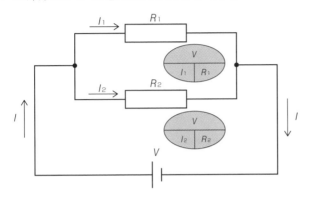

一方、**電流**は$I = I_1 + I_2$となります。つまり、**並列になっている各部分に流れる**I_1、I_2の和が、**枝分かれしていない部分を流れる電流**I**と等しい**ということです。

> 〔並列接続の回路〕
> **電圧**…枝分かれしている部分の電圧は大きさが同じ
> **電流**…枝分かれしていない部分の電流は、枝分かれしている部分の電流の和に等しい

また、並列接続では、合成抵抗の値は、枝分かれしている**各部分の抵抗の逆数の和の逆数**に等しくなります。

上の図で説明すると、

R_1の逆数は $\dfrac{1}{R_1}$、R_2の逆数は $\dfrac{1}{R_2}$ なので、

枝分かれしている**各部分の抵抗の逆数の和** $= \dfrac{1}{R_1} + \dfrac{1}{R_2}$

これをさらに逆数にしたものが、合成抵抗の値です。

用語

並列接続
電流の流れる道筋に枝分かれのある接続の仕方。

> R_1にかかる電圧が20Vならば、R_2にかかる電圧も20Vとなります。またこの場合、電源の電圧も20Vです。

> たとえば$I_1 = 4A$で$I_2 = 1A$の場合は、枝分かれしていない部分の電流Iは、
> $4 + 1 = 5A$
> となります。

用語

逆数
分数の分母と分子を逆にした数 ▶P.12。

$\dfrac{X}{Y}$ の逆数 ⇒ $\dfrac{Y}{X}$

Rの逆数 ⇒ $\dfrac{1}{R}$

$\left(R = \dfrac{R}{1}\ \text{だから}\right)$

第1章 電気に関する基礎理論

重要

分数の足し算
まず分母を同じ数にする（通分）。このとき、分母にかけた数と同じ数を分子にもかける。通分できたら、分子の数を合計する（分母は合計しない）▶P.13。

直列接続の場合は、合成抵抗の値は元のどの抵抗よりも**大き**くなる。これに対し、**並列接続**の場合は、合成抵抗の値は元のどの抵抗よりも**小さ**くなる。

①の式は、分母が2つの抵抗値の「和」で、分子が2つの抵抗値の「積」になるので「和分の積」といいます。

例題 4 ）6Ω、9Ω、18Ωの3つの抵抗を並列接続した場合、この回路全体の合成抵抗値はいくらか。

答 ）並列接続の場合、合成抵抗値は枝分かれしている各部分の抵抗の逆数の和の逆数に等しいので、

$$\therefore \frac{1}{6} + \frac{1}{9} + \frac{1}{18} = \frac{3}{18} + \frac{2}{18} + \frac{1}{18} = \frac{6}{18} = \frac{1}{3}$$

合成抵抗値はこの $\frac{1}{3}$ の逆数なので、3Ω

なお、抵抗2つ（R_1、R_2）を並列接続した場合、その逆数の和は、

$$\frac{1}{R_1} + \frac{1}{R_2} = \frac{R_2}{R_1 R_2} + \frac{R_1}{R_1 R_2} = \frac{R_1 + R_2}{R_1 R_2}$$

合成抵抗値 R はこの逆数なので、

$$\therefore R = \frac{R_1 R_2}{R_1 + R_2} \quad \cdots ① \quad$$ が成り立ちます。

①の式は「和分の積」といい、抵抗2つを並列接続した場合にしか使えませんが、覚えておくと便利です。

例題 5 ）右図のような回路の合成抵抗の値はいくらか。

答 ）2つの抵抗の並列接続なので、

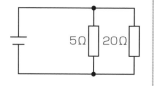

$$\therefore 合成抵抗値 R = \frac{5 \times 20}{5 + 20} = \frac{100}{25} = 4Ω$$

▶ **押えドコロ**　**合成抵抗 R の値**

- **直列**接続…**各抵抗の和に等しい**

$$R = R_1 + R_2 + R_3 \cdots$$

- **並列**接続…**枝分かれしている各部分の抵抗の逆数の和の逆数に等しい**

$$\frac{1}{R} = \frac{1}{R_1} + \frac{1}{R_2} + \frac{1}{R_3} \cdots$$

確認テスト

Key Point			できたら チェック ☑
オームの法則	☐	1	抵抗 R に電圧 V を加えたときに流れる電流を I とすると、$I = \dfrac{V}{R}$ の関係が成り立つ。
	☐	2	回路全体の抵抗が30Ωで、電源の電圧が6Vであるとき、この回路に流れる電流は、5Aである。
直列接続	☐	3	4Ω、8Ω、12Ωの3つの抵抗を直列接続した場合、この回路全体の合成抵抗値は24Ωである。
	☐	4	直列接続の場合、回路を流れる電流の大きさは、各抵抗を流れる電流の和に等しい。
	☐	5	右の回路に3Aの電流が流れているとすると、電源電圧は18Vである。
並列接続	☐	6	6Ωの抵抗を3個並列に接続した場合、合成抵抗値は12Ωになる。
	☐	7	右の回路の合成抵抗値は、12Ωである。
	☐	8	7の回路のa点を流れる電流は、10Aである。
	☐	9	7の回路のb点、c点を流れる電流は、どちらも10Aである。

解答・解説

1.○　2.× オームの法則より電流 I ＝電圧 V ÷抵抗 R。したがって、6÷30＝0.2A。　3.○ 4＋8＋12＝24Ω。　4.× 直列接続の場合、回路のどこでも同じ大きさの電流 I が流れている。つまりどの抵抗にも電流 I が流れるのであって、各抵抗を流れる電流の和が電流 I になるのではない。　5.○ 合成抵抗の値が2＋4＝6Ωなので、回路全体のオームの法則を考えて、電源電圧 V ＝電流3A×合成抵抗6Ω＝18V。　6.× 並列に接続した場合の合成抵抗値は、枝分かれ部分の各抵抗の逆数の和の逆数に等しいので、$\dfrac{1}{6} + \dfrac{1}{6} + \dfrac{1}{6} = \dfrac{3}{6} = \dfrac{1}{2}$。この逆数なので2Ωとなる（抵抗3個なので「和分の積」は使えない）。　7.○ 抵抗2個の並列接続なので、「和分の積」より $\dfrac{20 \times 30}{20 + 30} = \dfrac{600}{50} = 12$Ω。　8.○ a点（枝分かれしていない部分）を通る電流 I は、回路全体のオームの法則を考えて、電流 I ＝電源電圧120V÷合成抵抗12Ω＝10A。　9.× b点、c点ともに枝分かれしている部分なので、それぞれの抵抗ごとにオームの法則を考える。枝分かれしている部分の電圧の大きさは同じなので、b点を流れる電流 I_1 ＝120V÷30Ω＝4A、c点を流れる電流 I_2 ＝120V÷20Ω＝6Aである。なお、$I = I_1 + I_2 = 4 + 6 = 10$Aとなる。

Lesson 2 直流回路（2）

Lessonの ポイント 直列と並列が組み合わさった回路における合成抵抗や各抵抗の電圧・電流の求め方を学習しましょう。試験でほぼ毎回、出題される内容です。レッスン1で学習した内容の応用編なので、直列・並列の基礎ができていれば心配ありません。

どこが並列でどこが直列かを見極めましょう。

うわっ、回路が複雑になってきましたね。

1コマ劇場

1 直並列接続　A

用語

直並列接続
直列接続と並列接続を組み合わせた接続のこと。

　下の**図1**のbc間では抵抗R_2と抵抗R_3が並列に接続されており、さらにab間（抵抗R_1）とbc間は直列に接続されています。

■図1

　このような直並列接続の回路の場合、**並列接続**の部分は並列接続のルール（▶P.27）、**直列接続**の部分は直列接続のルール（▶P.25〜26）に従って、抵抗・電流・電圧の値を求めることができます。

例題 1 図1の回路全体の合成抵抗 R の値はいくらか。

答 まずbc間（抵抗R_2とR_3）は2つの抵抗が並列接続なので、

bc間の合成抵抗 $= \dfrac{R_2 R_3}{R_2 + R_3} = \dfrac{30 \times 20}{30 + 20} = \dfrac{600}{50} = 12\,\Omega$

次に、ab間（抵抗 R_1）とbc間は直列接続なので、

∴回路全体の合成抵抗 $R = 8\,\Omega + 12\,\Omega = 20\,\Omega$

例題 2 図1の抵抗 R_1 に流れる電流の値はいくらか。

答 抵抗 R_1 は回路が枝分かれしていない部分なので、回路全体を流れる電流 I と同じ大きさの電流が流れている。そこで回路全体のオームの法則を考えてみると、電源電圧 V が10Vなので、

∴電流 $I = \dfrac{10V}{20\,\Omega} = 0.5A$

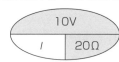

例題 3 図1の抵抗 R_1 にかかる電圧 V_1 の値はいくらか。

答 抵抗 R_1 では8Ωの抵抗に0.5Aの電流が流れているので、抵抗 R_1 におけるオームの法則を考えてみると、

∴電圧 $V_1 = 0.5A \times 8\,\Omega = 4\,V$

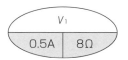

例題 4 図1の抵抗 R_2 にかかる電圧 V_2 と抵抗 R_3 にかかる電圧 V_3 の値はそれぞれいくらか。

答 抵抗 R_2 と抵抗 R_3 は並列接続なので、電圧の大きさは同じ（$V_2 = V_3$）。またab間とbc間は直列接続なので、各部分の電圧の和が回路全体の電圧（電源電圧）と等しい。

（ab間の電圧 V_1）＋（bc間の電圧 $V_2 = V_3$）＝電源電圧 V

∴電圧 $V_2 = V - V_1 = 10V - 4\,V = 6\,V$ （$V_2 = V_3 = 6\,V$）

「和分の積」で求めましょう。

➕ **プラスワン**

図1の回路全体および各抵抗のオームの法則は次の通り。

回路全体

抵抗R_1

抵抗R_2

抵抗R_3

抵抗R_2の0.2Aと、抵抗R_3の0.3Aとを合計すると、0.5Aになる。

下の**図2**も直並列接続の回路です。**図2′**と**図2″**は図2とまったく同じ回路図です。この回路では点aで枝分かれし、抵抗R_1と抵抗R_2が直列に接続されている部分と、抵抗R_3のみを通る部分とが、並列に接続されています。

■図2

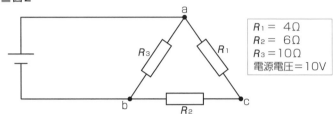

$R_1 = 4Ω$
$R_2 = 6Ω$
$R_3 = 10Ω$
電源電圧＝10V

■図2′　　　　　　　　　■図2″

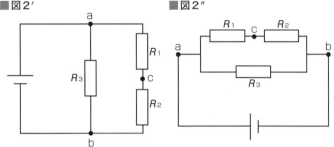

➕ プラスワン

図2の回路全体および各抵抗のオームの法則は次の通り。

回路全体

10V	
2A	5Ω

抵抗R_1

4V	
1A	4Ω

抵抗R_2

6V	
1A	6Ω

抵抗R_3

10V	
1A	10Ω

抵抗R_2(＝R_1)の1Aと、抵抗R_3の1Aとを合計すると、2Aになる。

例題5 図2の回路全体の合成抵抗 R の値はいくらか。

答 抵抗 R_1 と R_2 は直列接続なので合成抵抗は $4＋6＝10$ Ω。この10Ωと抵抗 R_3 の10Ωが並列接続になっているので、

∴回路全体の合成抵抗 $R = \dfrac{10×10}{10+10} = \dfrac{100}{20} = 5Ω$

例題6 図2の抵抗 R_3 に流れる電流 I_3 の値はいくらか。

答 抵抗 R_3 は電源電圧と並列に接続されているので電圧の大きさは電源電圧と同じ10V。そこで抵抗 R_3 におけるオームの法則を考えてみると、

∴電流 $I_3 = \dfrac{10V}{10Ω} = 1A$

10V	
I_3	10Ω

例題 7 図2の抵抗 R_1 にかかる電圧 V_1 の値はいくらか。

答 まず回路全体のオームの法則を考えてみると、枝分かれしていない部分を流れる電流 I の大きさは、

$$\therefore 電流\ I = \frac{10V}{5\Omega} = 2\,A$$

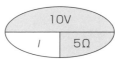

この2Aが点aで枝分かれして、

抵抗 R_3 のほうに1A流れるので、抵抗 R_1 と R_2 のほうには2A－1A＝1Aが流れる。そこで、抵抗 R_1 におけるオームの法則を考えてみると、

$$\therefore 電圧\ V_1 = 1\,A \times 4\,\Omega = 4\,V$$

下の**図3**と**図3′**もまったく同じ回路図です。最初に端子aで枝分かれしたあと、点cでさらに枝分かれしています。

用語

端子
電気回路を接続するために設けた電流の出入口。

■図3　　　　　　　　　■図3′

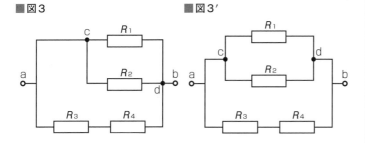

例題 8 図3の抵抗 $R_1 \sim R_4$ がすべて3Ωのとき、端子a－b間の合成抵抗はいくらか。

答 まずcd間（抵抗 R_1 と R_2）は2つの抵抗が並列接続なので、

$$\therefore R_1 と R_2 の合成抵抗 = \frac{3 \times 3}{3+3} = \frac{9}{6} = 1.5\,\Omega \quad \cdots ①$$

また、抵抗 R_3 と R_4 は直列接続なので、

$$\therefore R_3 と R_4 の合成抵抗 = 3+3 = 6\,\Omega \quad \cdots ②$$

①1.5Ωと②6Ωが並列接続になっているので、

$$\therefore 端子a－b間の合成抵抗 = \frac{1.5 \times 6}{1.5+6} = \frac{9}{7.5} = 1.2\,\Omega$$

次の**図4**はさらに複雑ですが、点aから順に枝分かれの様子を確認していくと、下の**図4′**のように書き直せることがわかります。

■図4

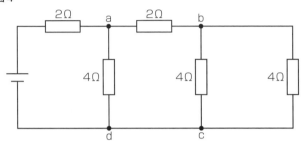

■図4′

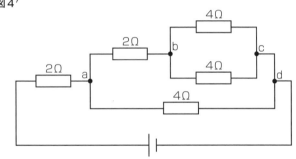

4Ωの抵抗2個を並列接続すると、全部で2Ωになるんだ。

同じ大きさの抵抗2個を並列接続すると、元の抵抗の2分の1の大きさになることを覚えておきましょう。3個並列接続すると3分の1になりますよ。

例題9 図4の回路全体の合成抵抗はいくらか。

答 まずbc間は4Ωの抵抗2個が並列に接続されているので、

$$\therefore \frac{4\times4}{4+4}=\frac{16}{8}=2\,\Omega$$

これと2Ωの抵抗が直列に接続されているので、2＋2＝4Ω
結局、ad間は4Ωが並列接続されているのと同じ（図4″）。

∴ad間の合成抵抗＝2Ω

これと2Ωの抵抗が直列接続されているので、

∴図4の回路全体の合成抵抗
＝2＋2＝4Ω

■図4″

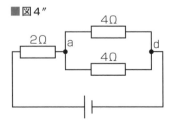

2 その他の応用問題 B

（1）短絡された場合

電気回路の2点間を**抵抗の小さい導線で接続する**ことを<ruby>短絡<rt>たんらく</rt></ruby>といいます。あとで学習する通り、電気の通り道となる**導線**そのものにも抵抗値がありますが（●P.44）、その値は非常に小さいため、たとえば**図5**のように抵抗R_2の両端を短絡すると、電流は短絡した導線のほうを流れます（スイッチSを入れると、抵抗R_2は短絡される）。このとき、抵抗R_2の値は無視します（0Ωとして考える）。

■図5

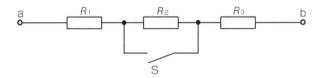

端子a−b間の合成抵抗

①スイッチSが「切」のとき ⇒ $R_1 + R_2 + R_3$

②スイッチSが「入」のとき ⇒ $R_1 + R_3$　（$R_2 = 0\,Ω$）

（2）開放端の場合

抵抗が接続されていても、そこに電流が流れていなければ、その抵抗に電圧はかかりません。たとえば**図6**の端子aに接続されている30Ωの抵抗は、回路が閉じていないので（開放端という）電流は流れず、電圧がかかりません。

■図6

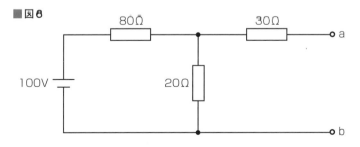

このため、a−b端子間の電圧の値は、20Ωの抵抗の両端にかかる電圧の値と同じになります。

用語

短絡
（short circuit）
ショートともいい、一般には電気回路の絶縁が破れるなどして、抵抗値の非常に小さな回路を形成することをいう。

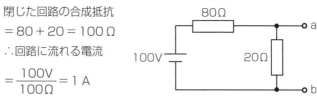

例題10 前ページ図6のa−b端子間の電圧の値はいくらか。

答 20Ωの抵抗の両端にかかる電圧の値を求めればよい。

閉じた回路の合成抵抗

$= 80 + 20 = 100\,\Omega$

∴回路に流れる電流

$= \dfrac{100V}{100\Omega} = 1\,A$

20Ωの抵抗におけるオームの法則を考えてみると、

両端にかかる電圧の値＝1A×20Ω＝20V

（3）回路内を橋渡しした部分にかかる電圧

　図7のように、回路内を橋渡しした部分に端子a、bを設け、a−b間に電圧計を接続してその値を測定するという問題がたまに出題されます。

■図7

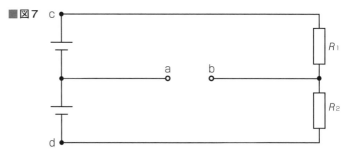

ac間の電圧とは
電源電圧1つ分、
bc間の電圧とは
抵抗R_1にかかる
電圧のことだね。

　この場合、a−b間の電圧は次のいずれかで求めます。

● （ac間の電圧）と（bc間の電圧）との差
● （ad間の電圧）と（bd間の電圧）との差

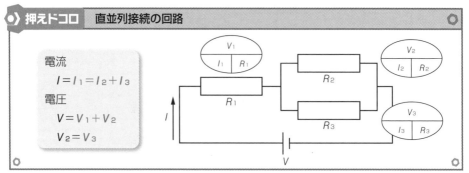

押えドコロ　直並列接続の回路

電流

$I = I_1 = I_2 + I_3$

電圧

$V = V_1 + V_2$

$V_2 = V_3$

確認テスト

Key Point	できたら チェック ☑
直並列接続	☐ **1** 右の回路全体の合成抵抗の値は、18 Ωである。 R_1 6Ω　R_2 6Ω　R_3 6Ω　18V
	☐ **2** 1の回路の抵抗 R_3 に流れる電流は、2 Aである。
	☐ **3** 1の回路の抵抗 R_1 と抵抗 R_2 にかかる電圧は、どちらも6 Vである。
	☐ **4** 右の端子a−b間の合成抵抗の値は、21 Ωである。 3Ω　8Ω　8Ω　2Ω　a　b
その他の応用問題	☐ **5** 右のa−b間の電圧の値は、20Vである。 c　100V　a　b　30Ω　100V　20Ω　d

解答・解説

1．× 抵抗 R_1 と抵抗 R_2 が並列接続になっているので、$(6×6)÷(6+6)=3$ Ω。これと抵抗 R_3 の6Ωを合計して、回路全体の合成抵抗＝$3+6=9$ Ω。　**2**．○ 抵抗 R_3 には回路全体を流れる電流 I と同じ大きさの電流が流れている。回路全体のオームの法則より、電流 $I＝18V÷9Ω＝2A$。　**3**．○ まず抵抗 R_3 でオームの法則を考えると、抵抗 R_3 にかかる電圧 $V_3＝2A×6Ω＝12V$。電源電圧 18Vからこの12Vを引いた6 Vが並列接続の部分にかかる。並列部分では電圧の大きさが同じなので抵抗 R_1 と R_2 はどちらも6V。　**4**．× まず8Ωが並列接続になっているので、$(8×8)÷(8+8)=4$ Ω。これと2Ωを合計して、$4+2=6$ Ω。これと3Ωの抵抗が並列接続になっているので、a−b間の合成抵抗の値＝$(6×3)÷(6+3)=2$ Ωである。　**5**．○ （ac間の電圧）と（bc間の電圧）との差で考える。まず、この回路全体の電圧は100V＋100V＝200V、回路全体の合成抵抗は30 Ω＋20 Ω＝50 Ω。そこで回路全体のオームの法則を考えると、200V÷50 Ω＝4 Aの電流が回路全体に流れている。（bc間の電圧）とは30 Ωの抵抗にかかる電圧のことなので、30 Ωの抵抗におけるオームの法則を考えると、（bc間の電圧）＝4 A×30 Ω＝120V。（ac間の電圧）＝100Vなので、a−b間の電圧の値＝120V−100V＝20Vとなる。

Lesson 3 電力と発熱

Lessonのポイント
このレッスンでは電力、電力量、発熱量について学習します。試験ではほぼ2回に1回の割合で出題される内容です。電力とは何かということをまずしっかりと理解すれば、電力量や発熱量を求める公式もすんなりと頭に入ります。

1コマ劇場

電気エネルギーを熱エネルギーに変換しているのよ。

発熱してますね。

1 電力と電力量　　A

プラスワン

エネルギーの変換
エネルギーは、電気から熱や運動のエネルギーなどへと変換することができる。また、変換の前後でエネルギー全体の量は変わらない。これを「エネルギー保存の法則」という。

オームの法則

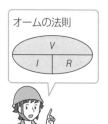

（1）電力とは

　電気には電熱線から熱を出したり、電球を光らせたり、モーターを動かしたり、スピーカーから音を出したりする能力があります。こうした能力をエネルギーといい、電気がもつエネルギーを電気エネルギーといいます。

　電力とは、単位時間当たりの電気エネルギーの**大きさ**をいいます。電力（記号P）は、電圧Vと電流Iの**積**によって表されます。

> **電力P＝電圧V×電流I**　…①

　また、オームの法則より$V=IR$なので、これを①に代入して、$P=IR\times I=I^2R$　という式でも求められます。

> **電力P＝電流Iの2乗×抵抗R**　…①′

　電力の単位には、ワット〔W〕を用います。

例題1 8Ωの抵抗に2Aの電流が流れている場合、この抵抗で消費する電力は何Wか。

答 前ページ式①′より、電力 P ＝電流 I の2乗×抵抗 R

∴ $2^2 \times 8 = 4 \times 8 = 32$W

例題2 下図の回路で、電流計Ⓐが5Aを示しているとき、抵抗 R で消費する電力は何Wか。

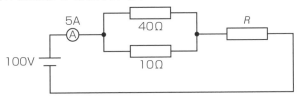

答 前ページ式①より、電力 P ＝電圧 V ×電流 I

抵抗 R には5Aの電流が流れている。電圧の値は、40Ωと10Ωの並列接続部分にかかる電圧を電源電圧100Vから引いた残りである。そこで並列接続部分の電圧を求めると、まず

この部分の合成抵抗は、$\dfrac{40 \times 10}{40 + 10} = \dfrac{400}{50} = 8\,Ω$

ここにも5Aが流れているので、5A×8Ω＝40V

したがって、抵抗 R にかかる電圧＝100V−40V＝60V

∴抵抗 R で消費する電力＝60V×5A＝300W

（2）電力量

　電力量とは、電力をある時間使用したときの総量をいいます。電力量（記号 W）は、電力 P とその使用時間 t の積によって表されます。

　　電力量 W ＝電力 P ×使用時間 t …②

また、前ページの式①、式①′より、

　　電力量 W ＝電圧 V ×電流 I ×使用時間 t …②′

　　電力量 W ＝電流 I の2乗×抵抗 R ×使用時間 t …②″

電力量の記号 W はワットではなく、Work（仕事）の頭文字です。

第1章

電気に関する基礎理論

電力量の単位は時間tが秒〔s〕のときはワット秒〔Ws〕、時間〔h〕のときはワット時〔Wh〕を用います。

2 電力量とジュール熱　A

電気エネルギーは、熱エネルギーに変換されます。電気によって発生した熱のことを**ジュール熱**といい、単位には**ジュール**〔J〕を用います。**電力P**によってt秒間に発生するジュール熱（記号H）の値（＝発熱量）は、次の式によって表されます。

> **発熱量H＝電力P×使用時間t**　…③

この式より、**1J**の熱は、**1W**の電力によって**1秒間**で発生することがわかります。つまり、**1J＝1Ws**です。

> **1J＝1Ws**

また、上の式③の右辺は、**電力量W**を表す式（前ページの式②）の右辺とまったく同じです。したがって、発熱量は次の式によっても求められます。

> **発熱量H＝電圧V×電流I×使用時間t**　…③′

> **発熱量H＝電流Iの2乗×抵抗R×使用時間t**　…③″

例題3 消費電力500Wの電熱器を1時間30分使用した。このときの発熱量は何kJになるか。

答 上の式③より、発熱量H＝電力P×使用時間t
この使用時間tは、「秒」で表さなければならないので、
1時間30分＝90分＝60秒×90＝5,400秒
∴発熱量H＝500W×5,400秒＝2,700,000J
1kJ＝1,000Jなので、
∴2,700,000J＝2,700kJ

例題4 抵抗10Ωの電熱線に3Aの電流を10分間流したとき、発生する熱量は何kJになるか。

答 前ページ式③″より、
発熱量 H =電流 I^2 ×抵抗 R ×使用時間 t
使用時間 t は「秒」で表さなければならないので、
10分＝60秒×10＝600秒
∴発熱量 H ＝ 3^2 ×10×600＝54,000J
1kJ＝1,000Jなので、54,000J＝54kJ

問題によって式を使い分ければいいんだね。

3 電力と発熱の応用問題 B

（1）接触抵抗による発熱の問題

　電気を通しやすい物体を**導体**といい、2つの導体を互いに接触させて電流を流すと、その接続点で温度上昇が生じます。これは接続点に抵抗が生まれるためで、この抵抗を接触抵抗といいます。電線に**接続不良**などがあると接触抵抗が大きくなり、**発熱**して火災につながる危険性があります。

✂ **用語**

導体
▶P.44

■発熱でプラグがこげた例

例題5 電線の接続不良により、接続点の接触抵抗が0.2Ωとなった。この電線に10Aの電流が流れると、接続点から1時間に発生する熱量は何kJになるか。ただし、接触抵抗は変化しないものとする。

答 前ページ式③″より、
発熱量 H =電流 I^2 ×抵抗 R ×使用時間 t
使用時間 t は「秒」で表さなければならないので、
1時間＝60秒×60＝3,600秒
∴発熱量 H ＝ 10^2 ×0.2×3,600＝72,000J
1kJ＝1,000Jなので、72,000J＝72kJ

（2）水の温度を上昇させる問題

　水1gの温度を1℃上昇させるために必要とされる熱量は、**4.2J**です。また水1Lの重さは1kg（＝1,000g）なので、**水1Lの温度を1℃上昇させるためには**、4.2J×1,000＝4,200J＝**4.2kJ**が必要となります。

> **水1Lの温度を1℃上昇** ⇒ 4.2kJ

　水10Lの温度を1℃上昇させるには何kJの熱量が必要となるでしょうか。この場合は、水の量が1Lの10倍なので、熱量も10倍必要となります。∴4.2kJ×10＝42kJ

　では、水1Lの温度を10℃上昇させるには、何kJの熱量が必要でしょうか。この場合も、上昇する温度が10倍なので、熱量は10倍必要となります。∴4.2kJ×10＝42kJ

「熱効率100％」とは、発生した熱量が水の温度上昇のために100％使われることを意味します。

Ws、kWhなどは、W・s、kW・hなどと表す場合もある。

　例題6　電熱器により、60Lの水を20℃上昇させるのに必要な電力量は何kWhか。ただし、1Lの水の温度を1℃上昇させるのに必要なエネルギーは4.2kJとし、熱効率は100％とする。

　答　水の量が60倍、上昇する温度が20倍なので、
4.2kJ×60×20＝5,040kJの熱量が必要となる。
次に、これを電力量kWhに直す。
1J＝1Wsより、1kJ＝1kWs　∴5,040kJ＝5,040kWs
また、kWhという単位は1時間（＝3,600秒）当たりなので、
1kWh＝3,600kWs。
5,040kWsが1kWh（＝3,600kWs）の何倍かを計算すると、
∴5,040÷3,600＝1.4kWh

▶ 押えドコロ　**電力・電力量・発熱量**

- **電力P＝電圧V×電流I＝電流Iの2乗×抵抗R**
- **電力量W＝発熱量H＝電力P×使用時間t**
  - **＝電圧V×電流I×使用時間t**
  - **＝電流Iの2乗×抵抗R×使用時間t**
- 1Ws＝1J、1kWs＝1kJ、1kWh＝3,600kWs＝3,600kJ

確認テスト

Key Point			できたら チェック ☑
電力と電力量	☐	1	6Vの電圧で0.5Aの電流が流れるときの電力は、3Wである。
	☐	2	5Ωの抵抗に4Aの電流が流れたとき、その電力は20Wである。
	☐	3	電流 I、抵抗 R、電力の使用時間 t とすると、電力量 W は、右の式によって求められる。 $\boxed{W = I^2 R t}$
	☐	4	右の回路に電流が10秒間流れたとき、6Ωの抵抗で消費される電力量は240Wsである。
電力量とジュール熱	☐	5	4Ωの抵抗に2Aの電流が1分間流れたとき、発生する熱量は16Jである。
	☐	6	消費電力300Wの電熱器を2時間使用したとき、発熱量は2,160kJになる。
電力と発熱の応用問題	☐	7	電線の接続不良により接続点の接触抵抗が0.5Ωとなった。この電線に20Aの電流が流れ、接触抵抗に変化はないものとすると、接続点から1時間に発生する熱量は72kJである。
	☐	8	電熱器により、80Lの水を5℃から25℃へと上昇させるのに必要な電力量は約1.87kWhである。ただし、1Lの水の温度を1℃上昇させるのに必要なエネルギーは4.2kJとし、熱効率は100%とする。

(4の回路図: 6Ω と 4Ω の抵抗が直列に接続され、20Vの電源がある)

解答・解説

1.○ 電力 P ＝電圧 V ×電流 I ＝6V×0.5A＝3W。 **2.**× 電力 P ＝電流 I の2乗×抵抗 R ＝4^2×5＝80W。 **3.**○ **4.**○ 合成抵抗が6＋4＝10Ωなので回路全体に流れる電流は20V÷10Ω＝2A。これが6Ωの抵抗にも流れる。∴電力量 W ＝電流 I の2乗×抵抗 R ×使用時間 t ＝2^2×6×10＝240Wsとなる。 **5.**× 1分間は60秒。∴発熱量 H ＝電流 I の2乗×抵抗 R ×使用時間 t ＝2^2×4×60＝960J。 **6.**○ 2時間は7,200秒。∴発熱量 H ＝電力 P ×使用時間 t ＝300×7,200＝2,160,000J＝2,160kJ。 **7.**× 1時間は3,600秒。∴発熱量 H ＝電流 I の2乗×抵抗 R ×使用時間 t ＝20^2×0.5×3,600＝720,000J＝720kJ。 **8.**○ 5℃から25℃へと上昇させるということは、25－5＝20℃上昇させるということである。∴80Lの水を20℃上昇させるのに必要な熱量＝4.2kJ×80×20＝6,720kJ。1kJ＝1kWsなので、6,720kJ＝6,720kWs。また、kWhは1時間（＝3,600秒）当たりなので、1kWh＝3,600kWs。∴6,720÷3,600＝1.8666…≒1.87kWh。

Lesson 4

導線の抵抗

Lessonのポイント　電気回路において電気の通り道となる導線そのものにも抵抗値があります。導線の抵抗値に関する問題は、ほぼ毎回出題されています。導線の長さや断面積（太さ）と抵抗値との関係をしっかりと理解しましょう。

1コマ劇場

抵抗値が小さいからですよ。

太くて短いからすぐに通り抜けられますね！

1　導線の抵抗値　A

（1）導体と不導体

　電気を通しやすい（抵抗値が小さい）物体を導体といい、逆に、電気を通しにくい（抵抗値が大きい）物体を不導体または絶縁体といいます。**導体**には、銀、銅、金、アルミニウム、鉄などの金属のほか、黒鉛があります。一方、**不導体**には、ガラス、雲母（うんも）、磁器（セラミック）、ポリエチレン、ゴムなどがあります。

（2）導線の抵抗値

　電気回路において電気の通り道となる導線には、安価な導体として銅がよく使われています。しかし、導体であっても抵抗値をもっています。これまで電気回路の計算をするとき、導線の小さな抵抗値は無視してきましたが、ここでは**導線のもつ抵抗値**について考えてみましょう。

　導線の長さを L 〔m〕、断面積を S 〔㎟〕とすると、その導線の抵抗値 R 〔Ω〕は、次の式によって求められます。

プラスワン

半導体
温度上昇や光の照射など、一定の条件を満たした場合にのみ電気を通す物体をいう。ゲルマニウム、シリコンなど。

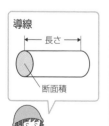

導線
長さ
断面積

$$R = \rho \times \frac{L}{S} \quad (\rho は定数) \quad \cdots ①$$

この式より、導線の**抵抗値R**は導線の**長さL**に比例し、導線の**断面積S**に反比例することがわかります。つまり、電気は導線が長いほど通りにくくなり、断面積が大きいほど通りやすくなるということです。

例題1 導線の抵抗値が8Ωであった場合、その導線の長さを4倍、断面積を2倍にすると抵抗値はいくらになるか。

答 導線の抵抗値は長さに比例するので、長さを4倍にすると抵抗値も4倍になる。また断面積には反比例するので、断面積を2倍にすると抵抗は1/2倍になる。

$$\therefore 導線の抵抗値 = 8Ω \times 4 \times \frac{1}{2} = 16Ω$$

例題2 抵抗値1.6Ωである導線の長さを1/2倍にし、直径を2倍にした場合、この導線の抵抗値はいくらになるか。

答 面積を求める公式は、半径×半径×3.14（円周率π）
この導線の半径をrとすると、
断面積 $S = r \times r \times \pi = \pi r^2$
直径を2倍にすると、半径も2倍（2r）になるので、
断面積 $S = 2r \times 2r \times \pi = 4\pi r^2$
つまり、もとの断面積の4倍になる（抵抗値は1/4倍）。
長さは1/2倍なので、

$$\therefore 導線の抵抗値 = 1.6Ω \times \frac{1}{2} \times \frac{1}{4} = 0.2Ω$$

例題3 直径2.6㎜、長さ20mの銅導線と抵抗値が近いのは、次のイ、ロの銅導線のうちどちらか（材質は同じ）。

イ. 直径1.6㎜、長さ40m　　ロ. 断面積5.5㎟、長さ20m

答 直径2.6㎜（＝半径1.3㎜）ならば、断面積は、
1.3×1.3×3.14≒5.3㎟であり、ロの断面積に近い（長さは同じ）。イは長さが2倍（抵抗値2倍）なので、直径が大きくなければならないのに、小さくなっている。　∴ロが近い

定数ρ（ロウ）は「抵抗率」といい、次ページで学習します。

重要

比例と反比例
分数の分子にあるものは比例、分母にあるものは反比例するものと考える。①の式でLは分子にあるから比例、Sは分母にあるから反比例（▶P.15）。

反比例のときは、一方を2倍、3倍すると、相手方は1/2倍、1/3倍となります。

プラスワン

導線の直径を2倍にすると断面積は4倍になるので、抵抗値は1/4倍になる。

↓直径2倍

断面積は4倍に（抵抗値1/4倍）

前ページ式①の定数 ρ（ロウ）を抵抗率といい、導線の材質によって値が決まっています。ただし、金属は一般に**温度が上昇**すると**抵抗率が高く**なり、**電気抵抗が増大**することを覚えておきましょう。

抵抗率の単位は、**断面積**の単位を〔㎡〕で表した場合、〔Ω·m〕となります。試験では、前ページ式①をもとに抵抗値や抵抗率を文字式で表す問題が出題されています。この場合、単位に注意する必要があります。

たとえば**直径 D〔㎜〕の導線の場合、断面積は何〔㎡〕**になるでしょうか。

$$1〔㎜〕= \frac{1}{1000}〔m〕なので、D〔㎜〕= \frac{D}{1000}〔m〕$$

半径は直径の1/2なので、半径 $= \dfrac{D}{2 \times 1000}$〔m〕

$$\therefore 導線の断面積 = \frac{D}{2 \times 1000} \times \frac{D}{2 \times 1000} \times \pi$$

$$= \frac{D \times D \times \pi}{2 \times 2 \times 1000 \times 1000} = \frac{D^2 \times \pi}{4 \times 1000000} = \frac{\pi D^2}{4 \times 10^6}〔㎡〕$$

つまり、直径 D〔㎜〕の導線の断面積 $S = \dfrac{\pi D^2}{4 \times 10^6}$〔㎡〕

抵抗率 ρ〔Ω·m〕、直径 D〔㎜〕、長さ L〔m〕の導線の抵抗値 R〔Ω〕を文字式で表すと、前ページ式①より、

$$R = \rho \times \frac{L}{S} = \rho L \div S = \rho L \div \frac{\pi D^2}{4 \times 10^6} = \rho L \times \frac{4 \times 10^6}{\pi D^2}$$

$$= \frac{\rho L \times 4 \times 10^6}{\pi D^2} = \frac{4 \rho L}{\pi D^2} \times 10^6 \quad \cdots ②$$

プラスワン

主な物質の抵抗率
（温度20℃の場合）
単位〔Ω·m〕

● 銀…1.59×10^{-8}
● 銅…1.68×10^{-8}
● 金…2.21×10^{-8}
● アルミニウム
　…2.65×10^{-8}
● 鉄…10.0×10^{-8}

1,000,000は、10を6回かけた数なので10^6（10の6乗）と表します。

最後の式を見ると導線の抵抗値は、直径の2乗（D^2）に反比例することがわかりますね。

押えドコロ ｜ 導線の抵抗値

● 導線の抵抗値 ┌ 長さを2倍、3倍すると、抵抗値も2倍、3倍（正比例）
　　　　　　　 └ 断面積を2倍、3倍すると、抵抗値は1/2倍、1/3倍（反比例）

● 導線の直径（半径）を2倍にすると、断面積は4倍 ⇒ 抵抗値は1/4倍

確認テスト

Key Point			できたら チェック ☑	
導線の抵抗値	□	1	導線の長さを L、断面積を S、抵抗率を ρ とすると、その導線の抵抗値 R は右の式によって求められる。	$R = \rho \times \dfrac{L}{S}$
	□	2	導線の抵抗値は、その導線の長さに反比例する。	
	□	3	抵抗値 0.5 Ω の導線の長さを3倍、直径を 1/2 倍にすると、この導線の抵抗値は6Ωになる。	
	□	4	直径 1.6 ㎜、長さ8mの軟銅線と抵抗値が等しくなる直径 3.2 ㎜の軟銅線の長さは、16mである（ただし、抵抗率は同一とする）。	
	□	5	A、B 2本の同材質の銅線がある。Aは直径 1.6 ㎜、長さ 20m であり、Bは直径 3.2 ㎜、長さ 40m とすると、Aの抵抗はBの抵抗の2倍である。	
抵抗率	□	6	抵抗値 R 〔Ω〕、直径 D 〔㎜〕、長さ L 〔m〕の銅線の抵抗率〔Ω・m〕を文字式で表すと、右の式になる。	$\dfrac{\pi D^2 R}{4L \times 10^6}$
	□	7	金属は、一般に温度が上昇すると抵抗率が低くなる。	

解答・解説

1.○　2.× 導線の抵抗値は導線の長さに比例する（導線が長いほど電気は通りにくい）。　3.○ 導線の長さを3倍にすると、抵抗値も比例して3倍になる。また導線の直径を 1/2 倍にすると、断面積は 1/4 倍になり、導線の抵抗値は断面積に反比例するので抵抗値は4倍になる。∴ 0.5 Ω×3×4＝6Ω。　4.× 直径が 1.6 ㎜の2倍の 3.2 ㎜になっているので、断面積は4倍。これによって抵抗値が 1/4 倍になるため、抵抗値を等しくするためには、長さはもとの4倍でなければならない。∴ 長さ＝8m×4＝32m。　5.○ Aの直径 1.6 ㎜はBの直径 3.2 ㎜の 1/2 なので断面積は 1/4 倍であり、これにより抵抗値は4倍。またAの長さ 20m はBの長さ 40m の 1/2 倍なので、これにより抵抗値は 1/2 倍。結局、4倍× 1/2 倍で2倍になる。

6.○ P.46 の式②より、$R = \dfrac{4\rho L}{\pi D^2} \times 10^6$。この式の両辺を入れ替えると、$\dfrac{4\rho L}{\pi D^2} \times 10^6 = R$。この両辺に πD^2 をかけて、$4\rho L \times 10^6 = \pi D^2 R$。さらにこの両辺を $4L \times 10^6$ で割ると、$\rho = \dfrac{\pi D^2 R}{4L \times 10^6}$ となる。　7.× 金属は一般に温度が上昇すると抵抗率が高くなる（抵抗値も上がる）。

Lesson 5 コンデンサ回路

1コマ劇場

電源を表す記号とよく似てるけど…

これはコンデンサの記号よ。電源と異なり、左右の長さが同じになっています。

1　コンデンサと静電容量　B

コンデンサは、電気回路によく使われる部品で、**電気を蓄えたり放出したりする働き**をします。コンデンサが蓄えることのできる電気の量を、**静電容量**（記号C）といいます。静電容量の単位はファラド〔**F**〕ですが、値が非常に小さいので、**マイクロファラド**〔**μF**〕という単位をよく用います。$1\,\mu$Fは、1Fの100万分の1の大きさです。

コンデンサにはいろいろな種類がありますが、基本的な構造は**空気**や**絶縁体**をはさんで向かい合った**2枚の金属板**です。これに電圧を加えると一方の金属板に＋、もう一方に－の電気が**帯電**します。

回路図ではコンデンサを右の記号で表します。下は2個のコンデンサを直列に接続した場合です。

物質が電気を帯びることを**帯電**といい、帯電した電気を**静電気**といいます。コンデンサも金属板が帯電するので**静電容量**といいます。

用語

絶縁体
▶P.44

■コンデンサの回路記号

2 合成静電容量

電気回路に2個以上のコンデンサを接続した場合における全体の静電容量を、合成静電容量といいます。直列接続した場合と、並列接続した場合とで合成静電容量の求め方が異なります。

(1) 直列接続の場合

■図1

C_1　C_2　C_3

図1のように、複数のコンデンサを直列に接続した場合の合成静電容量Cは、**各コンデンサの静電容量の逆数の和の逆数**に等しくなります。これを式で表すと次のようになります。

$$\frac{1}{C} = \frac{1}{C_1} + \frac{1}{C_2} + \frac{1}{C_3} \quad \cdots ①$$

これは、複数の抵抗を**並列**に接続した場合の**合成抵抗**の求め方（▶P.27）と同じです。

> **例題1**　4μF、6μF、12μFの3つのコンデンサを、直列に接続した場合の合成静電容量は何μFになるか。
>
> **答**　上の式①より、
>
> $$\frac{1}{4} + \frac{1}{6} + \frac{1}{12} = \frac{3}{12} + \frac{2}{12} + \frac{1}{12} = \frac{6}{12} = \frac{1}{2}$$
>
> 合成静電容量はこの逆数なので、2μF

なお、2個のコンデンサを直列接続した場合には、上の式①より、

$$\frac{1}{C} = \frac{1}{C_1} + \frac{1}{C_2} = \frac{C_2}{C_1 C_2} + \frac{C_1}{C_1 C_2} = \frac{C_1 + C_2}{C_1 C_2}$$

$$\therefore C = \frac{C_1 C_2}{C_1 + C_2} \quad \cdots ①' \quad \text{が成り立ちます。}$$

これも並列接続の合成抵抗の場合と同じです。

 重要

直列の合成静電容量
直列接続の合成静電容量は、**並列接続**の合成抵抗と同じ計算方法で求めることができる。

「和分の積」の式ですね。この式は抵抗やコンデンサが2個の場合しか使えないので注意しましょう。

（2）並列接続の場合

■図2

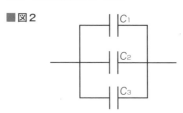

　図2のように、複数のコンデンサを並列に接続した場合の合成静電容量Cは、**各コンデンサの静電容量の和**に等しくなります。

$$C = C_1 + C_2 + C_3 \quad \cdots ②$$

　これは、複数の抵抗を**直列**に接続した場合の**合成抵抗**の求め方（●P.26）と同じです。

（●P.26）

重要

並列の合成静電容量
並列接続の合成静電容量は、**直列接続**の合成抵抗と同じ計算方法で求めることができる。

このようにコンデンサが直並列接続になっている場合でも、抵抗の求め方と同様、並列部分と直列部分に分けて考えます。

例題2　下図のように5個のコンデンサが接続されている場合の全体の合成静電容量 C はいくらか。

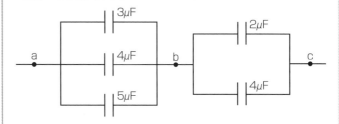

答　ab間の3個のコンデンサとbc間の2個のコンデンサとがそれぞれ並列に接続されているので、上の式②により、

　ab間の合成静電容量 $C_{ab} = 3 + 4 + 5 = 12\,\mu F$

　bc間の合成静電容量 $C_{bc} = 2 + 4 = 6\,\mu F$

さらに、この C_{ab} と C_{bc} が直列に接続されているので、前ページの式①'より、

全体の合成静電容量 $C = \dfrac{12 \times 6}{12 + 6} = 4\,\mu F$

◆ **押えドコロ**　　**コンデンサ**

　コンデンサ…電気を蓄えたり放出したりするための部品
　静電容量…コンデンサが蓄えることのできる電気の量 ⇒ 単位は〔F〕（〔μF〕）

確 認 テ ス ト

Key Point			できたら チェック ☑
コンデンサと 静電容量	☐	1	コンデンサとは、電気を蓄えたり、放出したりする働きをするために電気回路に使用される部品である。
	☐	2	コンデンサが蓄えることのできる電気の量を、静電容量という。
	☐	3	静電容量には、キロジュール〔kJ〕という単位が用いられる。
	☐	4	コンデンサの基本的な構造は、空気や絶縁体をはさんで向かい合った2枚の金属板である。
合成静電容量	☐	5	複数のコンデンサを直列に接続した場合の合成静電容量は、各コンデンサの静電容量の和に等しくなる。
	☐	6	静電容量がそれぞれ2μF、5μF、10μFである3個のコンデンサを直列に接続すると、合成静電容量は1.25μFになる。
	☐	7	静電容量が$C_1\mu$Fと$C_2\mu$Fの2個のコンデンサを直列接続した場合の合成静電容量は、$(C_1 + C_2) \div (C_1 \times C_2)$の式で求められる。
	☐	8	静電容量がそれぞれ40μF、40μF、20μFのコンデンサ3個を並列に接続すると、合成静電容量は10μFになる。
	☐	9	右の図のように3個のコンデンサを接続した場合、合成静電容量は1.5μFになる。

解答・解説

1.○　**2**.○　**3**.× 静電容量の単位はファラド〔F〕。ただし、値が非常に小さいのでマイクロファラド〔μF〕という単位がよく用いられる（1μFは、1Fの100万分の1）。　**4**.○ これに電圧を加えると一方の金属板に＋、もう一方に－の電気が帯電する。　**5**.× これは直列ではなく、並列に接続した場合。複数のコンデンサを直列に接続した場合の合成静電容量は、各コンデンサの静電容量の逆数の和の逆数に等しくなる（複数の抵抗を接続したときの合成抵抗の求め方と比べて、直列と並列が逆になる）。　**6**.○ 直列接続なので各コンデンサの静電容量の逆数の和を求めると、$\frac{1}{2}+\frac{1}{5}+\frac{1}{10}=\frac{5}{10}+\frac{2}{10}+\frac{1}{10}=\frac{8}{10}=\frac{4}{5}$。合成静電容量はこの逆数なので、$\frac{5}{4}=1.25\mu$F。　**7**.× 2個のコンデンサを直列接続した場合の合成静電容量は「和分の積」の式$(C_1 \times C_2) \div (C_1 + C_2)$で求める。設問の式は「積分の和」になっているので誤り。　**8**.× 並列接続なので、合成静電容量は各コンデンサの静電容量の和になる。∴$40+40+20=100\mu$F。　**9**.○ まず、ab間の合成静電容量は並列接続なので、$4+2=6\mu$F。さらに、ab間とbc間は直列接続なので、「和分の積」の式より、$(6\times2)\div(6+2)=1.5\mu$F。

Lesson 6 交流回路の基礎

Lessonのポイント
ここからは交流回路について学習します。試験では「電気に関する基礎理論」から毎年5問出題されますが、そのうち3問は交流回路の問題です。このレッスン6の内容は今後のレッスンの基礎になる部分ですので、確実に理解しましょう。

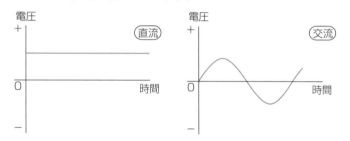

1コマ劇場

それは最大値。実効値は100Vです。

「交流100V」の回路なのに、電圧が141Vになってます！

1 交流回路の性質　A

（1）直流と交流

これまで学習してきた**直流回路**の場合は、電圧・電流の大きさが一定であり、電流の向きも変化しませんでした。これに対し、交流回路の場合は電圧・電流の**大きさや向き**が**周期的に変化**します。横軸を時間、縦軸を電圧の大きさとしてグラフに表すと、下の図のようになります。交流のグラフを見ると、時間の経過とともに電圧の大きさが波形に変化し、＋と－が入れ替わっていることがわかります。これを、正弦波交流といいます。

重要

正弦波交流
三角関数の「正弦」（＝sin〔サイン〕）を使った式でグラフの波形を表すことができるのでこのように呼ぶ。電力会社から供給される電気は正弦波交流である。

縦軸を電流とした場合でも、グラフの形は同じになります。

（2）周期と周波数

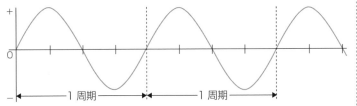

```
1周期          1周期
```

波形のグラフがプラス向き（山）とマイナス向き（谷）を1回くり返すのにかかる時間を周期（1周期）といいます。この1周期を**1秒間**にくり返す回数を周波数といい、単位には**ヘルツ**〔Hz〕を用います。1秒間に周期を50回くり返すならば50Hz、60回くり返すならば60Hzです。

（3）瞬時値・最大値・実効値

常に変化している交流のある瞬間における電圧の大きさを**瞬時値**といいます。瞬時値の最大の値が**最大値**であり、波形のグラフのいちばん高いところがこれに当たります。しかし、交流は常に最大値を維持するわけではないので、最大値100Vの交流であっても100Vの直流と同じ働きをすることはできません。そこで必要となるのが**実効値**という値です。実効値と最大値の関係は次の式で表されます。

$$実効値 = \frac{最大値}{\sqrt{2}}、\quad 最大値 = \sqrt{2} \times 実効値$$

$\sqrt{2} \fallingdotseq 1.41$なので、最大値が100Vならば、実効値は上の式より、約71Vです。逆に、実効値が100Vならば最大値は約141Vになります。実効値が100Vであれば、100Vの直流と同じ働きをすることができます。つまり、実効値とは、同じ抵抗に加えたときに**消費する電力が直流の場合と等しくなる**交流の電圧の値ということができます。

特に断りがない限り、「交流○○V」というときは**実効値**を指します。電圧と電流をどちらも実効値で表した場合は交流回路においても直流回路の場合と同様に**オームの法則**（●P.25）を使うことができます。

正弦波交流のグラフは、同じ波形をくり返します。

電力会社から供給される電気の周波数はほぼ富士川（静岡県）と糸魚川（新潟県）を境にして、東側が50Hz、西側が60Hzとなっている。

瞬時値・最大値・実効値は、電圧だけでなく、電流についても同様に考えることができます。

2 位相について　B

位相（いそう）とは、**波形の時間的な前後関係**のことをいいます。**負荷**として**抵抗**だけを接続した交流回路について、回路に流れる電流の大きさを、電圧と同じ座標軸にグラフにして表すと、下の図のようになります。この図を見ると、その値の大きさ（縦軸）は異なるけれど、電流の値が最大値になったり＋と－が入れ替わったりするタイミング（横軸）は、電圧と同じであることがわかります。このことを「電流は電圧と**位相が同じである**」といいます。

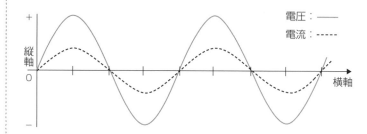

3 コイルを接続した交流回路　A

（1）誘導性リアクタンス

コイルとは導線を何回も巻いたものであり、これを伸ばすと相当な長さになるため、直流回路でも大きな抵抗値を示します。これを交流回路に接続した場合は、直流と同じ大きさの電圧を

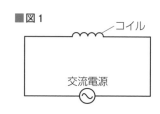

■図1

用語

負荷
電気を使用する装置や器具のこと。抵抗やコンデンサ、コイルのほか、日常的に使用する電球や電熱器具（電気ストーブやアイロン、炊飯器など）も負荷である。

位相が同じであることを「同相」といいます。

重要

電源を表す記号
● 直流電源（電池）

　―｜┝―

● 交流電源

　―◯〜―

54

加えても、さらに小さな電流しか流れません。

　コイルが、特に交流回路において電流を流れにくくする働きを、**誘導性リアクタンス**（記号X_L）といいます。その値は次の式によって求められます。

$$誘導性リアクタンスX_L = 2\pi f L$$

　πは円周率、fは周波数〔Hz〕、Lはインダクタンスといい、そのコイル自体の構造や寸法等の条件によって定まる固有の抵抗値です。**誘導性リアクタンスの単位**は、抵抗と同じく**オーム**〔Ω〕を用います。前ページ**図1**の回路に流れる**電流I_L**の大きさは、オームの法則により、次の式で求められます。

$$電流I_L = \frac{電圧V}{誘導性リアクタンスX_L} = \frac{V}{2\pi f L}$$

> **例題2**　コイルに100V、50Hzの交流電圧を加えたら、6Aの電流が流れた。このコイルに100V、60Hzの交流電圧を加えたときに流れる電流は何Aか。
>
> **答**　上の式より、電流 $I_L = \dfrac{V}{2\pi f L}$
> これを見ると、電流I_Lは周波数fに反比例することがわかる。
> 周波数が50Hzから60Hzへと$\dfrac{6}{5}$倍になっているので、
> 電流は反比例して$\dfrac{5}{6}$倍となる。∴ 6A$\times\dfrac{5}{6}$＝5A。

(2) 電流の位相の遅れ

　負荷として**コイル**だけを接続した交流回路では、下図のように、**電流の位相**が電圧よりも**1/4周期遅れ**ます。

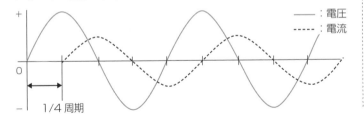

 プラスワン
インダクタンスLの単位には、**ヘンリー**〔H〕を用いる。

 誘導性リアクタンスX_Lは、交流回路におけるコイルによる抵抗といえます。

 周波数fは分数の分母にあるので、反比例するものと考えます。

 重要
反比例は逆数倍
反比例の場合、一方がA/B倍になると、他方はその逆数倍のB/A倍になる（逆数とは、分子と分母を入れ替えた数）。だから一方を2倍すると他方は1/2倍になる。**例題2**の場合、6/5の逆数は5/6である。

4 コンデンサを接続した交流回路 B

（1）容量性リアクタンス

コンデンサを交流回路に接続して、電圧を加えたときに流れる**電流 I_C** の大きさは、**容量性リアクタンス（記号 X_C）**の値によって決まります。容量性リアクタンスの値は、次の式によって求められます。

■図2

コンデンサ
交流電源

$$容量性リアクタンス X_C = \frac{1}{2\pi f C}$$

π は円周率、f は周波数〔Hz〕、C はそのコンデンサの**静電容量**〔F〕です。**容量性リアクタンスもオーム**〔Ω〕を単位とします。**図2**に流れる**電流 I_C** の大きさは、オームの法則により、次の式で求められます。

$$電流 I_C = \frac{電圧 V}{容量性リアクタンス X_C} = 2\pi f C V$$

（2）電流の位相の進み

また、負荷として**コンデンサ**だけを接続した交流回路では、電流の位相が電圧よりも**1/4周期進み**ます。

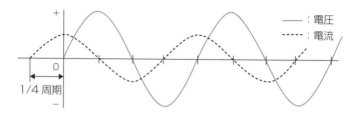

——：電圧
- - - - ：電流

1/4周期

オームの法則より、

電流 $I_C = \dfrac{V}{X_C}$

$\quad = V \div X_C$

$\quad = V \div \dfrac{1}{2\pi f C}$

$\quad = V \times \dfrac{2\pi f C}{1}$

$\therefore$ 電流 $I_C = 2\pi f C V$

上の式より電流 I_C は周波数 f に比例することがわかります。

押えドコロ　実効値と最大値

正弦波交流の電圧（または電流）の　実効値 $= \dfrac{最大値}{\sqrt{2}}$

最大値 $= \sqrt{2} \times$ 実効値

確認テスト

Key Point			できたら チェック ☑
交流回路の性質	☐	1	交流回路では、電圧、電流の大きさや向きが周期的に変化する。
	☐	2	正弦波交流の電圧の最大値と実効値の関係を式で表すと、右のようになる。 $$最大値 = \frac{実効値}{\sqrt{2}}$$
	☐	3	実効値が105Vの正弦波交流電圧の最大値は約148Vである。ただし、$\sqrt{2} = 1.41$とする。
コイルを接続した交流回路	☐	4	誘導性リアクタンスX_Lは、右の式で表せる（円周率π、周波数f、インダクタンスL）。 $$X_L = \frac{1}{2\pi fL}$$
	☐	5	右図の交流回路において周波数が50Hz、コイルのインダクタンスが0.5Hの場合、誘導性リアクタンスX_Lは157Ωである。ただし、円周率$\pi = 3.14$とする。
	☐	6	5の回路に流れる電流I_Lの大きさは、右の式で求められる（Vは電圧）。 $$I_L = \frac{V}{2\pi fL}$$
	☐	7	負荷としてコイルのみ接続した交流回路では、右図のように電圧と電流の位相がずれる。
コンデンサを接続した交流回路	☐	8	容量性リアクタンスX_Cは、右の式で表される（Cは静電容量〔F〕）。 $$X_C = \frac{1}{2\pi fC}$$
	☐	9	周波数50Hzで使用しているコンデンサを、同じ電圧の60Hzで使用すると、このコンデンサに流れる電流I_Cは$\frac{5}{6}$倍になる。

解答・解説

1.○　2.× 最大値＝$\sqrt{2}$×実効値。　3.○ 最大値＝$\sqrt{2}$×実効値＝1.41×105＝148.05≒148V。
4.× 誘導性リアクタンス$X_L = 2\pi fL$。　5.○ 誘導性リアクタンス$X_L = 2\pi fL = 2×3.14×50×0.5 = 157$Ω。　6.○　7.× 負荷としてコイルのみを接続した交流回路では、電流の位相が電圧よりも1/4周期遅れる。設問の図は、電流の位相が電圧よりも1/4周期進んでいるので、負荷としてコンデンサのみを接続した交流回路である。　8.○　9.× コンデンサに流れる電流$I_C = 2\pi fCV$。この式より、電流I_Cは周波数fに比例することがわかる。したがって、周波数fを50Hzから60Hzへと$\frac{6}{5}$倍にすると、電流I_Cも$\frac{6}{5}$倍になる。

Lesson 7 交流回路のインピーダンス

Lessonの ポイント　抵抗とリアクタンスを組み合わせた回路について学習します。試験では直列に接続された回路についての出題が多く、並列に接続された回路の問題はパターンが限られています。インピーダンスについて確実に理解することが重要です。

これは *R-L-C* 回路なので、特別な公式がありますよ。

直列接続だからオーム〔Ω〕を合計するのかな？

1コマ劇場

1　*R-L-C*回路とインピーダンス　A

（1）*R-L-C*回路とは

　*R*は抵抗、*L*はコイルのインダクタンス、*C*はコンデンサの静電容量を表す記号です。これらの負荷を組み合わせて接続した回路のことを*R-L-C*回路といいます。コイルとコンデンサはリアクタンスともいうので、抵抗とリアクタンスを含んだ回路といえます。抵抗、コイル、コンデンサを**直列接続**した場合の回路は、下の図のようになります。

抵抗　　　コイル　　　コンデンサ

交流電源

（2）インピーダンス

　複数の抵抗だけを直列接続した回路であれば、各抵抗の値を合計するだけで回路全体の合成抵抗を求めることがで

用語

インダクタンス
●P.55
リアクタンス
● 誘導性●P.55
● 容量性●P.56

きました。しかしリアクタンスを含んだ回路では、**誘導性リアクタンス**X_Lや**容量性リアクタンス**X_Cを単純に**抵抗**Rと合計するだけでは、回路全体の抵抗値にはなりません。R-L-C回路全体の抵抗値は**インピーダンス**（記号Z）といい、**直列接続**の場合、次の式によって求められます。

$$\text{インピーダンス}Z = \sqrt{R^2 + (X_L - X_C)^2} \quad \cdots ①$$

インピーダンスも単位はオーム〔Ω〕を用います。R-L-C**回路に流れる電流**I_Zの大きさは、オームの法則により、次の式で求めることができます。

$$\text{電流}I_Z = \frac{\text{電圧}V}{\text{インピーダンス}Z}$$

電圧Vと電流I_Zはもちろん実効値です。▶P.53

例題1 下図のように抵抗とリアクタンスを直列接続した交流回路がある。この回路のインピーダンスZは何Ωか。また電源が200Vの場合、回路に流れる電流I_Zは何Aになるか。

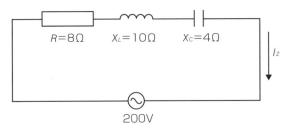

$R=8\Omega$　　$X_L=10\Omega$　　$X_C=4\Omega$　　I_Z

200V

答 上の式①より、

インピーダンス$Z = \sqrt{8^2 + (10-4)^2}$

$= \sqrt{64 + 36} = \sqrt{100} = 10\,\Omega$

∴オームの法則より、電流$I_Z = \dfrac{200V}{10\Omega} = 20A$

（3）R-L回路、R-C回路

R-L回路（**抵抗とコイル**のみで、コンデンサを含まない回路）の場合は、上の式①で容量性リアクタンス$X_C = 0$とすることによって、そのインピーダンスを求めることができます。また同様にR-C回路（**抵抗とコンデンサ**のみで、

R-L-C回路におけるオームの法則

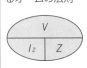

V	
I_Z	Z

コイルを含まない回路）の場合には、誘導性リアクタンス $X_L = 0$ とすることによって、そのインピーダンスを求めることができます。それぞれ次の式のようになります。

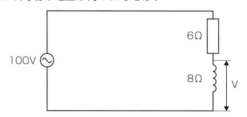

$$R\text{-}L回路のインピーダンスZ = \sqrt{R^2 + X_L{}^2} \quad \cdots ②$$
$$R\text{-}C回路のインピーダンスZ = \sqrt{R^2 + X_C{}^2} \quad \cdots ③$$

例題2 下図のように抵抗とコイルを直列に接続した交流回路がある。この回路のインピーダンス Z は何Ωか。また、リアクタンス8Ωの両端の電圧は何Vになるか。

100V　6Ω　8Ω　V

答 これは $R\text{-}L$ 回路なので、上の式②より、
インピーダンス $Z = \sqrt{6^2 + 8^2} = \sqrt{36 + 64} = \sqrt{100} = 10\,\Omega$
次に、この回路全体のオームの法則を考えて、

この回路に流れる電流 $I_Z = \dfrac{100V}{10\Omega} = 10A$

この10Aがリアクタンス（コイル）8Ωにも流れているので、
$\therefore$リアクタンス8Ωの両端の電圧 $= 10A \times 8\,\Omega = 80V$

---

2 並列のR-L回路　B

（1）並列回路に流れる電流とインピーダンス

試験では、並列は $R\text{-}L$ 回路がほとんどで、コンデンサを含む回路は出題例が限られています。◯P.65

並列の $R\text{-}L$ 回路とは右のような回路をいいます。注意しなければならないのは、直列接続の場合と異なり、上の式②でインピーダン

■図1

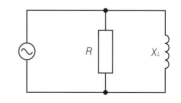

R　X_L

スを求めることはできないということです。

　並列の*R-L*回路では、**枝分かれしていない部分の電流*I***について、次の式が成り立ちます。

$$電流\,I = \sqrt{(R に流れる電流)^2 + (X_L に流れる電流)^2}$$

　たとえば、下の**図2**のように抵抗*R*に4A、コイル*X_L*に3Aが流れているとすると、

　枝分かれしていない部分の電流*I*

$$= \sqrt{4^2 + 3^2} = \sqrt{16 + 9} = \sqrt{25} = 5\,A となります。$$

■図2

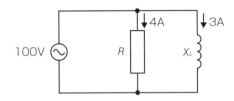

　また、回路全体のオームの法則を考えると、

$$\frac{交流電源の電圧\,V}{枝分かれしていない部分の電流\,I} = 回路の合成抵抗$$

　この合成抵抗こそ**並列の*R-L*回路のインピーダンス**です。

(2) 電力について

　たとえば、上の図2の回路の消費電力は何Wでしょう。この場合、注意することは次の点です。

> **交流回路において、リアクタンスは電力を消費しない**

　つまり、電力を消費するのは**抵抗*R***だけです。

　並列接続なので抵抗*R*には電源電圧の100Vがかかります。

∴回路の消費電力 = 電圧*V* × 電流*I* = 100V × 4 A = 400W

直流回路の並列接続ならば、枝分かれしていない部分の電流*I* = 4 + 3 = 7Aですね。
▶P.27

➕ **プラスワン**

図2の場合、
インピーダンス
$$= \frac{100V}{5A} = 20Ω$$

電力を求める式
▶P.38

◆ **押えドコロ**　**交流回路のインピーダンス**

● **インピーダンス**…**直列の*R-L-C*回路全体の抵抗値〔Ω〕**

　インピーダンス$Z = \sqrt{R^2 + (X_L - X_C)^2}$

　＊並列の場合、この式は使えない

R	：抵抗
X_L	：誘導性リアクタンス
X_C	：容量性リアクタンス

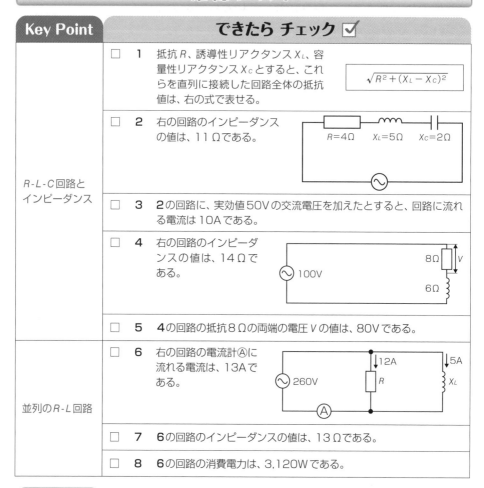

確認テスト

Key Point			できたら チェック ☑
	☐	1	抵抗 R、誘導性リアクタンス X_L、容量性リアクタンス X_C とすると、これらを直列に接続した回路全体の抵抗値は、右の式で表せる。 $\sqrt{R^2+(X_L-X_C)^2}$
R-L-C 回路とインピーダンス	☐	2	右の回路のインピーダンスの値は、11Ωである。 $R=4\Omega$ $X_L=5\Omega$ $X_C=2\Omega$
	☐	3	2の回路に、実効値50Vの交流電圧を加えたとすると、回路に流れる電流は10Aである。
	☐	4	右の回路のインピーダンスの値は、14Ωである。 100V 8Ω V 6Ω
	☐	5	4の回路の抵抗8Ωの両端の電圧 V の値は、80Vである。
並列の R-L 回路	☐	6	右の回路の電流計Ⓐに流れる電流は、13Aである。 260V 12A R 5A X_L Ⓐ
	☐	7	6の回路のインピーダンスの値は、13Ωである。
	☐	8	6の回路の消費電力は、3,120Wである。

解答・解説

1.○　**2.**× 直列接続の R-L-C 回路のインピーダンス $Z=\sqrt{R^2+(X_L-X_C)^2}=\sqrt{4^2+(5-2)^2}=\sqrt{16+9}$ $=\sqrt{25}=5\Omega$。　**3.**○ オームの法則より、電流＝50V÷5Ω＝10A。　**4.**× 直列接続の R-L 回路のインピーダンス $Z=\sqrt{R^2+X_L^2}=\sqrt{8^2+6^2}=\sqrt{64+36}=\sqrt{100}=10\Omega$。　**5.**○ 回路全体のオームの法則を考えて、この回路に流れる電流 $I_Z=\dfrac{100V}{10\Omega}=10A$。∴抵抗8Ωの両端の電圧＝10A×8Ω＝80V。

6.○ 並列の R-L 回路では、枝分かれしていない部分の電流 $I=\sqrt{(R\text{に流れる電流})^2+(X_L\text{に流れる電流})^2}=$ $\sqrt{12^2+5^2}=\sqrt{144+25}=\sqrt{169}=13A$。　**7.**× 並列の R-L 回路のインピーダンス＝回路の合成抵抗 $=\dfrac{\text{交流電源の電圧}V}{\text{枝分かれしていない部分の電流}I}=\dfrac{260V}{13A}=20\Omega$。　**8.**○ 電力を消費するのは抵抗 R だけなので、回路の消費電力＝260V×12A＝3120W。

Lesson

8 力 率

Lessonの ポイント　このレッスンでは、交流回路の「力率」について学習します。力率に関する問題はほぼ毎回出題されており、非常に重要です。まず、一般的な力率の定義を理解し、力率の改善や、直列、並列それぞれの回路における力率の求め方を覚えましょう。

1コマ劇場

力率って何ですか？

電源から供給された電力が、どれぐらい有効に使われているかを示す割合よ。

力率 cosθ

1 電力と力率 Ⓐ

　直流回路の場合は電圧と電流の値が一定なので、**電力**は単純に電圧Vと電流Iの積によって表されます（●P.38）。これに対し、電圧と電流の値が絶えず変化する**交流回路**の場合は、電圧×電流の値も絶えず変化します。このため、**実効値**で表した電圧Vと電流Iの積を電力とすればよさそうですが、リアクタンスを含んだ回路では、電圧と電流の位相のずれが生じるため（●P.55〜56）、電圧が＋のとき電流が－になる（またはその逆になる）瞬間があり、そのときは**電圧×電流**の値も－になってしまいます。

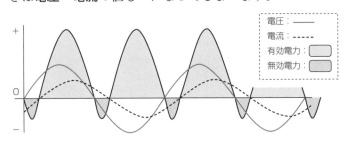

電圧： ——	
電流： ----	
有効電力： ▢	
無効電力： ▢	

➕プラスワン

位相のずれ
コイルを接続
⇒電流の位相が電圧よりも遅れる
●P.55
コンデンサを接続
⇒電流の位相が電圧よりも進む
●P.56

電圧×電流の値が＋になる部分を有効電力（－になる部分は無効電力）といいます。有効電力（記号P）は、負荷で有効に消費される電力（消費電力ともいう）であり、単位はワット〔W〕を用います。これに対し、実効値で表した電圧Vと電流Iの積は皮相電力（VIと表す）といい、単位は〔VA〕です。

皮相電力は電源から供給される電力で、このうち有効電力Pとなる割合を力率（記号cos θ）といいます。力率は、次の式によって求められます。

$$\text{力率 } \cos \theta = \frac{\text{有効電力 } P}{\text{皮相電力 } VI} \quad \cdots ①$$

また、力率は一般にパーセント〔％〕で表します。

例題 1 交流100Vの電源に、消費電力600Wの負荷が接続されている。負荷に流れる電流が8Aのとき、力率は何％か。

答 皮相電力＝100V×8A、有効電力＝消費電力＝600W

$$\therefore \text{力率} \cos \theta = \frac{\text{有効電力} P}{\text{皮相電力} VI}$$

$$= \frac{600}{100 \times 8} = \frac{600}{800} = 0.75 \quad \therefore 75\%$$

例題 2 200Vの交流回路に、消費電力2.0kW、力率80％の負荷を接続した場合、回路に流れる電流Iは何Aか。

答 上の式①の両辺に「皮相電力VI」をかけると、
力率cos θ×皮相電力VI＝有効電力P　…①′
また、力率80％を小数で表すと0.8、
有効電力＝消費電力＝2.0kW＝2000W
∴これらを式①′に代入し、
0.8×200V×電流I＝2000W
さらに、この両辺を0.8×200で割ると、

$$\text{電流} I = \frac{2000}{0.8 \times 200} = \frac{2000}{160} = 12.5A$$

2 力率の改善 Ａ

前ページの式①を記号だけで簡単に表すと、

$\cos\theta = \dfrac{P}{VI}$ となります。この両辺に VI をかけると、

$VI\cos\theta = P$ となり、さらにこの両辺を $V\cos\theta$ で割ると、

電流 $I = \dfrac{P}{V\cos\theta}$ …② となります。

この式②を見ると、**電流 I は、力率 $\cos\theta$ に反比例する**ことがわかります。つまり、力率が**小さいほど電流の値は大きく**なります。力率があまり小さいと、必要以上に大きな電流が流れてしまい、そのために太い電線を使用しなければならなくなって経費がかかるなどの損失を生じます。このため、力率が小さいことを「**力率が悪い**」といいます。

そこで、力率の悪い負荷には、力率を大きくするため、下の**図1**のようにコンデンサを負荷と並列に接続します。**コンデンサを接続すると電流の位相が進むため**（●P.56）、これによって負荷の電流の遅れを打ち消して、無効電力を**減少させ**（＝有効電力を増加させ）、**力率を大きくする**ことができます。これを**力率の改善**といいます。

■図1

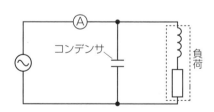

コンデンサ　負荷

> $\cos\theta$ は分数の分母にあるので反比例するものと考えます。

➕ **プラスワン**

P.63の図より、電流の遅れが打ち消される（＝電流の曲線が左に移動する）と、無効電力が減少することがわかる。

➕ **プラスワン**

力率が悪い負荷を、「遅れ力率の負荷」ともいう。

例題3 上の**図1**のような交流回路で、負荷に対してコンデンサを設置して、力率を100%に改善した。このとき電流計Ⓐの指示値は、コンデンサ設置前と比べて増加するか減少するか。

答 上の式②より、電流は力率に反比例する。力率が改善するということは力率が大きくなることなので、電流は減少する。

　ここまで、有効電力Pと皮相電力VIの関係から力率を求める方法を学習してきましたが、このほかにも、**抵抗**と**リアクタンス**が**直列接続**された回路では、次の式によって力率を求めることができます。

$$\text{力率}\cos\theta = \frac{\text{抵抗}R}{\text{インピーダンス}Z} \quad\cdots③$$

例題4 下図に示す回路の力率は何%か。

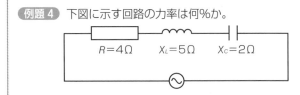

$R=4Ω$　　$X_L=5Ω$　　$X_C=2Ω$

答 インピーダンス$Z = \sqrt{R^2+(X_L-X_C)^2}$
$=\sqrt{4^2+(5-2)^2}=\sqrt{4^2+3^2}=\sqrt{16+9}=\sqrt{25}=5\,Ω$
$\therefore$力率$\cos\theta = \dfrac{4Ω}{5Ω}=0.8$　$\therefore80\%$

　また、上の式③の右辺の分子と分母にそれぞれ**電流I_Z**をかけると、力率$\cos\theta = \dfrac{\text{電流}I_Z\times\text{抵抗}R}{\text{電流}I_Z\times\text{インピーダンス}Z}$

$$\therefore\quad\text{力率}\cos\theta = \frac{\text{抵抗}R\text{にかかる電圧}}{\text{電源電圧}} \quad\cdots④$$

プラスワン

電流I_ZはR-L-C回路
に流れる電流。

▶P.59

例題5 下図の交流回路において、負荷の力率は約何%か。

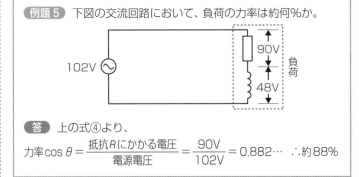

102V
90V
48V
負荷

答 上の式④より、
力率$\cos\theta = \dfrac{\text{抵抗}R\text{にかかる電圧}}{\text{電源電圧}} = \dfrac{90V}{102V} = 0.882\cdots$　$\therefore$約88%

この場合、コイル
にかかる電圧48V
は関係ないんだ
ね。

4 並列のR-L回路の力率 A

試験では右のような**抵抗**と**リアクタンス**が**並列接続**された回路についても力率を求める問題が出題されます。

並列接続の場合は、前ページの直列接続の場合と異なり、次の式によって力率を求めます。

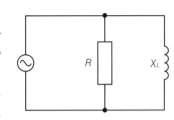

> **力率** $\cos\theta = \dfrac{\text{抵抗}R\text{に流れる電流}}{\text{枝分かれしていない部分の電流}\,I}$ …⑤

> 並列のR-L回路の「枝分かれしていない部分の電流 I」の求め方についてはすでに学習しましたね P.61。

例題6 下図のような回路で、抵抗に流れる電流が4A、リアクタンスに流れる電流が3Aであるとき、回路の力率は何%か。

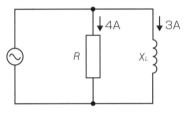

答 まず、枝分かれしていない部分の電流 I を求めると、

電流 $I = \sqrt{(R\text{に流れる電流})^2 + (X_L\text{に流れる電流})^2}$

$= \sqrt{4^2 + 3^2} = \sqrt{16 + 9} = \sqrt{25} = 5\,\text{A}$

∴式⑤より、回路の力率 $= \dfrac{4\text{A}}{5\text{A}} = 0.8$　∴80%

● 押えドコロ　力率の求め方

- 基本的な求め方………力率 $\cos\theta = \dfrac{\text{有効電力}P}{\text{皮相電力}VI}$

- 直列のR-L-C回路…… 力率 $\cos\theta = \dfrac{\text{抵抗}R}{\text{インピーダンス}Z}$

- 並列のR-L回路……… 力率 $\cos\theta = \dfrac{\text{抵抗}R\text{に流れる電流}}{\text{枝分かれしていない部分の電流}\,I}$

確認テスト

Key Point			できたら チェック ☑
電力と力率	☐	1	実効値で表した電圧 V と電流 I の積を「有効電力」といい、単位としてワット〔W〕を用いる。
	☐	2	消費電力800Wのモーターを交流200Vで運転したとき、5Aの電流が流れた。このモーターの力率は80%である。
	☐	3	交流100Vの電源に、消費電力600W、力率75%の負荷を接続した。このとき、負荷に流れる電流は4Aである。
力率の改善	☐	4	交流回路にコンデンサを取り付ける主な目的は、回路に流れる電流を大きくすることにある。
直列の R-L-C回路の力率	☐	5	右のような交流回路の力率〔%〕を示す式は、$\dfrac{100R}{\sqrt{R^2+X_L{}^2}}$ となる。
	☐	6	右のような交流回路で、抵抗の両端の電圧が80V、リアクタンスの両端の電圧が60Vであるとき、負荷の力率は75%である。
並列の R-L回路の力率	☐	7	右の交流回路で電源電圧24V、抵抗 $R=4\,\Omega$ に流れる電流6A、リアクタンス $X_L=3\,\Omega$ に流れる電流8Aのとき、回路の力率は60%である。

解答・解説

1. × 実効値で表した電圧 V と電流 I の積は「皮相電力」といい、単位は〔VA〕を用いる。 **2.** ○ 皮相電力＝200V×5A＝1000VA、消費電力＝有効電力＝800Wなので、力率＝有効電力÷皮相電力＝800÷1000＝0.8。∴80%。 **3.** × P.65の式②より、電流 $I=\dfrac{P}{V\cos\theta}=\dfrac{600\text{W}}{100\text{V}\times0.75}=\dfrac{600}{75}=8\text{A}$。
4. × 力率を改善するためであり、回路に流れる電流を小さくする。 **5.** ○ 直列の R-L 回路なので、力率 $\cos\theta=\dfrac{\text{抵抗 }R}{\text{インピーダンス }Z}=\dfrac{R}{\sqrt{R^2+X_L{}^2}}$。パーセント〔%〕にするため100をかけるので、$\dfrac{100R}{\sqrt{R^2+X_L{}^2}}$ となる。 **6.** × P.66の式④より、力率 $\cos\theta=\dfrac{\text{抵抗 }R\text{にかかる電圧}}{\text{電源電圧}}=\dfrac{80\text{V}}{100\text{V}}=0.8$。∴80%となる。
7. ○ 並列の R-L 回路なので、P.67の式⑤より、力率 $\cos\theta=\dfrac{\text{抵抗 }R\text{に流れる電流}}{\text{枝分かれしていない部分の電流 }I}=$
$\dfrac{\text{抵抗 }R\text{に流れる電流}}{\sqrt{(R\text{に流れる電流})^2+(X_L\text{に流れる電流})^2}}=\dfrac{6}{\sqrt{6^2+8^2}}=\dfrac{6}{\sqrt{36+64}}=\dfrac{6}{\sqrt{100}}=\dfrac{6}{10}=0.6$。∴60%。
なお、ほかの数値は単なる「ひっかけ」であり、本問を解くためには必要ない。

68

Lesson 9 三相交流回路

Lessonの ポイント このレッスンでは、三相交流回路について学習します。試験では、三相交流回路の電圧や電流を求める問題や、回路の断線に関する問題、回路の全消費電力を求める問題などから、毎回必ず1問出題されています。確実に理解しましょう。

1コマ劇場

左が「Y結線」、右が「Δ結線」よ。

三相交流回路には、つなぎ方が2種類あるんですね。

1 三相交流とは　B

下の**図1**のように、波形の**高さ**と**周波数**が同じで、**位相**が**1/3周期**ずつずれた3つの**正弦波交流**を合わせたものを、**三相交流**といいます。

■図1

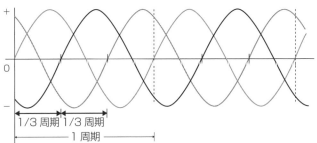

1/3周期　1/3周期

1周期

これまで学習してきた交流は、すべて単独の正弦波交流からなる単相交流でした。**三相交流**の回路は、**単相交流**の回路を3つ組み合わせたもので、特に負荷のインピーダンスが3つとも同じ場合を平衡三相交流回路といいます。

用語

位相　▶P.54
正弦波交流　▶P.52

1/3周期ずつずれているので、3つの波形の各瞬時値を合計すると常に0になります。

200Vの単相交流を3つ組み合わせても600Vにはならないんだね。

三相交流回路のつなぎ方には、Y結線（**スター結線**）と Δ結線（**デルタ結線**）の２つがあります。

どちらのつなぎ方でも、**各負荷**にかかる電圧を相電圧 E_P、**各電線間**の電圧を線間電圧 E といい、**各負荷**に流れる 電流を相電流 I_P、**各電線**に流れる電流を線電流 I といいます。

(1) Y結線

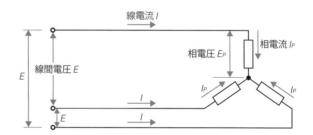

Y結線では、次のような関係式が成り立ちます。

> 線間電圧 $E = \sqrt{3} \times$ 相電圧 E_P ⋯①
> 線電流 $I =$ 相電流 I_P ⋯②

(2) Δ結線

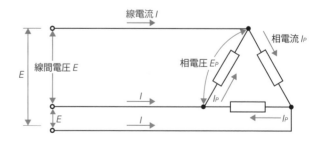

Δ結線では、次のような関係式が成り立ちます。

> 線間電圧 $E =$ 相電圧 E_P ⋯③
> 線電流 $I = \sqrt{3} \times$ 相電流 I_P ⋯④

Y結線では線電流 と同じ電流が負荷 に流れるんだ。 線電流＝相電流

Δ結線は線間電圧 と同じ電圧が負荷 にかかるんだ。 線間電圧＝相電圧

例題 1 図のような三相負荷に三相交流電圧を加えたとき、各線に20Aの電流が流れた。線間電圧 E は約何Vか。

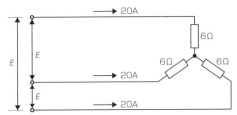

答 Y結線なので前ページ式②より、線電流 I =相電流 I_P = 20A。そこで各負荷におけるオームの法則を考えると、

相電圧 E_P =相電流 I_P ×抵抗＝20A×6Ω＝120V

前ページ式①より、

線間電圧 $E = \sqrt{3}$ ×相電圧 E_P ＝1.73×120＝207.6≒208V

例題 2 下図の三相3線式回路に流れる電流 I は約何Aか。

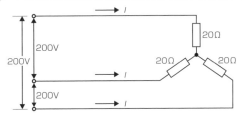

答 Y結線なので前ページ式①より、

線間電圧 $E = \sqrt{3}$ ×相電圧 E_P

∴相電圧 $E_P = \dfrac{\text{線間電圧}E}{\sqrt{3}} = \dfrac{200\text{V}}{1.73} ≒ 115.6\text{V}$

そこで各負荷におけるオームの法則を考えると、

相電流 $I_P = \dfrac{\text{相電圧}E_P}{\text{抵抗}} = \dfrac{115.6\text{V}}{20\Omega} = 5.78\text{A}$

前ページ式②より、線電流 I =相電流 I_P ＝5.78 ∴約5.8A

3 三相3線式回路の断線 A

　試験では、**三相3線式回路**の1線が断線した場合の電流の値などを問う出題がよくあります。Y結線でもΔ結線で

プラスワン

各負荷におけるオームの法則は以下の通り。

相電圧 〔V〕	
相電流 〔A〕	抵抗 〔Ω〕

負荷にリアクタンスを含む場合は、抵抗のところをインピーダンス〔Ω〕にする。

$\sqrt{3}$ ≒1.73です。

用語

三相3線式回路
三相交流回路のうち3つの電源から3本の電線で配電するものを三相3線式回路という（三相4線式もあるが、試験には出題されない）。

も、1線が断線すれば**三相交流ではなくなり、単相交流に**なることを頭に入れておきましょう。

例題3 図のような電源電圧 E〔V〕の三相3線式回路で、図中の×印点で断線した場合、断線後のa－c間の抵抗 R〔Ω〕に流れる電流 I〔A〕を示す式は、下のイ～ニのうちどれか。

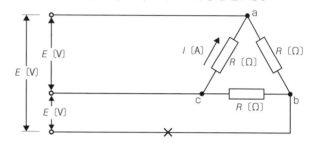

イ. $\dfrac{E}{2R}$　　ロ. $\dfrac{E}{\sqrt{3}R}$　　ハ. $\dfrac{E}{R}$　　ニ. $\dfrac{3E}{2R}$

答 図中の×印点で断線すると、下図のような単相交流の回路になります。

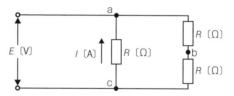

この図を見ると、a－c間の抵抗 R〔Ω〕、a－b－c間の2個の抵抗 R〔Ω〕ともに電源電圧 E〔V〕と並列に接続されていることがわかります。このためa－c間の抵抗 R〔Ω〕には電源電圧 E〔V〕がかかるので、オームの法則より、

a－c間の抵抗 R〔Ω〕に流れる電流 I〔A〕$= \dfrac{E〔\mathrm{V}〕}{R〔\mathrm{Ω}〕}$

∴ハが正しい。

断線後の単相交流回路の図は、断線した場所によって異なるので注意しましょう。

断線後は単相交流になるから、電源電圧も E〔V〕1個分なんだね。

4 三相3線式回路の電力

三相交流回路は、単相交流回路を3つ組み合わせたものなので、**三相交流回路の全消費電力 P を求める場合には、**

各単相交流回路の**負荷の消費電力**を求めて**3倍**します。

> 三相交流回路の全消費電力P＝各負荷の消費電力×3

例題 4 図のような三相3線式回路の全消費電力は何kWになるか。

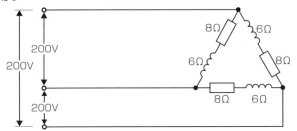

答 リアクタンスを含む負荷であり、各負荷のインピーダンス $Z_P = \sqrt{8^2 + 6^2} = \sqrt{64 + 36} = \sqrt{100} = 10\,\Omega$

△結線なので、線間電圧E＝相電圧E_P＝200V

そこで、各負荷におけるオームの法則を考えると、

相電流 $I_P = \dfrac{相電圧E_P}{インピーダンスZ_P} = \dfrac{200V}{10\Omega} = 20A$

また、力率 $\cos\theta = \dfrac{抵抗R}{インピーダンスZ_P} = \dfrac{8\Omega}{10\Omega} = 0.8$

∴各負荷の消費電力＝相電圧E_P×相電流I_P×力率$\cos\theta$

$= 200V \times 20A \times 0.8 = 3200W$

三相3線式回路の全消費電力Pはこの3倍なので、

∴全消費電力$P = 3200W \times 3 = 9600W = 9.6kW$

➕プラスワン

負荷におけるオームの法則
▶P.71の欄外「プラスワン」
消費電力（有効電力）の求め方
▶P.64の式①より、

力率＝$\dfrac{消費電力}{皮相電力}$

∴消費電力
　＝皮相電力×力率

◀) 押えドコロ 　**三相交流回路**

- **Y結線**…線間電圧$E = \sqrt{3} \times$相電圧E_P
　　　　　線電流I＝**相電流**I_P

- **△結線**…線間電圧E＝**相電圧**E_P
　　　　　線電流$I = \sqrt{3} \times$相電流I_P

- 三相交流回路の全消費電力P＝**各負荷の消費電力の3倍**

確 認 テ ス ト

Key Point		できたら チェック ☑
Y結線とΔ結線	☐ 1	Δ結線の三相交流回路において、各負荷にかかる電圧が100Vのとき、線間電圧は約173Vである。
	☐ 2	右のような三相負荷に三相交流電圧を加えたとき、各線に電流15Aが流れた。線間電圧Eは約208Vである。
三相3線式回路の断線	☐ 3	右のような三相3線式200Vの回路で、c−o間の抵抗が断線した。断線後のa−o間の電圧は、100Vである。
三相3線式回路の電力	☐ 4	右のような三相3線式回路の全消費電力は、9.6kWである。

解答・解説

1.× Δ結線の三相交流回路では、相電圧＝線間電圧。したがって、各負荷にかかる電圧（相電圧）が100Vならば、線間電圧も100Vである。 **2.○** Y結線なので、相電流 I_P ＝線電流 I ＝15A。各負荷のオームの法則を考えると、相電圧 E_P ＝相電流 I_P ×抵抗＝15A×8Ω＝120V。Y結線では、線間電圧 $E = \sqrt{3}$ ×相電圧 E_P なので、線間電圧 E ＝1.73×120＝207.6≒208Vとなる。 **3.○** c−o間の抵抗が断線すると、右図のような単相交流の回路になる。このa−b間の2つの抵抗 R はどちらも同じもの（抵抗値が同じ）なので、同じ大きさの電圧がかかる。つまり、a−o間には200V×1/2＝100Vがかかる。 **4.×** まず、各負荷のインピーダンス $Z_P = \sqrt{6^2 + 8^2} = \sqrt{36 + 64} = \sqrt{100} = 10$ Ω。Δ結線なので、線間電圧 E ＝相電圧 E_P ＝200V。そこで各負荷におけるオームの法則を考えると、

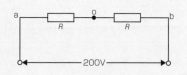

$$\text{相電流}\ I_P = \frac{\text{相電圧}\ E_P}{\text{インピーダンス}\ Z_P} = \frac{200\text{V}}{10\ \Omega} = 20\text{A}。\text{また力率}\cos\theta = \frac{\text{抵抗}\ R}{\text{インピーダンス}\ Z_P} = \frac{6\ \Omega}{10\ \Omega} = 0.6$$

∴各負荷の消費電力＝相電圧 E_P ×相電流 I_P ×力率 $\cos\theta$ ＝200V×20A×0.6＝2400W
三相3線式回路の全消費電力 P はこの3倍なので、∴全消費電力 P ＝2400W×3＝7200W＝7.2kW

第 2 章

配電理論および配線設計

配電とは電気を使用する工場や一般家庭等に電力を供給することをいいます。この章では配電方式の種類（単相2線式、単相3線式、三相3線式）をまず理解したうえで、配電線路における電圧降下や電力損失、電線の許容電流、屋内幹線の設計、分岐回路の施設について学習します。計算問題が多く出題されますが、第1章と比べると問題がパターン化しているといえます。

配電の基礎

Lessonの ポイント　第2章では、配電（電気を供給すること）の理論や配電の設計について学習します。このレッスンではその基礎として、電圧の種別、配電方式の種類などについて学びます。特に、線間電圧と対地電圧の違いについてしっかりと理解しましょう。

真ん中が「中性線」ということは、単相3線式ですね。

電圧側電線
負荷
中性線
負荷
電圧側電線

電線が3本だから、三相3線式かな？

1コマ劇場

1　電圧の種別　A

　電気設備に関する技術基準を定める省令（以下「**電技**」と略す）の第2条により、**電圧**は、下表のように低圧、高圧および特別高圧の3種類に区分されています。表中の赤色の数値はよく出題されるので、必ず覚えましょう。

■電技第2条による電圧の種別

	直　流	交　流
低　圧	750V以下	600V以下
高　圧	750Vを超え 7,000V以下	600Vを超え 7,000V以下
特別高圧	7,000Vを超えるもの	

　電力会社の配電用変電所から需要家へ電気を供給（**配電**）する場合、その多くは需要家付近の柱上変圧器まで**6,600V**の**高圧配電線**で配電しています。そして柱上変圧器によって**100V**または**200V**に電圧を下げ（**降圧**）、**低圧**の配電線で各需要家に電気を供給します。

用語

電気設備に関する技術基準を定める省令
電気事業法の規定に基づき、電気設備に関する技術基準について経済産業省が定めた省令。一般に「電技」と略す。
需要家
▶P.102
柱上変圧器
電柱に取り付けられた変圧器。変圧器は電圧の大きさを変化させて負荷に供給する機器で、トランスとも呼ばれる。

2 引込口配線 C

電柱からの**引込線**は空中にかけ渡す架空式が一般的で、架空引込線の高さは、**4m以上**が原則とされています（技術上やむを得ない場合で交通に支障がないときは、**2.5m以上**でよい→図中の＊の部分）。

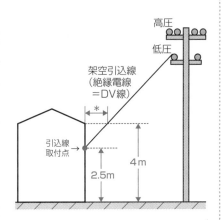

高圧
低圧
架空引込線
（絶縁電線
＝DV線）
＊
引込線
取付点
4m
2.5m

引込線取付点までの引込線の取り付けは電力会社が施工します。

引込口配線とは、建物の**引込線取付点**から電力量計を経て**引込口開閉器**に至るまでの配線をいいます。引込口開閉器は、引込口（電路が建物の外壁を貫通する部分）に近い箇所（標準として**8m以内**）で、容易に開閉できる箇所に設置することが原則とされています。

3 対地電圧の制限 B

電線相互間の電圧を**線間電圧**というのに対して、**電線と大地間の電圧**を対地電圧といいます。電技第15条では、電路に**地絡**が生じた場合に、電線や電気機械器具の損傷、感電または火災のおそれがないよう適切な措置を講じなければならないと定めており、これを受けて**電気設備の技術基準の解釈**（以下「**電技解釈**」と略す）の第143条では、感電による被害等を防止するため、**住宅の屋内電路**（電気機械器具内の電路を除く）の対地電圧を、原則**150V以下**としています。これを対地電圧の制限といいます。ただし、**定格消費電力2kW以上**の電気機械器具とこれに電気を供給する屋内配線を一定の条件のもとに施設する場合には、対地電圧を**300V以下**にすることなども認めています。

用語

開閉器
電気回路を切ったり入れたりするための器具。●P.134

電路
通常の使用状態において電気が通じているところ。

地絡
事故などによって、電気回路と大地との間に電気的な接続が生じてしまうこと。

電気設備の技術基準の解釈
「電技」の技術的な内容を具体的に示すため、経済産業省の電力安全課が作成したもの。「電技解釈」と略す。

定格消費電力
●P.205

第2章
配電理論および配線設計

4 配電方式の種類 A

柱上変圧器から需要家への**配電方式**には、単相2線式、単相3線式、三相3線式などがあり、負荷の種類と容量、安全性、経済性などを考慮して選択します。

（1）単相2線式（記号：1φ2W、使用電圧100V）

電圧側電線（**黒色線**）と接地側電線（**白色線**）の2線で配電する単相交流であり、一般家庭の電灯やコンセントに接続する電気機械器具の電源として使用されます。

■図1

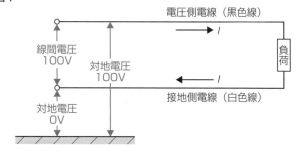

接地側電線の対地電圧は**0V**になります。これに対し、**電圧側電線**の対地電圧は**100V**、線間電圧も**100V**です。

（2）単相3線式（記号：1φ3W、使用電圧100V・200V）

2本の**電圧側電線**（**黒色線と赤色線**）と**中性線**（**白色線**）の合計3線で配電する単相交流です。

■図2

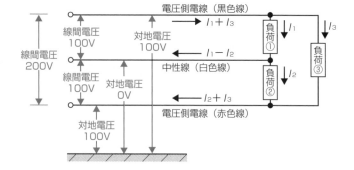

φとW
φ（ファイ）は相、W（ワイヤ）は線の数を表す記号。
「黒色線」「白色線」
電線の絶縁被覆の色によって「黒色線」、「白色線」「赤色線」などと区別する。
単相2線式1φ2W使用電圧100Vのほかに、200Vのものもある。
単相と三相の違い
○P.69

電圧側電線のことを、非接地側電線ともいいます。

中性線に流れる電流が$I_1 - I_2$〔A〕になることについては次のレッスンで学習します。
○P.86

　単相3線式では、**電圧側電線**と**中性線**との**線間電圧**は100Vなので、**図2**の負荷①、負荷②には100Vを供給することができます。また、**電圧側電線相互間**の**線間電圧**は200Vなので、負荷③には200Vを供給することができます。つまり、1つの配電方式で100Vと200Vの2種類の単相交流電力を供給できるわけです。近年では、一般家庭でも200Vのエアコンや IHクッキングヒーターなど消費電力の大きな電気機器を使用する機会が増えているため、単相3線式による配電は、商店やビルの屋内配線だけでなく、住宅にも普及しています。

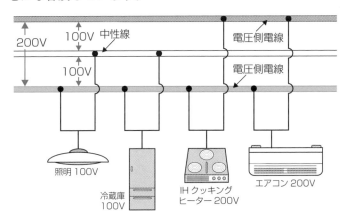

照明 100V
冷蔵庫 100V
IHクッキング ヒーター 200V
エアコン 200V

重要

中性線
中性線は接地された電線なので、大地との対地電圧は0Vになる。

住宅の屋内電路の対地電圧は150V以下に制限されていますね。
▶P.77

　また、**中性線**と大地間の**対地電圧**は0V、電圧側電線と大地間の**対地電圧**は100Vです。上で述べたように200Vの負荷を接続できるにもかかわらず対地電圧は**150V以下**なので、感電の危険性が少なく、一般の住宅でも消費電力の大きな電気機器を設置することができます。

プラスワン

100/200V
100Vおよび200Vの2種類の電圧で交流電力を供給できることを「100/200V」と表す。200分の100という意味ではない。

例題1　絶縁被覆の色が赤色、白色、黒色の3種類の電線を使用した単相3線式100/200V屋内配線で、電線相互間および電線と大地間の電圧を測定した。次のうち不適切なものはどれか。

イ. 黒色線と白色線間 100V　　ロ. 黒色線と赤色線間 200V

ハ. 白色線と大地間 100V　　　ニ. 赤色線と大地間 100V

答　白色線は中性線なので、対地電圧0Vである。　∴ハ

（3）三相３線式（記号：３φ３W、使用電圧200V・400V）

　発電所でつくられる電気は三相交流であり、３本の電線で送られてきた三相交流をそのまま需要家に配電する方式が**三相３線式**です。工場など大きな動力を必要とする場所で使われます。

■図３

単相３線式のような中性線はなく、すべて電圧側電線です。

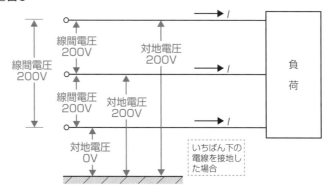

　３本の電線のうちどの２本をとっても**線間電圧**は**200V**になります。また、３本の電線のうち１本を接地します（図３ではいちばん下の電線を接地している）。この接地した電線の対地電圧は**0V**で、それ以外の２本の対地電圧は**200V**です。

（4）三相４線式（記号：３φ４W、使用電圧200V・400V）

　３本の電線に１本の中性線を加えた合計４線で配電する三相交流です。大規模な工場やビルの大型の電動機などに使用されます。

◆》押えドコロ　　**単相３線式の線間電圧と対地電圧**

- **線間電圧**…電圧側電線と中性線の間 ⇒ 100V
  　　　　　　電圧側電線相互間 ⇒ 200V
- **対地電圧**…中性線と大地間 ⇒ 0V
  　　　　　　電圧側電線と大地間 ⇒ 100V

確 認 テ ス ト

Key Point			できたら チェック ☑
電圧の種別	☐	1	「電気設備に関する技術基準を定める省令」では、電圧の区分のうち低圧について、「直流にあっては750V以下、交流にあっては600V以下のもの」と定めている。
	☐	2	「電気設備に関する技術基準を定める省令」では、交流の電圧区分について、低圧は600V以下、高圧は600Vを超え、10,000V以下のものと定めている。
引込口配線	☐	3	建物の引込線取付点から電力量計を経て引込口開閉器に至るまでの配線を、引込口配線という。
対地電圧の制限	☐	4	電線相互間の電圧を線間電圧というのに対して、電線と大地間の電圧は対地電圧という。
	☐	5	「電気設備の技術基準の解釈」では、特別な場合を除き、住宅の屋内電路に使用できる対地電圧の最大値を100Vとしている。
配電方式の種類	☐	6	柱上変圧器から需要家への配電方式は、単相2線式、単相3線式および三相3線式の3種類に限られている。
	☐	7	単相2線式とは、電圧側電線と接地側電線の2線で配電する単相交流をいう。
	☐	8	単相3線式100/200Vの屋内配線で、絶縁被覆の色が赤色、白色、黒色の3種類の電線が使用されていた。電線相互間および電線と大地間の電圧を測定した場合、次のような結果となる。 ●赤色線と黒色線間　200V　　●白色線と大地間　0V ●黒色線と大地間　100V　　●赤色線と白色線間　200V
	☐	9	三相3線式では、3本の電線のうちどの2本をとっても線間電圧は200Vである。

解答・解説

1.○　2.× 交流の電圧区分は、低圧が600V以下、高圧は600Vを超え7,000V以下と定めている。
3.○　4.○　5.× 「電技解釈」では、特別な場合を除き、住宅の屋内電路に使用できる対地電圧を150V以下（＝最大値150V）としている。　6.× このほかに三相4線式などがある。　7.○　8.× 赤色線と白色線の線間電圧は100Vである。これ以外の値はすべて正しい。　9.○

Lesson 2 配電線路の電圧降下

Lessonのポイント
配電線路における電圧降下を中心に学習します。ほぼ毎回出題される非常に重要なテーマです。また、電圧降下とは直接関係ありませんが、単相3線式回路の中性線の断線についてもよく出題されますから、このレッスンで学習します。

1コマ劇場

105V 負荷 100V

電線で電圧降下が生じているからですよ。

あれ？電源電圧は105Vなのに、負荷は100Vになってるぞ。

プラスワン

「配電線路」のことを単に「電線路」という場合もある。

負荷以外のところで電圧が使われてしまうということですね。

こう長（亘長）の「亘」には向こう側に届くという意味があります。

1 電圧降下とは

 B

　抵抗の存在するところに**電流**を流すには**電圧**を必要とします。抵抗は負荷としての抵抗だけでなく、電気の通り道となる導線そのものにも小さいながら抵抗値があるということをすでに学習しました（●P.44）。このため、**配電線路**に電流が流れるときにも電圧は必要となり、電源の電圧はその分だけ目減りすることになります。このような電圧の減少を、電圧降下といいます。

　導線の**抵抗値**は、導線の**長さに比例**するため（●P.45）、配電線路の電線が長くなるほどその抵抗値は大きくなり、電線の抵抗値が大きくなるほど**電圧降下も大きくなります**（電圧〔V〕＝電流〔A〕×抵抗〔Ω〕）。

　なお、試験では電線の抵抗値を**1m当たり○○〔Ω〕**などと表す場合があります。電線の両端間の長さを「こう長」といい、たとえば1m当たり2.4Ωで、こう長5mの電線ならば、抵抗値は2.4×5＝12Ωとなります。

2 単相2線式回路の電圧降下 A

(1) 単一負荷の場合

■図1

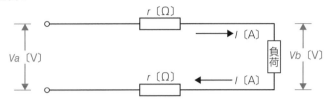

第2章

配電理論および配線設計

　図1のように、電線に流れる電流を I 〔**A**〕、電線1線分の抵抗を r 〔Ω〕とした場合、電線1線分の電圧降下は、$I \times r = Ir$ 〔V〕と表せます（電圧〔V〕＝電流〔A〕×抵抗〔Ω〕）。そして、電線は**往復で2線**なので、この配線における**電圧降下** v は Ir の2倍で $2Ir$ 〔V〕となります。

　また、電源電圧 Va 〔V〕が電線の電圧降下で $2Ir$ 〔V〕減少し、負荷にかかる電圧が Vb 〔V〕になるとすると、
$Va - 2Ir = Vb$ 　∴**電圧降下** $v = Va - Vb = 2Ir$

プラスワン

この図は、電線1線分の抵抗が r 〔Ω〕であることを表すものであり、負荷の抵抗を表すものではないので注意する。
負荷
▶P.54欄外「用語」

例題1　図のように、電線のこう長 L 〔m〕の配線で消費電力1,000Wの抵抗負荷に電力を供給した結果、負荷の両端の電圧は100Vであった。配線における電圧降下は何〔V〕か。ただし、電線の電気抵抗は長さ1m当たり r 〔Ω〕とする。

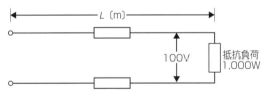

答　抵抗負荷に流れる電流を I 〔A〕とすると、
消費電力＝電圧×電流×力率（抵抗負荷なので、力率＝1）
∴1000W＝100× I ×1　∴ I ＝10A
また、抵抗は長さ1m当たり r 〔Ω〕なので、
こう長 L 〔m〕では、rL 〔Ω〕。往復2線なので、$2rL$ 〔Ω〕。
したがって、電圧降下＝10×$2rL$＝$20rL$ 〔V〕となる。

負荷が抵抗のみの回路は力率＝1であること
▶P.64欄外「プラスワン」

（2）複数負荷の場合

■図2

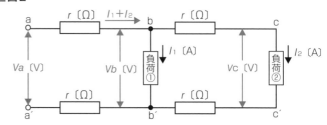

　図2のように単相2線式回路に**負荷が複数**ある場合には、区間ごとに分けて電圧降下を考えます。

①a-a´間 → b-b´間

　この区間の電線に流れる電流は、負荷①に流れるI_1と負荷②に流れるI_2の合計なので、$I_1 + I_2$〔A〕です。また、電線の抵抗は往復2線分で、$r × 2 = 2r$〔Ω〕。

∴この区間の電圧降下 $= Va - Vb = 2r(I_1 + I_2)$〔V〕

②b-b´間 → c-c´間

　この区間の電線に流れる電流は、負荷②に流れるI_2です。電線の抵抗は往復2線分で、$r × 2 = 2r$〔Ω〕。

∴この区間の電圧降下 $= Vb - Vc = 2rI_2$〔V〕

③a-a´間 → c-c´間

　①と②の電圧降下を合計することで求められます。

∴$Va - Vc = 2r(I_1 + I_2) + 2rI_2$〔V〕

プラスワン

b点（b´点）で枝分かれするので、①の区間には、I_1とI_2の合計$(I_1 + I_2)$〔A〕が流れる。

電源電圧Vaから、
①$2r(I_1 + I_2)$
②$2rI_2$
を引くと、負荷②にかかるVcになりますね。

そうすると、Vcに
①$2r(I_1 + I_2)$
②$2rI_2$
を加えれば、電源電圧Vaが求められますね。

例題2 図のような単相2線式回路で、c-c´間の電圧が100Vのとき、a-a´間の電圧は何Vか。ただし、rは電線の抵抗〔Ω〕とする。

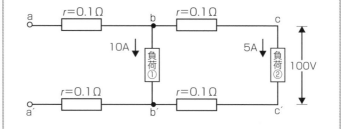

答 まずa-a′間→b-b′間について、この区間に流れる電流は
10＋5＝15A、電線の抵抗は往復2線分で0.1Ω×2＝0.2Ω。
∴この区間の電圧降下＝15×0.2＝3V…①
次にb-b′間→c-c′間について、この区間に流れる電流は5A、
電線の抵抗は往復2線分で0.1Ω×2＝0.2Ω。
∴この区間の電圧降下＝5×0.2＝1V…②
したがって、a-a′間の電圧（電源電圧）から①3Vと②1Vが減
少してc-c′間の電圧100Vになるのだから、
∴a-a′間の電圧＝100＋3＋1＝104V

3 単相3線式回路の電圧降下 A

（1）平衡負荷の場合

■図3

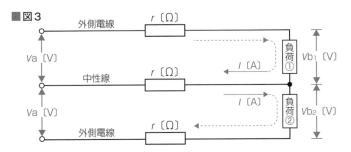

電圧側電線のこと
を、外側電線ある
いはライン側電線
ともいいます。

　単相3線式回路の**中性線**には、**図3**のように2つの電流
（負荷電流）が**逆向き**に流れており、この2つの電流の値
の差が中性線に流れる電流の値になります。このため2つ
の電流の値が等しい場合には、打ち消し合って**0〔A〕**と
なります（電流が流れていないことになる）。

　このような**中性線に流れる2つの電流の値が等しい場合**
を平衡負荷といいます。**平衡負荷**の場合、電流が流れない
中性線では電圧降下が生じません。したがって、電源から
各負荷までの**電圧降下**は、往復ではなく、**外側電線1線分**
について計算すればよいことになります。

∴**負荷①側の電圧降下** ＝ $Va - Vb_1 = Ir$ 〔V〕

　負荷②側の電圧降下 ＝ $Va - Vb_2 = Ir$ 〔V〕

2Irではなく、Ir
でいいんだね。

> **例題3** 図のような単相3線式回路において、電線1線当たりの抵抗が0.1Ωのとき、a-b間の電圧は何Vか。

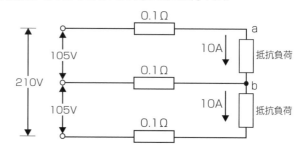

> **答** この単相3線式回路は、中性線に流れる2つの電流の値がどちらも10Aで等しいので、平衡負荷の回路です。したがってa-b間における電圧降下は、外側電線1線分について計算します。外側電線1線分の電圧降下＝10A×0.1Ω＝1V。
> ∴a-b間の電圧＝105V－1V＝104V

試験によく出題されるのは平衡負荷の問題です。

（2）不平衡負荷の場合

■図4

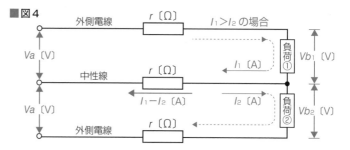

不平衡負荷については、最初は読み飛ばしてもかまいません。

図4のように、**中性線**に流れる2つの電流I_1とI_2の値が異なる場合を**不平衡負荷**といいます。**2つの電流の値の差が中性線に流れる電流の値**なので、図4のようにI_1〔A〕のほうがI_2〔A〕より大きい場合は、(I_1-I_2)〔A〕の電流が負荷から電源のほうに向かって流れます。

そこで、電圧降下について考えてみると、

①**負荷①側の電圧降下** ⇒ 次のア、イの合計

ア．外側電線における電圧降下＝rI_1〔V〕

イ．中性線における電圧降下＝$r(I_1-I_2)$〔V〕

➕ プラスワン

$I_2>I_1$の場合には、(I_2-I_1)〔A〕が、電源から負荷のほうに向かって流れる。

②**負荷②側の電圧降下** ⇒ 次のウ、エの合計

ウ．外側電線における電圧降下 $= rI_2$ 〔V〕

エ．中性線における電圧降下 $= -r(I_1 - I_2)$ 〔V〕

　負荷②側では、中性線を流れる電流の向きが本来の向きとは逆になっているので、エには「－（マイナス）」の符号がつきます。

負荷②側の中性線では電圧は降下せず、上昇することになります（ただし、試験に出題される可能性は低いです）。

4　単相3線式回路の中性線の断線　A

■図5

　図5のような単相3線式回路で、各電線が断線した場合の、**負荷①にかかる電圧 V_1** について考えてみましょう。

①**外側電線①が断線した場合**

　負荷①には電流が流れないので、電圧 $V_1 = 0$ Vです。

②**外側電線②が断線した場合**

　負荷①には電流が流れるので電圧 V_1 〔V〕のままです。

③**中性線が断線した場合**

　中性線が断線すると、**図6**のように、負荷①と負荷②が直列接続となり、電源電圧200Vの単相2線式の回路になります。この回路全体の抵抗は $(R_1 + R_2)$ 〔Ω〕です。

■図6

重要

電圧降下は無視

中性線の断線の問題が出題された場合、電線での電圧降下は無視してよい。このため回路全体の抵抗は $(R_1 + R_2)$ 〔Ω〕と考える。

したがって、回路全体のオームの法則を考えると、

回路に流れる電流 $= \dfrac{200}{R_1 + R_2}$〔A〕。この電流が負荷①にも

流れるので、負荷①におけるオームの法則より、

負荷①にかかる電圧 $= \dfrac{200}{R_1 + R_2} \times R_1 = \dfrac{200R_1}{R_1 + R_2}$〔V〕。

例題4 図のような単相3線式回路で、消費電力100W、500Wの2つの負荷はともに抵抗負荷である。図中の×印点で断線した場合、a-b間の電圧は何Vか。ただし、断線によって負荷の抵抗値は変化しないものとする。

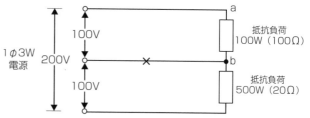

答 ×印点で断線すると、下図のような単相2線式回路になる。

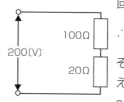

回路全体の抵抗 $= 100 + 20 = 120\,Ω$

∴ 回路に流れる電流 $= \dfrac{200V}{120Ω} ≒ 1.67A$

そこで、a-b間におけるオームの法則を考えて、

a-b間の電圧 $= 1.67A \times 100Ω = 167V$

100Wとか500Wというのは、この問題を解く際には関係ありません。

ただの「ひっかけ」というやつだね。

5 三相3線式回路の電圧降下 **B**

■図7

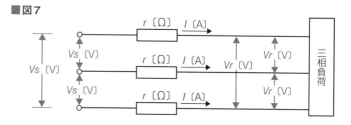

図7のように、三相3線式回路の電源電圧をVs〔V〕、負荷電圧をVr〔V〕とすると、**電圧降下（$Vs - Vr$）〔V〕**は次の式によって求められます。

電線1線分の線電流 I〔A〕× 抵抗 r〔Ω〕× $\sqrt{3}$

> **三相3線式回路の電圧降下 = $\sqrt{3}\,Ir$**

この式は、負荷（三相抵抗負荷）の結線方法が、Y結線または△結線のいずれであっても同じです。

√3 倍するというところがポイントですね。

三相交流回路の全消費電力を求めるときは各負荷の消費電力の3倍なので（●P.73）、混同しないようにしましょう。

例題5 図のような三相3線式回路で、電線1線当たりの抵抗が0.15Ω、線電流が10Aのとき、電圧降下（$Vs - Vr$）は約何Vになるか。

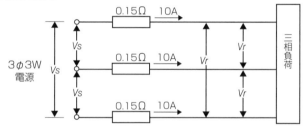

答 三相3線式回路の電圧降下 = $\sqrt{3}\,Ir$
電線1線分の線電流が10A、抵抗が0.15Ωなので、
これを上の式に代入する。$\sqrt{3} \fallingdotseq 1.73$なので、
$1.73 \times 10 \times 0.15 = 2.595$　∴約2.6V

押えドコロ 　**配電線路の電圧降下**

電線1線分に流れる電流 I〔A〕、抵抗 r〔Ω〕とした場合の電圧降下〔V〕

● **単相2線式（単一負荷の場合）** … $2Ir$〔V〕

　＊複数負荷の場合は、区間ごとに分けて考えていく

● **単相3線式（平衡負荷の場合）** … Ir〔V〕（中性線には電流が流れない）

　＊不平衡負荷の場合は、中性線にも電流が流れる（出題の可能性は低い）

● **三相3線式（Y結線・△結線）** … $\sqrt{3}\,Ir$〔V〕

第2章

配電理論および配線設計

Key Point	できたら チェック ☑
単相2線式回路の電圧降下	□ **1** 右図の回路で抵抗負荷に電力を供給し、負荷の両端の電圧が100Vである場合、配線での電圧降下は約1Vである。ただし、電線の抵抗は1,000m当たり3.2Ωとする。
単相2線式回路の電圧降下	□ **2** 右図の回路で、c-c′間の電圧が100Vのとき、a-a′間の電圧は102Vになる。ただし、rは電線の電気抵抗〔Ω〕とする。
単相3線式回路の電圧降下	□ **3** 右図の回路で電流計Ⓐの指示値が最も小さいのは、スイッチcとdを閉じた場合である。ただし、Ⓗは定格電圧100Vの電熱器である。
単相3線式回路の中性線の断線	□ **4** 右の単相3線式回路において、図中の×印点で断線した場合、a-b間の電圧は160Vになる。ただし、断線により負荷の抵抗値は変化しないものとする。

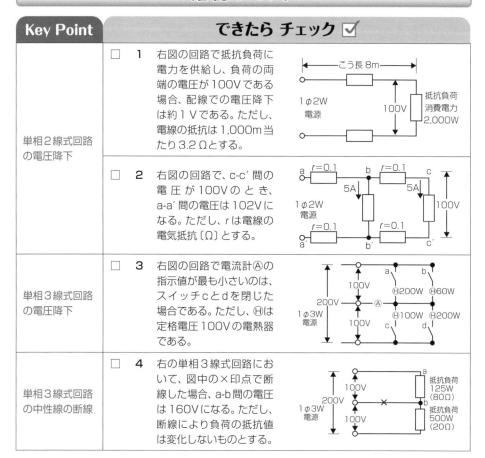

解答・解説

1.○ 回路に流れる電流を I〔A〕とすると、消費電力2,000Wの抵抗負荷（力率＝1）に100Vがかかっているので $I \times 100 = 2000$。∴$I = 20A$。また電線の抵抗は1,000m当たり3.2Ωなので、こう長8m×2（往復）＝16mならば3.2÷1000×16＝0.0512Ω。∴配線における電圧降下＝20A×0.0512Ω＝1.024V≒約1V。 **2.**× まずa-a′間→b-b′間に流れる電流は5＋5＝10A、電線の抵抗は往復2線分で0.1Ω×2＝0.2Ωなので、この区間の電圧降下＝10×0.2＝2V。次に、b-b′間→c-c′間に流れる電流は5A、電線の抵抗は往復2線分で0.2Ωなので、この区間の電圧降下＝5×0.2＝1V。∴a-a′間の電圧＝100＋2＋1＝103V。 **3.**× スイッチaとdを閉じれば中性線に同じ電流（200W÷100V＝2A）が逆向きに流れ（平衡負荷）、打ち消し合って0Aになる（電流計Ⓐの指示値は最小）。 **4.**○ ×印点で断線すると、80Ωと20Ωの抵抗が直列に接続された単相2線式回路になる（電源電圧200V）。回路全体の抵抗＝80＋20＝100Ω。∴回路に流れる電流＝200V÷100Ω＝2A。a-b間（80Ωの抵抗）におけるオームの法則を考えて、a-b間にかかる電圧＝2A×80Ω＝160V。

Lesson 3　配電線路の電力損失

Lessonのポイント　このレッスンでは、配電線路における電力損失について学習します。試験ではほぼ2回に1回の割合で出題されています。負荷で有効に消費される消費電力ではなく、電線路で消費される電力を「電力損失」ということに注意しましょう。

1コマ劇場

負荷だけでなく、電線でも電力が消費されるということです。

あれ、電線も熱を発生していますね。

1　電力損失とは　B

　抵抗に電流が流れると熱を生じますが、これは電気エネルギーが熱エネルギーに変換されるためであり（▶P.40）、このとき**電力**が消費されます。負荷に限らず**電線**にも抵抗があるため、電流が流れると電線からも熱が発生し、電力が消費されます。しかし、電線から発生する熱は、電気ストーブなどの電熱器とは異なり、利用を目的としていません。このため、**電線の抵抗によって消費される電力**のことを、電力損失といいます。

　電力損失は、**電線で消費される電力**のことなので、すでに学習した電力の公式（▶P.38）によって求めることができます。

> **電力P ＝電圧V×電流I**　…①

> **電力P ＝電流Iの2乗×抵抗R**　…①′

電力の単位は〔W〕なので、電力損失の値も単位として〔W〕を使います。

プラスワン
試験では「電線路の電力損失は何Wか」という設問が多い。

2 単相2線式回路の電力損失　**B**

■図1

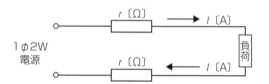

　単相2線式回路においては、電線に流れる電流 I〔A〕、電線1線当たりの抵抗 r〔Ω〕の場合、前ページ①′式より、電線1線分の電力損失 $= I^2 \times r = I^2 r$〔W〕。さらに往復で2線分の電力損失が生じるので、これを2倍します。

> **単相2線式回路の電力損失** $= 2I^2 r$〔W〕

3 単相3線式回路の電力損失　**A**

（1）平衡負荷の場合

■図2

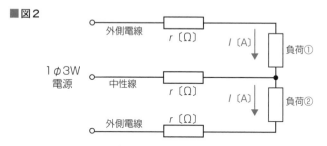

　単相3線式回路において、中性線に流れる2つの電流の値が等しい場合を平衡負荷といい、中性線では電流が流れていないのと同じ状態になります（▷P.85）。この場合、**中性線では電力損失が生じません**。したがって、平衡負荷の単相3線式回路では、電力損失は外側電線2線分を合計すればよいことになります。図2のように負荷電流がどちらも I〔A〕、電線1線当たりの抵抗が r〔Ω〕の場合には、$I^2 r + I^2 r = 2I^2 r$〔W〕です。

平衡負荷ならば、単相2線式回路における電力損失を求める式と同じになるんだ。

単相3線式回路（平衡負荷）の電力損失 = $2I^2r$〔W〕

例題1 図のような単相3線式回路において、電線1線当たりの抵抗が0.2Ω、抵抗負荷に流れる電流がともに10Aのとき、この電線路の電力損失は何〔W〕か。

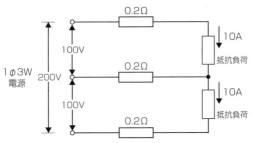

答 2つの抵抗負荷に流れる電流が等しいので、中性線に流れる電流＝0Aとなり、平衡負荷である。したがって、電力損失は外側電線2線分を合計すればよい。外側電線に流れる電流は10A、電線1線当たりの抵抗が0.2Ωなので、
電線1線分の電力損失 = $10^2 × 0.2 = 20W$。
∴2線分の合計 40W

■図3

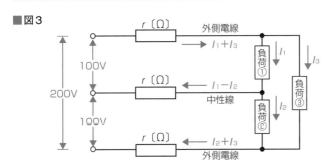

　図3は、200Vの負荷③が接続されている単相3線式の回路です。この場合も、負荷①に流れるI_1〔A〕と負荷②に流れるI_2〔A〕が等しい場合には、中性線に流れる電流は$I_1 - I_2 = 0$Aとなり、**平衡負荷**であるため、電力損失は**外側電線2線分**を合計すればよいことになります。つまりこの場合も電力損失は、**$2I^2r$〔W〕**です。

プラスワン

外側電線や中性線というのは、図3では白丸○～黒丸●の区間をいう。

200Vの負荷③が接続されたからといって、電力損失を生じる電線の数が増えるわけではないんだ。

例題2 図のような単相3線式回路で、電線1線当たりの抵抗が0.1Ω、負荷に流れる電流がいずれも10Aのとき、この電線路の電力損失は何〔W〕か。ただし、負荷は抵抗負荷とする。

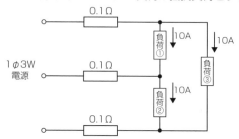

答 負荷①と負荷②に流れる電流が等しいので、中性線に流れる電流＝0Aとなり、平衡負荷である。したがって、電力損失は外側電線2線分を合計すればよい。外側電線に流れる電流は10＋10＝20A、電線1線当たりの抵抗が0.1Ωなので、

電線1線分の電力損失＝$20^2 \times 0.1 = 40$W。

∴ 2線分の合計80W

（2）不平衡負荷の場合

　不平衡負荷の場合は、中性線にも電流が流れるため（
P.86）、外側電線だけでなく、中性線で生じる電力損失も合計する必要があります。92ページの**図2**で、負荷①にI_1〔A〕、負荷②にI_2〔A〕が流れるとすると、

- 負荷①側の外側電線での電力損失＝$I_1^2 r$　…①
- 負荷②側の外側電線での電力損失＝$I_2^2 r$　…②

右の例は、$I_1 > I_2$の場合です。

- 中性線での電力損失＝$(I_1 - I_2)^2 r$　…③

　以上の①②③を合計することになります。

4　三相3線式回路の電力損失　**A**

　三相3線式の回路は、**電線3本で配電する方式**なので、**電線1線分の電力損失を3倍する**ことによって線路全体の電力損失を求めることができます。このとき負荷の結線方法は、Y結線でもΔ結線でも関係ありません。

■図4

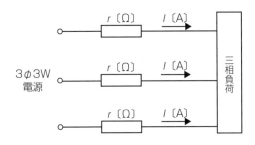

図4のように、線電流がI〔A〕、**電線1線当たりの抵抗**がr〔Ω〕の場合は、$I^2 \times r \times 3 = 3I^2r$〔W〕です。

> **三相3線式回路の電力損失** $= 3I^2r$〔W〕

例題3 図のような三相3線式回路で、線電流が10Aのとき、この電線路の電力損失は何〔W〕か。ただし、電線1線の抵抗は1m当たり0.01Ωとする。

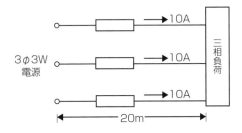

答 電線1線当たりの抵抗が1m当たり0.01Ωなので、20mならば、0.01Ω×20＝0.2Ω。線電流が10Aなので、電線1線分の電力損失＝$10^2 \times 0.2 = 20$W。
∴これを3倍して、20W×3＝60W

三相回路の全消費電力を求めるときも「3倍」だったけど（▶P.73）、どこが違うの？

全消費電力というのは、三相負荷で消費される電力のことです。一方、ここで学習しているのは負荷ではなく、電線路で失われる電力です。だから、抵抗の値は負荷の抵抗値ではなく電線の抵抗値であることに注意してね。

● 押えドコロ　配電線路の電力損失

電線1線分に流れる電流I〔A〕、抵抗r〔Ω〕とした場合の電力損失〔W〕
- 単相2線式 ……………………………… $2I^2r$〔W〕
- 単相3線式（平衡負荷の場合）……… $2I^2r$〔W〕（中性線では電力損失なし）
  ＊不平衡負荷の場合は、中性線でも電力損失あり（出題の可能性は低い）
- 三相3線式（Y結線・Δ結線）……… $3I^2r$〔W〕

Key Point	できたら チェック ☑

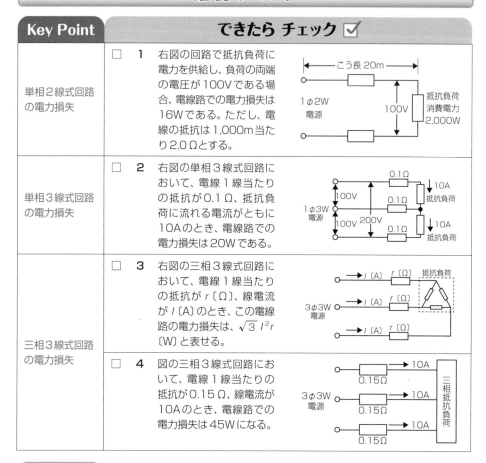

Key Point	できたら チェック ☑	
単相2線式回路の電力損失	□ 1	右図の回路で抵抗負荷に電力を供給し、負荷の両端の電圧が100Vである場合、電線路での電力損失は16Wである。ただし、電線の抵抗は1,000m当たり2.0Ωとする。
単相3線式回路の電力損失	□ 2	右図の単相3線式回路において、電線1線当たりの抵抗が0.1Ω、抵抗負荷に流れる電流がともに10Aのとき、電線路での電力損失は20Wである。
三相3線式回路の電力損失	□ 3	右図の三相3線式回路において、電線1線当たりの抵抗が r 〔Ω〕、線電流が I 〔A〕のとき、この電線路の電力損失は、$\sqrt{3}\,I^2r$〔W〕と表せる。
	□ 4	図の三相3線式回路において、電線1線当たりの抵抗が0.15Ω、線電流が10Aのとき、電線路での電力損失は45Wになる。

解答・解説

1.× 回路に流れる電流を I 〔A〕とすると、消費電力2,000Wの抵抗負荷（力率＝1）に100Vがかかっているので $I \times 100 = 2000$。∴ $I = 20$A。電線の抵抗は1,000m当たり2.0Ωなので、こう長20mならば $2.0 \div 1000 \times 20 = 0.04$Ω。∴電線1線分の電力損失×2（往復）＝$20^2 \times 0.04 \times 2 = 32$W。 **2.○** 抵抗負荷に流れる電流がともに10Aなので、この回路は平衡負荷である。したがって、電力損失が生じるのは外側電線2線分だけなので、$10^2 \times 0.1 \times 2 = 20$W。 **3.×** 三相3線式回路の電線路における電力損失は、負荷がY結線であるかΔ結線であるかにかかわらず、電線1線分の電力損失を求めて3倍すればよい。したがって、$I^2 \times r \times 3 = 3\,I^2r$〔W〕となる。 **4.○** 三相3線式回路なので、電線1線分の電力損失を求めて3倍する。∴ $10^2 \times 0.15 \times 3 = 45$W。

Lesson 4 電線の許容電流

Lessonのポイント 電線の許容電流を求める問題は、ほぼ毎回出題されており、非常に重要です。ただし出題される内容は大体パターンが決まっているため、このレッスンの例題と確認テストをマスターすれば、容易に得点することができます。

1コマ劇場

電線を金属管の中に入れたら、熱がこもるんじゃないかな？

だから「許容電流」に「電流減少係数」をかけ合わせるのよ。

1 電線の太さを決める3要素 **B**

低圧屋内配線に使用する電線の太さを決定する際には、①機械的強度、②電圧降下、③許容電流の3要素を考慮する必要があります。ここでは、①、②について解説します。

①機械的強度

あまり細い電線を使用すると、**機械的強度**が弱いために工事中または工事完了後の張力や衝撃等によって断線するおそれがあるため、電技解釈第146条により、低圧配線は**直径1.6mmの軟銅線**もしくはこれと**同等以上の強さおよび太さのもの**、または**断面積1mm²以上のMIケーブル**であることとされています。

②電圧降下

工場やビルなど配線のこう長が長くなる場所は**電圧降下**が大きくなり（▶P.82）、電灯が暗くなったり電気機器の性能が低下したりするため、電圧降下を減らすために**太い電線**を選定することがあります。

用語

低圧
▶P.76
機械的強度
力学的な変形や破壊に対する強さ。
軟銅線
金属の銅を使用した導線（銅導体）には軟銅線と硬銅線があり、硬銅線を焼きなましながら引き伸ばした軟らかい銅線を軟銅線という。
MIケーブル
無機絶縁ケーブルのこと。▶P.141

2 許容電流　　　　　　　　　　　　A

（1）導体の太さと許容電流

　電線に安全に流すことができる電流の最大値のことを、許容電流といいます。電線に電流が流れると熱を生じますが（◐P.40）、あまり大きな電流を流し続けると、電線の熱で絶縁被覆が劣化したり、燃焼したりする危険性があります。そこで、電技解釈の第146条では、低圧配線に使用する**600Vビニル絶縁電線**その他の絶縁電線について、**単線**と**より線**を区別し、それぞれ**導体の太さ**に応じて**許容電流**の値を定めています。**導体**には一般に**軟銅線**が使用されるため（試験でも導体が軟銅線の絶縁電線について出題される場合が多い）、**導体に銅導体（軟銅線・硬銅線）を使用した場合**の許容電流の値をまとめておきましょう。

①単線の場合

　単線とは、**金属線1本**を導体（導線）とする電線をいいます。導体の**直径**〔mm〕で太さを表します。

直　径	許容電流
1.6〔mm〕	27〔A〕
2.0〔mm〕	35〔A〕
2.6〔mm〕	48〔A〕

導線　絶縁物
直径〔mm〕

②より線の場合

　より線とは、何本かの金属線（**素線**という）をより合わせた電線をいいます。導体の**公称断面積**〔mm²〕で太さを表します。

公称断面積	許容電流
3.5〔mm²〕	37〔A〕
5.5〔mm²〕	49〔A〕
8〔mm²〕	61〔A〕

導線　絶縁物
断面積〔mm²〕
1本1本は素線という

用語

絶縁被覆
金属の導線を覆っているビニル等の絶縁物のこと。
絶縁電線
導体に絶縁物を被覆して、電気的に絶縁した電線。◐P.140

赤字の値は試験によく出るので、必ず覚えましょう！

用語

公称断面積
素線1本分の断面積×素線の数。試験では単に「断面積」と表されていることが多い。

（2）電流減少係数

　絶縁電線を金属管や合成樹脂管その他の電線管等に収めて配線する場合は、風通しが悪くなって**電線の温度が上昇**しやすくなり、危険性が増大します。そこで電技解釈では、電線管に収める**電線の本数**に応じて**電流減少係数**という数値を定め、これを**通常の許容電流の値にかけ合わせる**ことによって、許容電流を小さくするようにしています。

■ 電線の本数と電流減少係数

同一管内の電線数	電流減少係数
3本以下	0.70
4本	0.63
5本または6本	0.56
7本以上15本以下	0.49

例題1　金属管による低圧屋内配線工事で、管内に直径2.0㎜の600Vビニル絶縁電線（軟銅線）5本を収めて施設した場合、電線1本当たりの許容電流は何Aか、整数値で答えよ。ただし、周囲温度は30℃以下、電流減少係数は0.56とする。

答　導体（軟銅線）の直径が2.0㎜なので、前ページの①の表より、通常の許容電流は35Aである。そして、金属管にこの絶縁電線を5本収めるので、電流減少係数0.56を35Aにかけ合わせなければならない。∴求める許容電流＝35A×0.56＝19.6A。さらにこの場合、小数は4捨5入ではなく、7捨8入することになっており、19.6の小数6は切り捨てる。∴整数値では19A。

例題2　合成樹脂製可とう電線管（PF管）による低圧屋内配線工事で、管内に断面積5.5㎟の600Vビニル絶縁電線（銅導体）3本を収めて施設した場合、電線1本当たりの許容電流は何Aか。ただし、周囲温度は30℃以下、電流減少係数は0.70とする。

答　導体（銅導体）の断面積が5.5㎟なので、前ページの②の表より、通常の許容電流は49Aである。そして、PF管にこの絶縁電線を3本収めるので、電流減少係数0.70をかけ合わせる。∴49A×0.70＝34.3A。これを7捨8入し、整数値では34A。

用語

電線管

電線を衝撃から保護したり、人が触れることを防いだりするために電線を一括して収める管。金属管や合成樹脂管などがある。▶P.147

プラスワン

周囲温度

電線の周囲の温度が30℃を超えた場合も熱の放散が悪くなるため、電技解釈では別の補正係数をかけ合わせることになっているが、試験では周囲温度は必ず30℃以下とされている。

7捨8入
● 15.6Aの場合
⇒7以下切り捨て
　∴整数値では15A
● 15.9Aの場合
⇒8以上切り上げ
　∴整数値では16A

用語

合成樹脂製可とう電線管（PF管）
合成樹脂管の一種。
▶P.154

前ページの例題1、2のように、電線の許容電流を求める問題では、設問文中に電流減少係数が示されていることがほとんどです。しかし、電流減少係数の値そのものを問う出題もたまにありますので、前ページの表の赤字の値だけは覚えておきましょう。

（3）ケーブルを使用する場合

絶縁電線を電線管に収める場合だけではなく、電線管に収めていないケーブルについても、**電流減少係数**が適用されることに注意しましょう。ケーブルの場合は、保護被覆の中に導体が2本入っていれば「2心」、3本ならば「3心」といいます。絶縁電線を電線管に収めたときと同様に、2心ならば電線数2本、3心ならば電線数3本と考えて、通常の許容電流に電流減少係数をかけ合わせます。

用語

ケーブル
導体を絶縁被覆した外側にさらに保護被覆（シース）を重ねた電線。●P.141

例題3 低圧屋内配線工事に使用する600Vビニル絶縁ビニルシースケーブル丸型（銅導体）が3心で、導体の直径が2.0㎜であるとき、許容電流は何Aか、整数値で答えよ。
ただし、周囲温度は30℃以下、電流減少係数は0.70とする。

答 導体（銅導体）の直径が2.0㎜なので、P.126の①の表より、通常の許容電流は35Aである。そして「3心」なので電線3本を電線管に収めた場合と同様に考えて、電流減少係数0.70を35Aにかけ合わせる。∴求める許容電流＝35A×0.70＝24.5A。これを7捨8入し、整数値では24A。

◆押えドコロ　導体の太さと許容電流

導体の太さ	許容電流
直径　1.6〔㎜〕	27〔A〕
直径　2.0〔㎜〕	35〔A〕
断面積　5.5〔㎟〕	49〔A〕

電線管に収めるとき
またはケーブルの場合、
電流減少係数をかけ合わせる
（整数値は7捨8入）

確 認 テ ス ト

Key Point			できたら チェック ☑
電線の太さを 決める3要素	☐	1	低圧屋内配線に使用する電線の太さを決定する際には、機械的強度、電圧降下および許容電流を考慮する。
	☐	2	電技解釈では、低圧配線は直径1.6mmの軟銅線または断面積1mm²以上のMIケーブルでなければならないとしている。
許容電流	☐	3	電線が単線である場合、許容電流は、導体の直径が1.6mmのときは35A、直径が2.0mmのときは49Aとされている。
	☐	4	低圧屋内配線工事で600Vビニル絶縁電線2本を電線管に収めて使用する場合、電流減少係数は0.70である。
	☐	5	金属管による低圧屋内配線工事で、管内に直径2.0mmの600Vビニル絶縁電線（軟銅線）4本を収めて施設した場合、電線1本当たりの許容電流は整数値で31Aである（ただし、周囲温度は30℃以下）。
	☐	6	金属管による低圧屋内配線工事で、管内に直径1.6mmの600Vビニル絶縁電線（軟銅線）3本を収めて施設した場合、電線1本当たりの許容電流は整数値で19Aである（ただし、周囲温度は30℃以下）。
	☐	7	金属管による低圧屋内配線工事で、管内に断面積5.5mm²の600Vビニル絶縁電線（軟銅線）3本を収めて施設した場合、電線1本当たりの許容電流は整数値で34Aである（ただし、周囲温度は30℃以下）。
	☐	8	低圧屋内配線工事に使用する600Vビニル絶縁ビニルシースケーブル丸型（銅導体）が2心で、導体の直径2.0mmであるとき、許容電流は整数値で25Aである（ただし、周囲温度は30℃以下）。

解答・解説

1.○　2.× このほかに、直径1.6mmの軟銅線と同等以上の強さおよび太さのものでもよいとしている。
3.× 直径1.6mmのときは27A、直径2.0mmのときは35Aである。　4.○ 電線数3本以下なので0.70。
5.× 直径2.0mmなので通常の許容電流は35A。また金属管に収める電線数が4本なので電流減少係数は0.63。∴35A×0.63＝22.05。7捨8入して整数値は22A。　6.○ 直径1.6mmなので通常の許容電流は27A。金属管に収める電線数が3本なので電流減少係数は0.70。∴27A×0.70＝18.9。7捨8入して整数値は19A。　7.○ 断面積5.5mm²なので通常の許容電流は49A。また、金属管に収める電線数が3本なので電流減少係数は0.70。∴49A×0.70＝34.3。7捨8入して整数値は34A。　8.× 導体（銅導体）の直径が2.0mmなので通常の許容電流は35A。「2心」なので電線2本を電線管に収めた場合と同様に考えて、電流減少係数は0.70である。∴35A×0.70＝24.5A。これを7捨8入すると、整数値は24Aである。

Lesson 5 屋内幹線の設計

Lessonのポイント

ここでは屋内配線の幹線（▶P.103）について学習します。幹線の太さを決定する根拠となる電流（幹線の許容電流）や、幹線を保護する過電流遮断器の定格電流を計算する公式が重要です。試験では、ほぼ2回に1回の割合で出題されています。

1コマ劇場

すべての電流の通り道ですね。

ここが「幹線」だよ。

1　需要率

電力を使用する工場、商店、一般家庭などを**需要家**といい、需要家がもっている電気機器や電動機などの**負荷設備**の電力の総和を**負荷設備容量**または単に**設備容量**といいます。たとえば、ある需要家が10kW、20kW、30kW、40kWの負荷設備をもっている場合、設備容量はこれらを合計して100kWということになります。ただし、需要家がその負荷設備の全部を常に同時に使用するとは限りません。そこで、ある期間内において需要家の使用する電力が最大となったときの値を最大需要電力として、設備容量に占める最大需要電力の割合を需要率〔％〕といいます。

プラスワン

最大需要電力は常に設備容量以下の値になるので、需要率が100％を超えることはない。

$$需要率〔％〕= \frac{最大需要電力}{設備容量} \times 100$$

この式を変形すると、

設備容量×需要率＝最大需要電力となります。

例題1 45kW、75kW、80kWの負荷設備があり、その需要率が80%の場合、最大需要電力は何kWになるか。

答 設備容量＝45＋75＋80＝200kW。
前ページの式より、設備容量×需要率＝最大需要電力
需要率80%を小数に直すと0.80なので、
∴最大需要電力＝200kW×0.80＝160kW

2　幹線と過電流遮断器　B

屋内配線は、**幹線**および**分岐回路**に大きく分かれます。

幹線とは引込口から分岐回路までの配線をいい、引込口に近い箇所に**引込口開閉器**を設けます（●P.77）。そして引込口開閉器には、幹線を保護するための過電流遮断器を施設します。**過電流遮断器**とは、過大な電流が流れたときに電路を自動的に遮断する装置です。過電流遮断器として**配線用遮断器（ブレーカ）**を使用する場合には、開閉器としての役割も兼ねます。

■ 幹線と分岐回路

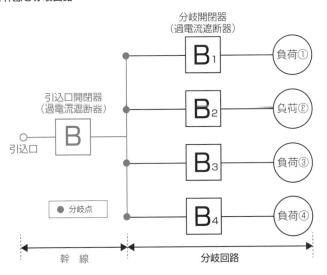

分岐回路については次のレッスンで学習します。

用語

過電流遮断器
ヒューズおよび配線用遮断器（ブレーカ）の総称。●P.135
開閉器
●P.77、134

プラスワン

幹線を保護するための過電流遮断器とは別に、分岐回路用の過電流遮断器も施設することに注意。

3 幹線の許容電流の計算　　A

　設計上安定して負荷設備を使用できる電流を、**定格電流**といいます。**幹線**には、その分岐回路に接続されているすべての**負荷の定格電流の合計**が流れたとしても**安全を保つことができる太さ**の電線を使用します。

　幹線の太さを決定する根拠となるのは、幹線の許容電流I_W〔A〕であり、I_Wの最小値は**負荷の定格電流の合計以上**であることが基本です。特に、**電動機（モーター）を始動**させる際には大きな電流が流れるため、負荷設備に電動機が含まれているかどうかが重要なポイントとなります。

■ 負荷設備に電動機が含まれている例

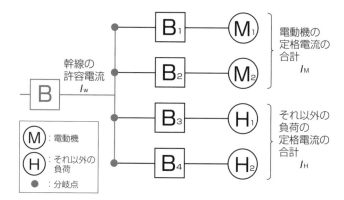

たとえば、電動機M_1とM_2の定格電流をそれぞれ20A、30Aとすると、電動機の定格電流の合計I_Mは、20＋30＝50Aとなる。

　電動機の定格電流の合計をI_M〔A〕、それ以外の負荷の定格電流の合計をI_H〔A〕とした場合、幹線の許容電流I_Wの最小値〔A〕は、次のようにして求めます。

① $I_M \leqq I_H$の場合

　　I_Wの最小値〔A〕＝I_M＋I_H

② $I_M > I_H$の場合

● $I_M \leqq 50A$のとき

　　I_Wの最小値〔A〕＝$1.25 \times I_M + I_H$

● $I_M > 50A$のとき

　　I_Wの最小値〔A〕＝$1.1 \times I_M + I_H$

このとき、需要率（●P.102）が示されている場合には、I_M〔A〕とI_H〔A〕は**需要率をかけ合わせた値**を前ページの公式に代入します。たとえば、$I_M＝50A$で需要率が80%ならば、$50A×0.80＝40A$として公式のI_Mに代入します。

例題 2 図のように、三相電動機と三相電熱器が低圧屋内幹線に接続されている場合、幹線の太さを決定する根拠となる電流の最小値は何〔A〕か。ただし、需要率は100%とする。

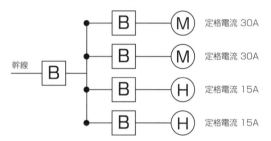

答 電動機Ⓜの定格電流の合計 $I_M＝30A＋30A＝60A$。
それ以外の負荷Ⓗの定格電流の合計 $I_H＝15A＋15A＝30A$。
需要率100%なので、$I_M＝60A$、$I_H＝30A$のまま公式に代入。
すると、$I_M＞I_H$であり、$I_M＞50A$なので、
幹線の太さを決定する根拠となる電流の最小値〔A〕
$＝1.1×I_M＋I_H$
∴ $1.1×60＋30＝66＋30＝96A$

例題 3 定格電流12Aの電動機5台が接続された単相2線式の低圧屋内幹線がある。この幹線の太さを決定するための根拠となる電流の最小値は何〔A〕か。ただし、需要率は80%とする。

答 電動機の定格電流の合計 $12A×5＝60A$。
需要率80%なので、$I_M＝60A×0.80＝48A$として、公式に代入する。電動機以外の負荷はないので、$I_H＝0A$。∴ $I_M＞I_H$。
また $I_M≦50A$なので、
幹線の太さを決定する根拠となる電流の最小値〔A〕
$＝1.25×I_M＋I_H$
∴ $1.25×48＋0＝60＋0＝60A$

第2章
配電理論および配線設計

＋プラスワン

負荷が電動機の場合には、分岐回路用の過電流遮断器の場所に「モータブレーカ」を表す記号が示されていることもある。

■ 通常の配線用遮断器

■ モータブレーカ（電動機用配線用遮断器）

モータブレーカ
●P.136

4 幹線の過電流遮断器の定格電流 A

定格電流（●P.104）とは簡単にいうと、その値以下であれば正常に通電できる電流値のことなので、**幹線を保護する過電流遮断器の定格電流** I_B〔A〕は、**幹線の許容電流** I_W〔A〕以下であることが基本となります。許容電流を超える電流が流れているにもかかわらず通電しているというのでは、**遮断器としての役割を果たせないからです**。

ただし、負荷に**電動機**が含まれている場合は、その始動時に大きな電流が流れるため、多少の余裕をもたせる必要があります。そこで、I_B の最大値を何Aまでとするか、電動機の有無によって次のように計算します。

（1）電動機が含まれていない場合

　　I_Bの最大値〔A〕 = I_W

（2）電動機が含まれている場合

　　I_Bの最大値〔A〕は、

　　①$3 \times I_M + I_H$　　**または**　　②$2.5 \times I_W$　　の小さい方

幹線の許容電流I_Wは負荷の定格電流の合計以上であることが必要とされます（●P.104）。

これに対し、幹線を保護する過電流遮断器の定格電流I_Bは、幹線の許容電流I_W以下でなければなりません。

例題 4 図のような、電熱器Ⓗ１台と電動機Ⓜ２台が接続された単相２線式の低圧屋内幹線がある。この幹線の太さを決定する根拠となる電流 I_W〔A〕と、幹線に施設しなければならない過電流遮断器の定格電流を決定する根拠となる電流 I_B〔A〕の組合せとして適切なのは、次のイ～ニのうちどれか。ただし、需要率は100%とする。

イ．I_W 25　　ロ．I_W 27　　ハ．I_W 30　　ニ．I_W 30
　　I_B 25　　　　I_B 65　　　　I_B 65　　　　I_B 75

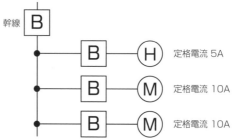

幹線　B

B — Ⓗ　定格電流 5A

B — Ⓜ　定格電流 10A

B — Ⓜ　定格電流 10A

(答) 幹線の太さを決定する根拠となる電流 I_W〔A〕について、電動機Ⓜの定格電流の合計 I_M ＝ 10A ＋ 10A ＝ 20A。

それ以外の負荷Ⓗの定格電流の合計 I_H ＝ 5 A。

需要率100%なので I_M ＝ 20A、I_H ＝ 5 Aのまま公式に代入すると、I_M ＞ I_H であり、I_M ≦ 50Aなので、

I_W〔A〕 ＝ $1.25 × I_M + I_H$ ＝ $1.25 × 20 + 5$ ＝ 25 ＋ 5 ＝ 30A。

次に、幹線に施設する過電流遮断器の定格電流を決定する根拠となる電流 I_B〔A〕について。これは過電流遮断器の定格電流 I_B の最大値〔A〕のことなので、①$3 × I_M + I_H$ または②$2.5 × I_W$ の小さいほうをとる。①$3 × 20 + 5$ ＝ 65A、②$2.5 × 30$ ＝ 75A。

∴①＜②なので、I_B の最大値 ＝ 65A。したがって、ハが正解。

例題 5 図のように、電動機Ⓜと電熱器Ⓗが幹線に接続されている場合、低圧屋内幹線を保護する配線用遮断器㋐の定格電流の最大値は何Aか。ただし、幹線は600Vビニル絶縁電線8㎟（許容電流61Aで、需要率は100%）とする。

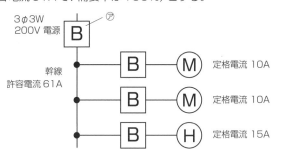

3φ3W
200V 電源 ㋐
幹線 許容電流 61A
定格電流 10A
定格電流 10A
定格電流 15A

(答) 電動機Ⓜの定格電流の合計 I_M ＝ 10A ＋ 10A ＝ 20A。

①$3 × I_M + I_H$ ＝ $3 × 20 + 15$ ＝ 75A

②$2.5 × I_W$ ＝ $2.5 × 61$ ＝ 152.5A

∴①＜②なので、配線用遮断器㋐の定格電流の最大値 ＝ 75A。

絶縁電線の断面積と許容電流の関係については、すでに学習しました。
▶P.98

例題 5 のように、幹線の許容電流があらかじめ設問に示されている場合もあるんだね。

◆) 押えドコロ **幹線の許容電流 I_W の最小値**

電動機の定格電流の合計 I_M ＞ それ以外の負荷の定格電流の合計 I_H のとき、

I_Wの最小値〔A〕
- I_M ≦ 50A ⇒ $1.25 × I_M + I_H$
- I_M ＞ 50A ⇒ $1.1 × I_M + I_H$

Key Point			できたら チェック ☑
需要率	☐	1	負荷設備として10kWの電動機が5台設置されており、その需要率が90%である場合、最大需要電力は45kWとなる。
幹線の許容電流の計算	☐	2	図のように、三相電動機と電熱器が低圧屋内幹線に接続されている場合、幹線の太さを決定する根拠となる電流の最小値は90Aである。ただし、需要率は100%とする。 幹線 B — Ⓑ—Ⓜ 定格電流 20A — Ⓑ—Ⓜ 定格電流 20A — Ⓑ—Ⓜ 定格電流 20A — B—Ⓗ 定格電流 15A
	☐	3	定格電流10Aの電動機5台が接続された単相2線式の低圧屋内幹線がある。この幹線の太さを決定する電流の最小値は44Aである。ただし、需要率は80%とする。
幹線の過電流遮断器の定格電流	☐	4	図のような、電熱器Ⓗ1台と電動機Ⓜ2台が接続された単相2線式の低圧屋内配線がある。この幹線の太さを決定する電流 I_W は30A、幹線に施設する過電流遮断器の定格電流を決める電流 I_B は65Aである。ただし、需要率は100%とする。 B 幹線 — B—Ⓗ 定格電流 5A — Ⓑ—Ⓜ 定格電流 8A — Ⓑ—Ⓜ 定格電流 12A

解答・解説

1.○ 設備容量＝10kW×5＝50kW。最大需要電力＝設備容量×需要率＝50×0.90＝45kW。 **2.**× 電動機Ⓜの定格電流の合計 I_M＝20A×3＝60A。それ以外の負荷Ⓗの定格電流の合計 I_H＝15A。需要率100%なので、I_M＝60A、I_H＝15Aのまま公式に代入。$I_M＞I_H$、$I_M＞50$Aなので、幹線の太さを決定する根拠となる電流の最小値＝1.1×I_M＋I_H＝1.1×60＋15＝81A。 **3.**× 電動機の定格電流の合計10A×5＝50A。需要率80%なので、I_M＝50A×0.80＝40Aとして公式に代入。I_H＝０Aなので I_M＞I_Hであり、$I_M≦50$Aなので、幹線の太さを決定する根拠となる電流の最小値＝1.25×I_M＋I_H＝1.25×４０＋0＝50＋0＝50A。 **4.**○ 幹線の太さを決定する電流 I_W〔A〕について、電動機Ⓜの定格電流の合計 I_M＝８A＋12A＝20A。それ以外の負荷Ⓗの定格電流の合計 I_H＝５A。需要率100%なので I_M＝20A、I_H＝５Aのまま公式に代入。$I_M＞I_H$、$I_M≦50$Aなので、I_W〔A〕＝1.25×I_M＋I_H＝1.25×20＋5＝25＋5＝30A。次に、幹線に施設する過電流遮断器の定格電流を決める電流 I_B〔A〕について。これは過電流遮断器の定格電流 I_B の最大値〔A〕のことなので、①3×I_M＋I_Hまたは②2.5×I_Wの小さいほうをとる。①3×20＋5＝65A、②2.5×30＝75A。∴①＜②なので、I_Bの最大値＝65A。

Lesson 6 分岐回路の施設

Lessonのポイント
このレッスンでは、分岐回路について学習します。分岐回路用の開閉器の位置から電線の許容電流の最小値を求める問題や、過電流遮断器の定格電流と電線の太さ、接続できるコンセントの定格電流に関する問題が頻出であり、非常に重要です。

1コマ劇場

（吹き出し）20Aの過電流遮断器で保護された分岐回路で、電線の太さ（直径）が1.6mmだということよ。

（黒板）B 20A　1.6mm

（吹き出し）この図はどういう意味ですか？

1 分岐回路と過電流遮断器

　幹線との**分岐点から負荷に至るまでの配線**を分岐回路といいます。屋内配線には、照明器具や電熱器などさまざまな負荷が接続されますが、これが分岐回路で分かれていることによって、1か所で発生した事故の影響をほかの箇所に及ぼさないことができます。

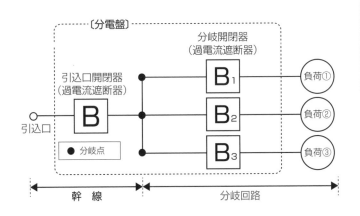

〔分電盤〕

分岐開閉器
（過電流遮断器）

引込口開閉器
（過電流遮断器）

引込口

● 分岐点

B B₁ 負荷①

B B₂ 負荷②

B₃ 負荷③

幹　線　　　分岐回路

プラスワン

分電盤

（一般住宅用のもの）

幹線でも過電流遮断器として配線用遮断器（ブレーカ）を使用する場合には、開閉器としての役割を兼ねるんだったね。
▶P.103

それぞれの分岐回路には、分岐点の近くに分岐回路用の開閉器（**分岐開閉器**）を設け、ここに分岐回路を保護するための**過電流遮断器**を施設します（一般には**配線用遮断器**が、分岐開閉器と過電流遮断器の両方を兼ねる）。

これらは幹線の引込口開閉器や過電流遮断器と一緒に、分電盤の中に収めるのが一般的です。

2 分岐開閉器と過電流遮断器の施設　A

分岐開閉器と**過電流遮断器**（またはこれらの両方を兼ねる**配線用遮断器**）は、次の箇所に施設します。

（1）原則
　⇒ 幹線との**分岐点から3m以下**の箇所

（2）例外
①分岐点からの電線の**許容電流 I_A** が、**幹線の過電流遮断器の定格電流 I_B の35%以上**の場合
　⇒ 幹線との**分岐点から8m以下**の箇所
②分岐点からの電線の**許容電流 I_A** が、**幹線の過電流遮断器の定格電流 I_B の55%以上**の場合
　⇒ 幹線との**分岐点から距離に制限なく施設できる**

距離に制限がないということは8mを超えてもいいということだね。

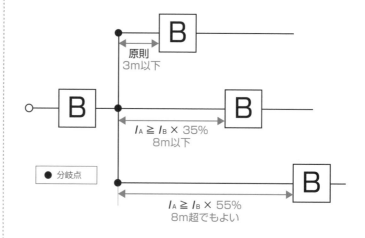

　これを逆に考えると、分岐開閉器や過電流遮断器（または配線用遮断器）が、分岐点から3m超8m以下の箇所に施設されている場合は、分岐点からの電線の**許容電流**I_Aが**幹線の過電流遮断器の定格電流**I_Bの35％以上であるということ、また8m超の箇所に施設されている場合には、I_AがI_Bの55％以上であるということがわかります。

例題1　図のように定格電流100Aの過電流遮断器で保護された低圧屋内幹線から分岐して、6mの位置に過電流遮断器を施設するとき、a-b間の電線の許容電流の最小値は何〔A〕か。

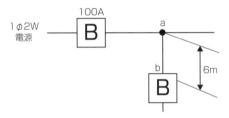

答　6mということは、3m超8m以下なので、a-b間の電線（分岐点からの電線）の許容電流I_Aが、幹線の過電流遮断器の定格電流I_B（＝100A）の35％以上ということである。

∴100A×0.35＝35A以上。つまり、最小値は35Aである。

例題2　図のように定格電流120Aの過電流遮断器で保護された低圧屋内幹線から分岐して、10mの位置に過電流遮断器を施設するとき、a-b間の電線の許容電流の最小値は何〔A〕か。

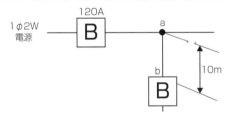

答　10mということは、8m超なので、a-b間の電線（分岐点からの電線）の許容電流I_Aが、幹線の過電流遮断器の定格電流I_B（＝120A）の55％以上ということである。

∴120A×0.55＝66A以上。つまり、最小値は66Aである。

プラスワン
例題1・2の図は、下の図と同じ。

分岐回路の種類は、(1)過電流遮断器の定格電流によって分類される回路、(2)電動機等のみに至る回路、(3)50A超の電気機器の専用回路などに分けられます。

(1) 過電流遮断器の定格電流によって分類される回路

分岐回路は、それぞれの回路を保護する**過電流遮断器の定格電流**によって分類できます。この場合、定格電流20Aの過電流遮断器を施設している回路であれば「20A分岐回路」、定格電流30Aの過電流遮断器を施設している回路であれば「30A分岐回路」という名称で呼びます。

電技解釈の第149条では、こうした分岐回路の種類ごとに、その分岐回路で使用できる電線（軟銅線）の太さと、接続できるコンセントの定格電流の値を、下の表のように定めています。特に赤い字の数値は試験によく出るので、確実に覚えましょう。

分岐回路の名称が過電流遮断器の定格電流の値と一致するんだね。

プラスワン

表の数値は、すべて過電流遮断器として配線用遮断器を使用した場合のもの。

20A分岐回路についてはヒューズを使用した場合の数値も別個に定められていますが、出題例がないので省略します。

■分岐回路の電線の太さ、コンセントの定格電流

分岐回路の名称	電線の太さ	コンセントの定格電流
15A分岐回路	1.6㎜以上	15A以下
20A分岐回路	1.6㎜以上	20A以下
30A分岐回路	2.6㎜以上または 5.5㎜以上	20A以上30A以下
40A分岐回路	8㎜以上	30A以上40A以下
50A分岐回路	14㎜以上	40A以上50A以下

試験では、「下の図のうち、適切なものはどれか」という出題形式が多くみられます。

イ.
定格電流20Aのコンセント2個

ロ.
定格電流15Aのコンセント1個

　イは**20A分岐回路**で、電線の太さが直径**1.6mm以上**、接続できるコンセントの定格電流が**20A以下**に当てはまるので適切です（なお、電技解釈では接続できるコンセントの個数までは定めていないので、2個でも3個でもよい）。一方、ロは**30A分岐回路**で、電線の太さは断面積**5.5mm²以上**で適切ですが、接続できるコンセントの定格電流は**20A以上30A以下**でなければならないため定格電流15Aのコンセントは接続できず、不適切です。

プラスワン

30A分岐回路に使用する電線の太さは直径2.6mm以上のもの、または断面積5.5mm²以上のもののどちらでもよい。

例題 3 低圧屋内配線の分岐回路の設計で、配線用遮断器の定格電流とコンセントの組合せとして、不適切なものはどれか。

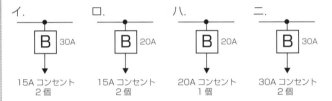

イ.　30A　15Aコンセント2個
ロ.　20A　15Aコンセント2個
ハ.　20A　20Aコンセント1個
ニ.　30A　30Aコンセント2個

答 イは30A分岐回路であり、接続できるコンセントの定格電流は20A以上30A以下。15Aのコンセントは接続できないので不適切である（ニは30A以下なので適切）。ロとハは20A分岐回路であり、20A以下のコンセントならば接続できるので適切。

コンセントの個数は「ひっかけ」にすぎないんだ。

例題 4 低圧屋内配線の分岐回路の設計で、配線用遮断器、分岐回路の電線の太さおよびコンセントの組合せとして、適切なものはどれか。ただし、分岐点から配線用遮断器までは3m、配線用遮断器からコンセントまでは8mとし、電線の数値は分岐回路の電線（軟銅線）の太さを示す。また、コンセントは兼用コンセントではないものとする。

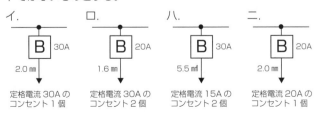

イ.　30A　2.0mm　定格電流30Aのコンセント1個
ロ.　20A　1.6mm　定格電流30Aのコンセント2個
ハ.　30A　5.5mm²　定格電流15Aのコンセント2個
ニ.　20A　2.0mm　定格電流20Aのコンセント1個

例題 4 の「ただし」以下の設問文は、解答に影響しないから気にしなくて大丈夫だよ。

答 イは30A分岐回路なので電線の太さは直径2.6mm以上でなければならず、不適切（コンセントは適切）。ロは20A分岐回路なので定格電流20A以下のコンセントしか接続できず、30Aのコンセントは不適切（電線の太さは適切）。ハは30A分岐回路なので定格電流20A以上のコンセントしか接続できず、15Aのコンセントは不適切（電線の太さは適切）。ニは20A分岐回路で、電線の太さ1.6mm以上、接続するコンセントも20A以下なので、適切である。

　試験では、上の例題と同様の問題をコンセントの図記号とからめたかたちで出題してくる場合があります。コンセントの図記号の基本形は下の**図1**です。**2口以上のコンセント**については**口数**を記します（**図2**）。また、**20A以上のコンセントにはアンペア数を記します**（**図3**）。なお、**アンペア数が記されていないものは、15A**です。

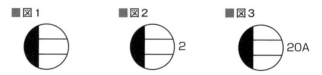

■図1　　　　■図2　　　　■図3

例題5 定格電流30Aの配線用遮断器で保護される分岐回路の電線（軟銅線）の太さと、接続できるコンセントの図記号の組合せとして、適切なものはどれか。ただし、コンセントは兼用コンセントではないものとする。

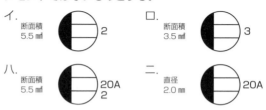

イ．断面積5.5m㎡　2
ロ．断面積3.5m㎡　3
ハ．断面積5.5m㎡　20A 2
ニ．直径2.0mm　20A

答 30A分岐回路なので、電線の太さは直径2.6mm以上または断面積5.5m㎡以上、接続できるコンセントの定格電流は20A以上30A以下でなければならない。イとロは図記号にアンペア数が記されていないのでコンセントの定格電流が15Aであり、

不適切（ロは、断面積も不適切）。ハは、断面積もコンセントの定格電流も適切である（２口であることは関係ない）。ニは電線が直径2.6㎜以上でないため不適切である（コンセントの定格電流は適切）。

（2）電動機等のみに至る回路

電動機等（電動機またはこれに類する**起動電流が大きい**電気機械器具）のみに至る低圧分岐回路については、その大きい**起動電流**に耐えられるよう、特別な規定が定められています。

①**過電流遮断器**については、それに直接接続する負荷側の電線の許容電流の**2.5倍以下**の定格電流のものとする。

②**使用する電線**は、次の値の許容電流のものとする。

- 電動機等の定格電流の合計≦50Aの場合
  ⇒電動機等の定格電流の合計の**1.25倍以上**
- 電動機等の定格電流の合計＞50Aの場合
  ⇒電動機等の定格電流の合計の**1.1倍以上**

（3）50A超の電気機器の専用回路

定格電流が**50Aを超える電気機器**（電動機等を除く）については、次のような規定が定められています。

- その機器１台のために専用の分岐回路を施設する
- 取り付ける過電流遮断器の容量は、その電気機器の定格電流を**1.3倍した値以下**とする
- 分岐回路に使用する電線は、その電気機器および過電流遮断器の定格電流以上の許容電流のものとする

✂ **用語**

起動電流
電気機械器具を始動させる際に一時的に流れる大きな電流のこと。始動電流や突入電流ともいう。

（2）（3）については、出題される可能性が低いので、最初は読み飛ばしてもかまいません。

◆ **押えドコロ**　分岐回路の電線の太さ、コンセントの定格電流

分岐回路の名称	電線の太さ	コンセントの定格電流
20A分岐回路	1.6mm以上	20A以下
30A分岐回路	2.6mm以上 または 5.5㎟以上	20A以上30A以下

確認テスト

Key Point	できたら チェック ☑
分岐開閉器と過電流遮断器の施設	☐ **1** 図のように定格電流60Aの過電流遮断器で保護された低圧屋内幹線から分岐して5mの位置に過電流遮断器を施設するとき、a−b間の電線の許容電流の最小値は21Aである。

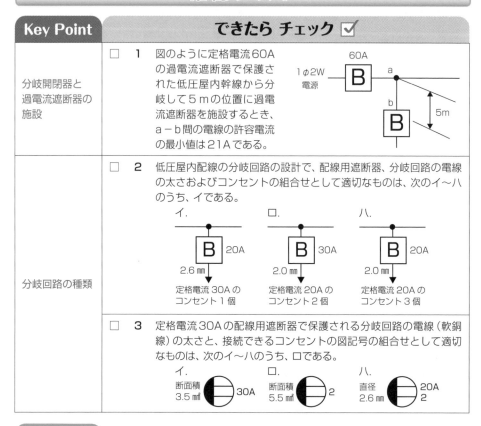

分岐回路の種類	☐ **2** 低圧屋内配線の分岐回路の設計で、配線用遮断器、分岐回路の電線の太さおよびコンセントの組合せとして適切なものは、次のイ〜ハのうち、イである。 **イ.** B 20A／2.6㎜／定格電流30Aのコンセント1個 **ロ.** B 30A／2.0㎜／定格電流20Aのコンセント2個 **ハ.** B 20A／2.0㎜／定格電流20Aのコンセント3個
	☐ **3** 定格電流30Aの配線用遮断器で保護される分岐回路の電線（軟銅線）の太さと、接続できるコンセントの図記号の組合せとして適切なものは、次のイ〜ハのうち、ロである。 **イ.** 断面積3.5㎟／30A **ロ.** 断面積5.5㎟／2 **ハ.** 直径2.6㎜／20A 2

解答・解説

1.○ 5mということは3m超8m以下なので、a-b間の電線（分岐点からの電線）の許容電流 I_A が、幹線の過電流遮断器の定格電流 I_B（＝60A）の35％以上ということである。∴60A×0.35＝21A以上。つまり最小値は21Aである。 **2.**× イは20A分岐回路なので定格電流20A以下のコンセントしか接続できず、30Aのコンセントは不適切（電線の太さは適切）。ロは30A分岐回路なので電線の太さは直径2.6㎜以上（または断面積5.5㎟以上）でなければならず、2.0㎜は不適切（コンセントは適切）。ハは20A分岐回路で、電線の太さ1.6㎜以上、コンセントも20A以下なので適切である。 **3.**× いずれも30A分岐回路なので電線の太さは直径2.6㎜以上または断面積5.5㎟以上、接続できるコンセントの定格電流は20A以上30A以下でなければならない。イは断面積が不適切（コンセントは適切）、ロは接続するコンセントの定格電流が15Aなので不適切（断面積は適切）。ハは、断面積もコンセントの定格電流も適切である（口数は関係ない）。

Lesson 7 漏電遮断器の施設

Lessonの ポイント　このレッスンでは漏電遮断器の施設について学習します（漏電遮断器自体の機能・構造は第3章 ◯P.138）。試験で出題されるのは、どのような場合に漏電遮断器の取り付けを省略できるかという問題なので、この点をしっかり理解しましょう。

1コマ劇場

水を扱う場所では感電の危険性が高いですね。

だから漏電遮断器を施設するのよ。

1 漏電遮断器の取り付け　B

（1）漏電遮断器と地絡保護

　電路に**地絡**を生じたときに**自動的に電路を遮断**する装置のことを、漏電遮断器といいます。地絡とは、事故などによって電気回路と大地との間に電気的な接続が生じてしまうことをいい（◯P.77）、そこに電流（**地絡電流**）が流れることを漏電といいます。漏電が発生すると、**人が感電**したり**火災が発生**したりする危険性があり、このような事故を防止することを地絡保護（漏電保護）といいます。

　電技解釈第36条では、使用電圧が**60Vを超える**低圧の機械器具であって**金属製外箱**を有するものに接続する電路には、漏電遮断器を施設することを原則としています。

（2）漏電遮断器の施設場所

　漏電遮断器が保護するのは、その漏電遮断器から負荷側の範囲です。このため、漏電遮断器を**幹線**に取り付けることによって回路全般を保護するという方法もありますが、

「地絡」と「短絡」（◯P.35）を混同しないようにね。

漏電遮断器とは、地絡保護のための装置なんですね。地絡遮断装置とも呼びます。◯P.137

漏電遮断器が作動したときの停電範囲を小さくしたい場合には、分岐回路や個々の負荷の電源側に取り付けることによって適切な地絡保護を図ることができます。

■漏電遮断器の施設場所の例

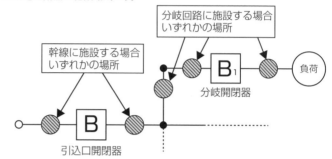

分電盤（●P.109）の中に配線用遮断器と一緒に施設されていることが多いですね。

2 漏電遮断器を省略できる場合 A

漏電遮断器は、漏電による危険を防止する装置なので、その**危険度が小さい場合**には、**取り付けを省略**することができます。電技解釈第36条によって漏電遮断器の省略が認められている主な場合をみておきましょう。

①機械器具に簡易接触防護措置を施す場合

簡易接触防護措置（●P.170）とは、簡単にいうと、**人が容易に触れることができないように**設備を施設することです。

②機械器具を乾燥した場所に施設する場合

乾燥した場所とは、**湿気の多い場所や水気のある場所以外の場所**をいいます。

③機械器具が次のいずれかに該当するものである場合

- ゴム、合成樹脂その他の**絶縁物で被覆**したもの
- 電気用品安全法の適用を受ける二重絶縁構造のもの

電気用品安全法については、第6章で学習します。

④機械器具に施された**C種接地工事またはD種接地工事の接地抵抗値が、3Ω以下の場合**

接地工事とは、電気設備を大地と電気的に接続する工事をいい、これによって感電事故や漏電による火災等を防止

用語

簡易接触防護措置
一定以上の高さの、人が通る場所から容易に触れることのない範囲に設備を施設したり、さくやへいを設けたり、設備を金属管に収めるなどの防護措置を施すことをいう。
水気のある場所
水を扱う場所、または水滴が飛散したり常時結露したりするような場所のこと。

することができます。**C種接地工事**は使用電圧**300V超**、**D種接地工事**は使用電圧**300V以下**の機械器具の金属製の台や外箱などを対象とします（接地工事については第4章L7で詳しく学習する）。

電技解釈では以上①〜④の**いずれか**に当てはまる場合に、漏電遮断器の取り付けを省略できるとしています。

接地工事で施設する接地線を通って電流が大地に流れてくれるので、人が感電するなどの危険性が減少します。

例題1 低圧の機械器具に簡易接触防護措置を施していない（人が容易に触れるおそれがある）場合、それに電気を供給する電路に漏電遮断器の取り付けが省略できるものはどれか。

イ．100Vルームエアコンの屋外機を水気のある場所に施設し、その金属製外箱の接地抵抗値が100Ωであった。

ロ．100Vの電気洗濯機を水気のある場所に設置し、その金属製外箱の接地抵抗値が80Ωであった。

ハ．電気用品安全法の適用を受ける二重絶縁構造の機械器具を屋外に設置した。

ニ．工場で200Vの三相誘導電動機を湿気のある場所に設置し、その鉄台の接地抵抗値が10Ωであった。

答 イ、ロ、ニは、いずれも機械器具を水気のある場所や湿気のある場所に設置しており、乾燥した場所への設置とはいえない。また、いずれも接地抵抗値が3Ω以下になっていないことから、漏電遮断器の取り付けを省略できる場合に当てはまらない。これに対し、ハは、機械器具が電気用品安全法の適用を受ける二重絶縁構造のものであることから、それだけで漏電遮断器を省略することができる（なお、屋外に設置するというだけでは、必ずしも水気や湿気のある場所ということにはならない）。

∴正解はハ

試験では、水気や湿気のある場所に機械器具が設置されている場合は、ほかに省略できる理由がなければ、漏電遮断器の省略はできないと判断するんだ。

➕ **プラスワン**

屋外は、雨露にさらされる場所であれば水気のある場所ということになるが、雨露にさらされない場所で、湿気が多いともいえない場合は乾燥した場所と考える。

◆押えドコロ ◯ **漏電遮断器の取り付けが省略できる場合** ◯

● 機械器具を「乾燥した場所」に施設する場合 ⇒ 省略できる

→「水気」「湿気」のある場所は（ほかに省略できる理由がなければ）、省略できないものと判断する

● 電気用品安全法の適用を受ける二重絶縁構造の機械器具 ⇒ 省略できる

第2章 配電理論および配線設計

確認テスト

Key Point			できたら チェック ☑
漏電遮断器の取り付け	☐	1	地絡とは、電気回路の絶縁が破れるなどして、抵抗値の非常に小さな回路を形成することをいう。
	☐	2	地絡保護とは、漏電によって人が感電したり、火災が発生したりする危険性を防止することをいう。
	☐	3	電技解釈では、使用電圧が100Vを超える低圧の機械器具であって、金属製外箱を有するものに接続する電路について、漏電遮断器を施設することを原則としている。
漏電遮断器を省略できる場合	☐	4	低圧の機械器具を簡易接触防護措置を施していない場所に施設する場合、それに電気を供給する電路に漏電遮断器の取り付けが省略できないものは、次のイ〜ハのうち、ハである。 イ．使用電圧200Vの三相誘導電動機を工場の乾燥した場所に施設し、その鉄台の接地抵抗値が10Ωであった。 ロ．使用電圧100Vのルームエアコンを住宅の和室に施設した。 ハ．使用電圧100Vの電気洗濯機を水気のある場所に施設し、その金属製外箱の接地抵抗値が10Ωであった。
	☐	5	低圧の機械器具を簡易接触防護措置を施していない場所に施設する場合、それに電気を供給する電路に漏電遮断器の取り付けが省略できるものは、次のイ〜ハのうち、ロである。 イ．電気用品安全法の適用がある二重絶縁構造の庭園灯を施設した。 ロ．工場で200Vの三相かご形誘導電動機を湿気のある場所に施設し、その鉄台の接地抵抗値が80Ωであった。 ハ．100Vの電気食品洗機を水気のある場所に施設し、その金属製外箱の接地抵抗値が100Ωであった。

解答・解説

1．× これは「短絡（ショート）」の説明。地絡とは、事故などによって電気回路と大地との間に電気的な接続が生じてしまうことをいう。 **2．○　3．×** 100Vではなく、使用電圧60Vを超える機械器具であって金属製外箱を有するものに接続する電路について、原則として漏電遮断器を施設することとしている。 **4．○** イは三相誘導電動機を乾燥した場所に施設しているので、（鉄台の接地抵抗値が3Ω以下でなくても）漏電遮断器を省略できる。ロも、住宅の和室は通常、乾燥した場所に当てはまるので省略できる。ハは電気洗濯機を水気のある場所に施設しており、接地抵抗値も3Ω以下になっていないことから省略できない。 **5．×** ロとハは、機械器具を湿気または水気のある場所に施設しており（乾燥した場所への施設とはいえない）、また、いずれも接地抵抗値が3Ω以下でないことから、漏電遮断器を省略することはできない。イは、機械器具が電気用品安全法の適用を受ける二重絶縁構造のものであることから、それだけで漏電遮断器を省略できる。

第3章

電気機器、配線器具ならびに電気工事用の材料および工具

この章では電気機器（誘導電動機、照明器具）、配線器具（開閉器、遮断器、電線、接続器）のほか、金属管工事や合成樹脂管工事などに用いる電気工事用材料、工事用工具、その他の作業用工具について学習します。出題の4割近くが写真鑑別問題なので、本書の巻頭や別冊（『ポイントレッスン』）に掲載されている写真を確認し、機器や材料、工具等の具体的なイメージをもちながら学習しましょう。

Lesson 1 誘導電動機

Lessonのポイント　電動機は第2章でもよく登場しましたが、ここでは電動機（特に三相誘導電動機）の特徴について学習しましょう。Y-Δ始動とは何か、電動機を逆回転させる方法や回転速度の求め方、進相コンデンサの目的などが重要です。

1コマ劇場

三相かご形誘導電動機よ。

これは何ですか？

1　電動機の種類　B

電動機（モーター）は入力電源により**直流用**、**交流用**に大きく分けられ、交流用はさらに**誘導電動機**とその他の種類に分けられます。

直流用電動機 …… 直巻形、分巻形、複巻形

交流用電動機
├─ **誘導電動機** ─┬─ 単相誘導電動機
│　　　　　　　　 └─ **三相誘導電動機** …… かご形、巻線形
└─ その他の種類 …… 同期電動機、整流子電動機など

誘導電動機のうち三相誘導電動機は、三相交流電源から動力を得て、**電磁誘導**によって1次側（**固定子**）から2次側（**回転子**）に電力を送り、これを利用して動力を発生する誘導電動機です。構造上、**かご形**と**巻線形**の2種類があり、かご形が大半を占めています。

試験では、かご形の三相誘導電動機に関する問題がよく出題されます。

用語

電磁誘導
コイルに磁石を近づけたり遠ざけたりすることによって、コイルに電流が流れる現象。電磁誘導によって発生する電気を誘導起電力という。

2 三相かご形誘導電動機の特徴 A

(1) 始動電流

電動機を**始動（起動）**させる際には**大きな電流**が流れることをすでに学習しましたが（●P.104）、**三相かご形誘導電動機**も、始動時には運転時の**4～8倍程度の電流**が流れます。これにより、配線に急激な電圧降下を生じ、ほかの負荷にも悪影響を及ぼします。そこで、数kW程度の場合ならば電源電圧をそのまま加える**じか入れ始動**でもかまいませんが、kW数が大きい場合には**始動電流を小さくする**工夫が必要となります。一般に、三相かご形誘導電動機については、Y-Δ始動などの方法が用いられます。

(2) Y-Δ始動（スターデルタ始動）

Y-Δ始動とは、スターデルタ始動器によって3つの巻線をY結線（●P.70）にして**始動**し、回転速度が上昇してからΔ結線に切り替えるという方法です。Y-Δ始動によって始動電流を**3分の1**にすることができます。

■Y-Δ始動

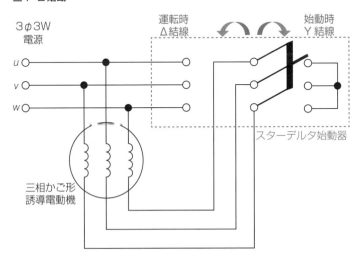

用語

かご形
下図のような、鉄心の周りに太い銅線がかご形に配置された回転子をもつことから、かご形誘導電動機と呼ばれる。

じか入れ始動
三相電源を電動機に直接接続する方法。始動電流が定格電流の4～8倍程度流れるため、定格出力の小さな電動機で用いられる。全電圧始動ともいう。

プラスワン

始動電流が3分の1になる理由は、P.70で学習したことから導けるが、試験対策としてはY-Δ始動によって始動電流が小さくなることだけ理解しておけば十分である。

（1）回転方向（逆回転）

三相誘導電動機の回転方向を逆回転にする場合は、3本の結線（u、v、w）のうち、いずれか2本を入れ替えます（図1→図2）。図3のように3本とも入れ替えてしまうと、入れ替える前（図1）と同じ回転方向になります。

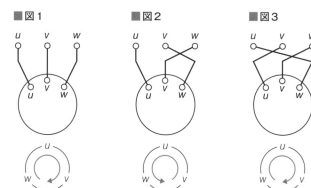

■図1　　■図2　　■図3

プラスワン

3つの相（u、v、w）の順番を「相順」という。図1の相順はu→v→wであり、図2ではu→w→vとなっている。このように相順が逆になると回転方向も逆になる（図3の相順は図1と同じである）。

（2）回転速度

1分当たりの回転数を回転速度といい（単位〔min⁻¹〕）、このうち、三相誘導電動機に**負荷がかかっていない状態**（無負荷）の回転速度を同期回転速度（または単に**同期速度**）といいます。三相誘導電動機の**極数**をp、周波数をf〔Hz〕とする場合、**同期回転速度Ns**は下の式①によって求められます（**極数**というのは電動機の構造によって決まる値で、試験では設問文中に示される）。

単位〔min⁻¹〕は、1分当たりという意味です。「分」は英語でminuteといいますね。

$$同期回転速度 Ns〔min⁻¹〕= \frac{120 \times f}{p} \quad \cdots ①$$

これに対して、三相誘導電動機に**負荷がかかった状態**の回転速度Nは、同期回転速度Nsよりも**やや低下**します。この低下の割合を**すべりS**といい、次の式で表されます。

負荷が増加するにつれて回転速度は低下します。

$$すべり S = \frac{Ns - N}{Ns} \quad \cdots ②$$

前ページ式②の両辺に N_S をかけると、　　$SN_S = N_S - N$
N を左辺に、SN_S を右辺に移すと、　　　$N = N_S - SN_S$
この右辺を N_S でくくると、　　　　　　　$N = (1 - S)N_S$
この N_S に前ページ式①を代入すると次の式になります。

$$回転速度\ N\ [\text{min}^{-1}] = (1 - S) \times \frac{120 \times f}{p} \quad \cdots ③$$

ただし、すべり S の値を％で表すと通常は**5％程度**にすぎません。このため**回転速度 N** を求める問題が出た場合であっても、前ページ式①で**同期回転速度 N_S** を求めれば、ほぼ近い値を得ることができます。

同期回転速度 N_S の5％程度低い値が回転速度 N だということだね。

例題 1 極数6の三相かご形誘導電動機を周波数60Hzで使用するとき、最も近い回転速度〔min⁻¹〕は次のイ～ニのうちどれか。
イ. 600　　ロ. 1,200　　ハ. 1,800　　ニ. 3,600

答 本問ではすべり S の値がわからないので、前ページの式①によって、同期回転速度 N_S〔min⁻¹〕を求める。
極数 $p = 6$、周波数 $f = 60$Hz なので、
同期回転速度 $N_S = \dfrac{120 \times f}{p} = \dfrac{120 \times 60}{6} = 1200$ min⁻¹
回転速度 N はこの値よりやや低下するが、これが最も近い値といえる。　∴正解はロ

また式①、式③より、同期回転速度 N_S、回転速度 N はどちらも**周波数 f に比例**することがわかります。

式①、式③ともに周波数 f は分数の分子にあるので、比例ということがわかるんだ。
▶P.45

例題 2 三相誘導電動機が周波数50Hzの電源で無負荷運転とれている。この電動機を周波数60Hzの電源で無負荷運転した場合の回転の状態は、次のイ～ニのうちどれか。
イ. 回転速度は変化しない。　　ロ. 回転しない。
ハ. 回転速度が減少する。　　　ニ. 回転速度が増加する。

答 同期回転速度 $N_S = \dfrac{120 \times f}{p}$ より、
N_S は周波数 f に比例するので、周波数が50Hzから60Hzに増加すると、同期回転速度もこれに伴って増加する。　∴正解はニ

➕ **プラスワン**

周波数が50Hzから60Hzになるということは1.2倍の増加なので、回転速度も1.2倍増加する。

第3章　電気機器、配線器具ならびに電気工事用の材料および工具

三相誘導電動機と進相コンデンサ　**A**

三相誘導電動機は、**電磁誘導**の原理を応用した電気機器であり（●P.122）、**コイルが使用されているため（図4）、力率があまりよくありません**。そこで、力率を改善するために**コンデンサを接続します**（●P.65）。このような、回路の力率改善の目的で用いるコンデンサを進相コンデンサといい（**図5**）、**図6**のように**手元開閉器の負荷側に電動機と並列に接続します**。

プラスワン

コイルが接続された交流回路では、電圧と電流の位相のずれが生じることから、力率が悪くなる。
●P.55、P.63〜64

プラスワン

洗濯機や冷蔵庫などは電動機が組み込まれているため、力率が低くなる。これに対し、電気ストーブやトースターなどは抵抗だけでできているので力率100%である。●P.64欄外

進相コンデンサの表面をよく見るとコンデンサの単位〔μF〕が書かれています。●P.48

■図4　かご形誘導電動機の構造

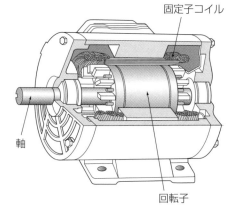

固定子コイル

軸

回転子

■図5　進相コンデンサ

50μF

■図6　進相コンデンサの接続

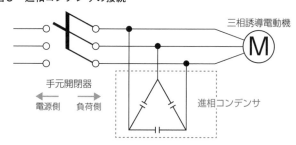

三相誘導電動機

手元開閉器
← 電源側　　負荷側 →

進相コンデンサ

◆ 押えドコロ　**三相誘導電動機のポイント**

- **三相かご形誘導電動機** ⇒ Y-Δ始動法で始動電流を小さくする
- **逆回転**にするとき　　⇒ 3本の結線のうち2本を入れ替える
- **進相コンデンサの使用** ⇒ 力率の改善が目的

確認テスト

Key Point			できたら チェック ☑
電動機の種類	☐	1	三相誘導電動機は、三相交流電源から動力を得て、電磁誘導によって1次側（固定子）から2次側（回転子）に電力を送り、これを利用して動力を発生する誘導電動機である。
三相かご形誘導電動機の特徴	☐	2	必要に応じて始動時にスターデルタ始動を行う電動機は、三相巻線形の誘導電動機である。
	☐	3	三相かご形誘導電動機をじか入れ（全電圧）始動したときの始動電流は、運転時（全負荷電流）の2倍程度である。
	☐	4	三相かご形誘導電動機の始動時にスターデルタ始動器を用いた場合、じか入れ始動の場合と比べて、始動電流が小さくなる。
三相誘導電動機の回転方向と速度	☐	5	三相誘導電動機の回転を逆回転させるときは、三相電源の3本の結線を3本とも入れ替える。
	☐	6	極数が4、周波数60Hzの低圧三相かご形誘導電動機の同期回転速度は、1,800min^{-1}になる。
	☐	7	三相かご形誘導電動機の電源の周波数が60Hzから50Hzに変わると、回転速度は増加する。
三相誘導電動機と進相コンデンサ	☐	8	三相誘導電動機に進相コンデンサを接続する目的は、回転速度の変動を防ぐためである。
	☐	9	三相誘導電動機に進相コンデンサを接続する場合には、手元開閉器の電源側に電動機と直列に接続する。
	☐	10	電気トースター、電気洗濯機、電気冷蔵庫のうちで、力率が最もよい電気機械器具は、電気トースターである。

解答・解説

1.○ 2.× 三相巻線形ではなく、三相かご形の誘導電動機である。 3.× 2倍程度ではなく、4〜8倍の電流が流れる。 4.○ Y-Δ始動によって始動電流が3分の1になる。 5.× 3本の結線のうち2本を入れ替える。3本とも入れ替えると、元の回転方向と同じになってしまう。 6.○ 極数 $p=4$、周波数 $f=60$Hzなので、同期回転速度 $N_S = \dfrac{120 \times f}{p} = \dfrac{120 \times 60}{4} = 1800$min^{-1}。 7.× 三相誘導電動機の回転速度 N は周波数 f に比例するので、周波数が60Hzから50Hzに減少した場合は回転速度もこれに伴って減少する。 8.× 回転速度の変動を防ぐためではなく、力率を改善するためである。 9.× 進相コンデンサは、手元開閉器の負荷側に電動機と並列に接続する。 10.○ 電気トースターは、抵抗だけでできているので力率100％である。一方、電気洗濯機と電気冷蔵庫は、電動機が組み込まれているため力率が低くなる。

第3章

電気機器、配線器具ならびに電気工事用の材料および工具

Lesson 2　照明器具

Lessonのポイント　照明器具のうち、よく出題されるのは放電灯であり、特に蛍光灯とほかの照明器具を比較する問題が重要です。最近では、高周波点灯専用形の蛍光灯に関する問題もみられます。写真鑑別でよく出題される自動点滅器についてもここで学習します。

1コマ劇場

この蛍光灯は、スイッチを入れるとすぐ点灯しますね。

インバータを使用しているからよ。

1　照明器具の種類　B

照明器具は、**光源**（光を発するもと）の種類によって、白熱電灯、放電灯、LED照明に分けることができます。

■ 白熱電灯、放電灯、LED 照明

	光　源	代表例
白熱電灯	電流によって高温に加熱されたフィラメントの発光を利用	● 白熱電球 ● ハロゲン電球 ● クリプトン電球
放電灯	管内に気体を封入し、その気体中の放電による発光を利用	● 蛍光灯 ● 水銀灯 ● ナトリウム灯 ● ネオン放電灯
LED照明	電流を流すと発光する半導体（LED）を利用	● LED電球 ● 直管型LED

白熱電灯は、抵抗だけなので力率は100％ですが、**放電灯**はいずれも**安定器**（チョークコイル）を使用するため力率はよくありません。しかし、発光効率（同じ電力で発生

用語

フィラメント
電球の中に取り付けられた細い金属線。電流を流すと光や熱を放出する。
ハロゲン電球
電球内に封入されたハロゲン元素の働きで、光の質の低下を抑制できる。
クリプトン電球
クリプトンガスの働きで点灯時のフィラメントの蒸発を抑制できるので、一般の白熱電球より寿命が長い。

する光の量）は放電灯のほうが白熱電灯よりも優れています。LED照明はさらに少ない消費電力で済みます。

2　蛍光灯　　　　　　　　　A

(1) 蛍光灯の回路

蛍光灯は放電灯の一種であり、放電を開始するには大きな電圧をかける必要があります。**図1**は、**点灯管（グローランプ）**を使用した場合の蛍光灯の回路図です。

■図1　蛍光灯（スタータ〔点灯管〕形）の回路図

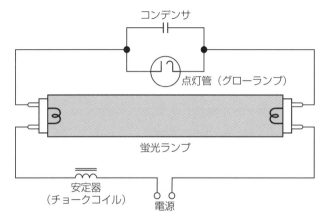

コンデンサ
点灯管（グローランプ）
蛍光ランプ
安定器
（チョークコイル）
電源

まず、電源に蛍光ランプと安定器（チョークコイル）を直列に接続し、次に蛍光ランプと点灯管（グローランプ）を並列に接続し、さらにそれと並列にコンデンサを接続します。蛍光ランプの両端にはコイル状の電極が取り付けられており、その間で**放電**が起きます。

■安定器

(2) 各器具の役割

①安定器（チョークコイル）

放電開始のための**高電圧を発生**することと、点灯中不安

重要

白熱電灯との比較
蛍光灯の長所
● 発光効率が高い
● 寿命が長い
蛍光灯の短所
● 力率が悪い
● 電磁雑音が多い

点灯管（グローランプ）を使用するタイプの蛍光灯を「スタータ形」といいます。

放電によって発生した紫外線が管内に塗ってある蛍光物質に当たって、明るい光が発せられます。

第3章

電気機器、配線器具ならびに電気工事用の材料および工具

129

プラスワン

バイメタルでできた可動電極は熱で膨張して固定電極と接触する（これで電流が流れる）が、やがて熱が下がると収縮して両電極は離れ、電流が遮断される。

安定器のコイルは電流が遮断されると高電圧を発生させようとする性質があります。

力率の改善だけがコンデンサの役割ではないんだね。

定になりやすい放電を安定させるという、2つの役割を果たします。

②点灯管（グローランプ）

電源を入れると点灯管内でまず放電が起こり、回路に電流が流れ、蛍光ランプ内の電極が加熱されます。その後、バイメタルの働きによって電流を急速に遮断することで安定器に高電圧

■点灯管の構造

可動電極（バイメタル）

固定電極

を発生させ、蛍光ランプ内での放電を始動させます（始動の役割をすることから、点灯管をスタータと呼ぶ）。

③コンデンサ

点灯管の動作によって生じる高周波雑音（電磁雑音）がほかの電気機器に障害を及ぼすので、この雑音を防止するためにコンデンサを接続します。

（3）スタータ形以外の点灯方式

ここまで学習してきたスタータ（点灯管）形のほかに、ラピッドスタート形、高周波点灯専用形といった点灯方式もあります。

①ラピッドスタート形

スタータ形は電源を入れてから点灯するまで少し時間がかかりますが、ラピッドスタート形は速やかに点灯するように改善されたもので、点灯管のようなスタータがありません。その代わり、安定器が大きく重いのが特徴です。

②高周波点灯専用形

電子安定器（インバータ）を使用して50Hzまたは60Hzの電源をいったん直流に変え、さらに20kHz〜50kHzの高周波に変

■高周波点灯専用形蛍光灯

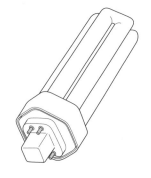

換してから点灯させます。スタータ形と比べて**点灯までの時間が**短く、**発光効率が**高く、**ちらつきが**少ない点が特徴です。

3 その他の照明器具　B

（1）水銀灯

　水銀灯は放電灯（●P.128）の一種で、発光管に封入された**水銀蒸気中での放電**によって発生する光放射を光源とします。高圧水銀灯、低圧水銀灯に分けられますが、一般に水銀灯というときは高圧のほうを指します。高圧水銀灯は発光管内の水銀蒸気の圧力を大気圧以上の高圧にしたもので、**青白い発光色**なので**演色性**（どれだけ自然に近い色に見えるか）はよくありませんが、高出力なので街路や公園等の屋外照明に適しています。蛍光灯と同様、**放電を安定させるために安定器を取り**付けます。

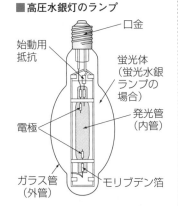

■ 高圧水銀灯のランプ

- 口金
- 始動用抵抗
- 蛍光体（蛍光水銀ランプの場合）
- 発光管（内管）
- 電極
- ガラス管（外管）
- モリブデン箔

（2）ナトリウム灯

　ナトリウム灯も放電灯の一種で、**ナトリウム蒸気中での放電**による発光を利用します。ナトリウム灯のランプ（ナトリウムランプ）の発光は

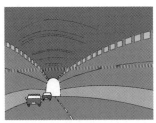

オレンジ色であり演色性はあまりよくありませんが、**濃い霧や煙の中での透過力が強い**ので自動車道路やトンネル内などの照明に利用されています。

（3）LED照明

　LED（Light Emitting Diode「**発光ダイオード**」の略）は、

第3章

電気機器、配線器具ならびに電気工事用の材料および工具

➕プラスワン

高圧水銀灯のランプ（高圧水銀ランプ）は、水銀蒸気を封入する発光管（内管）と、それを保護するガラス管（外管）からなる。

➕プラスワン

HIDランプ

高圧水銀ランプや、高圧ナトリウムランプ、メタルハライドランプを総称して、HIDランプ（高輝度放電ランプ）という。メタルハライドランプは、水銀とハロゲン化金属の混合蒸気中で放電する。

プラスワン

LED照明は、点灯の
直後に明るくなるこ
とや、ON・OFFの切
り替えに強いことか
ら、点滅が頻繁です
ぐに明るさを確保し
たい場所（トイレ、
廊下など）にも適し
ている。

点滅器などの写真
は、別冊にも多数
掲載しています。
▶別冊P.1～17

電流を流すと発光する半導体（▶P.44）の一種です。**LED照明**は、ほかの照明器具とは異なり、光を出すために**熱を必要としない**ので、効率がよく**消費電力が少なくて済みま**す。また、フィラメントなどの消耗部品がないため、**寿命が長い**ことも特徴です。

4 点滅器 B

点滅器とは、電灯や小形電気機器に使う**スイッチ**のことです。つまみを押すタイプの**タンブラスイッチ**や、ひもを引くタイプの**プルスイッチ**など多くの種類がありますが、ここでは**自動点滅器**についてみておきましょう。

（1）光電式自動点滅器

光電式自動点滅器は、**周囲の明るさを検知**して一定以下の暗さになると回路を自動的にONにして電灯を点灯させ、一定以上の明るさになると回路をOFFにして電灯を消灯させる点滅器です。

■ 光電式自動点滅器

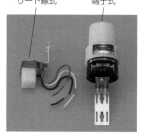

リード線式　　　端子式

（2）タイムスイッチ

タイムスイッチは、○○時から△△時まではON、それ以外の時間はOFFというように、**設定した時間**に電灯などを点滅させる自動点滅器です。タイムスイッチ回路の基本的な仕組みは、ほかの自動点滅器と同じです。

■ タイムスイッチ

◆》**押えドコロ**　　照明器具のポイント

- 発光効率：白熱電灯 ＜ 蛍光灯（スタータ形 ＜ 高周波点灯専用形）＜ LED
- 放電灯の安定器 ⇒ 放電を安定させる
- 蛍光灯回路のコンデンサ ⇒ 雑音を防止する

確認テスト

Key Point			できたら チェック ☑
照明器具の種類	☐	1	蛍光灯を、同じ消費電力の白熱電灯と比べると、蛍光灯のほうが力率がよい。
	☐	2	蛍光灯を、同じ消費電力の白熱電灯と比べると、発光効率については蛍光灯のほうがよい。
	☐	3	蛍光灯を、同じ消費電力の白熱電灯と比べると、蛍光灯のほうが雑音（電磁雑音）が少ない。
蛍光灯	☐	4	スタータ（点灯管）形蛍光灯の回路では、電源に蛍光ランプと安定器（チョークコイル）を並列に接続する。
	☐	5	高周波点灯専用形の蛍光灯には、インバータが使用されている。
	☐	6	スタータ（点灯管）形蛍光灯と比較して、高周波点灯専用形蛍光灯は点灯に要する時間が長い。
	☐	7	スタータ（点灯管）形蛍光灯と比較して、高周波点灯専用形蛍光灯はちらつきが少ない。
その他の照明器具	☐	8	水銀灯に用いる安定器の使用目的は、力率を改善することにある。
	☐	9	ハロゲン電球、水銀ランプ、ナトリウムランプのうち、霧の濃い場所やトンネル内等の照明に適しているのは、ナトリウムランプである。
	☐	10	LED照明は、電流を流すと発光する半導体である発光ダイオードを利用しており、消費電力が少なくて済むが、寿命が短い。
点滅器	☐	11	光電式自動点滅器は、人の接近に応じて電灯を自動的に点灯させたり消灯させたりするのに用いる。
	☐	12	タイムスイッチは、設定した時間に電灯等を点滅させる自動点滅器である。

解答・解説

1．✕ 蛍光灯は安定器（チョークコイル）を使用するため力率はよくない。一方、白熱電灯の力率はほぼ100％である。 2．○ 3．✕ 蛍光灯のほうが雑音（電磁雑音）が多い。 4．✕ 蛍光ランプと安定器（チョークコイル）は直列に接続する。 5．○ 6．✕ 高周波点灯専用形蛍光灯はスタータ形より点灯に要する時間が短い。 7．○ 8．✕ 水銀灯や蛍光灯などの放電灯に用いられる安定器は、放電を安定させることを目的としており、力率の改善が目的ではない。 9．○ 10．✕ 消費電力が少なくて済むだけでなく、寿命も長い。 11．✕ 人の接近ではなく、周囲の明るさに応じて電灯を自動的に点滅させる。 12．○

Lesson 3 開閉器と遮断器

Lessonのポイント
過電流遮断器（ヒューズ、配線用遮断器）は過電流保護、漏電遮断器は地絡保護という基本をまず押さえましょう。試験では、配線用遮断器の動作時間に関する問題や零相変流器の役割を問う問題のほか、写真鑑別問題がよく出題されます。

1コマ劇場

見た目はぜんぜん違うけど…

これらは、どちらも、過電流遮断器ですよ。

1 開閉器　B

電気回路を切ったり入れたりするための器具を、開閉器といいます。主なものをみておきましょう。

（1）ナイフスイッチ

ナイフのような形の電極を刃受けに差し込むことで電路を開閉します。**電動機の手元開閉器**（●P.126）などに使われています。**図1**は、**カバー付ナイフスイッチ**です。

（2）箱開閉器

ナイフスイッチを箱の中に収めたタイプです（**図2**）。

プラスワン
電気回路を切ることを「開く（開放する）」といい、入れることを「閉じる（投入する）」という。

箱開閉器は箱の外からレバーなどで操作します。図2のものは電流計もついています。

■図1

■図2

（3）電磁開閉器

電動機の遠隔操作や自動操作などに使われる開閉器です（**図3**）。電磁石を利用して開閉を行う**電磁接触器**の部分と、過負荷を遮断する**サーマルリレー**（**熱動形過負荷継電器**）の部分が組み合わされています。

■図3

電磁接触器

サーマルリレー

写真鑑別問題では電磁接触器の部分だけが出題されることがあります。

第3章

電気機器、配線器具ならびに電気工事用の材料および工具

2 過電流遮断器の種類　B

過電流遮断器は、電路に**過電流**（短絡電流、過負荷電流）が流れたときに、過熱焼損から電線や電気機械器具を保護し、火災の発生を防止するために電路を自動的に遮断する保護装置です。ヒューズと**配線用遮断器**（**ブレーカ**）とに分けられます。

（1）ヒューズ

すずなどの合金でできているため、過電流が流れると、熱で溶けて切断（**溶断**）され、電路を遮断します（**図4**）。

■図4

（2）配線用遮断器（ブレーカ）

設定された**定格電流**の値を大きく超える電流が流れると自動的に電路を遮断します。また、**手動でも開閉**操作ができるので、**開閉器**も兼ねています（**図5**）。**電動機保護兼用**のものもあります。

■図5

配線用遮断器は、開閉器を兼ねるということ
幹線 ●P.103
分岐回路
●P.110

プラスワン

配線用遮断器
（電動機保護兼用）

通常の配線用遮断器とモータブレーカを表す図記号
▶P.105

（3）モータブレーカ

配線用遮断器のうち**電動機の過負荷保護に使用するもの**をモータブレーカ（**電動機用配線用遮断器**）といいます。電動機は始動時に大きな電流が流れるため、始動電流に対して動作しない構造になっています（**図6**）。

■図6

3　過電流遮断器の性能等　A

電技解釈第33条では低圧電路に施設する過電流遮断器の性能等について、次のように定めています。

（1）ヒューズの性能と溶断時間

①定格電流の1.1倍の電流に耐える（**溶断しない**）こと。

②定格電流の**1.6倍**および**2倍**の電流が流れた場合には、下の**表1**の時間内に**溶断する**こと。

■表1　ヒューズの溶断時間

ヒューズの定格電流	1.6倍の電流	2倍の電流
30A以下	60分以内	2分以内
30Aを超え60A以下	60分以内	4分以内

（2）配線用遮断器の性能と動作時間

①定格電流の1倍の電流で自動的に**動作しない**こと。

②定格電流の**1.25倍**および**2倍**の電流が流れた場合には、下の**表2**の時間内に自動的に**動作する**こと。

配線用遮断器の動作時間はよく出題されるので、表の赤い字の値は確実に覚えましょう。

■表2　配線用遮断器の動作時間

配線用遮断器の定格電流	1.25倍の電流	2倍の電流
30A以下	60分以内	2分以内
30Aを超え50A以下	60分以内	4分以内
50Aを超え100A以下	120分以内	6分以内

例題1 定格電流10Aのヒューズで保護されている単相2線式100Vの回路に、定格消費電力1,100Wの電熱器を接続して通電した場合、このヒューズの性能として適切なものはどれか。

イ．2分以内に溶断すること　　ロ．4分以内に溶断すること
ハ．60分以内に溶断すること　　ニ．溶断しないこと

答　100Vの回路に定格消費電力1,100Wの電熱器を接続しているので、このヒューズに流れる電流は、1100W ÷ 100V ＝ 11A。このヒューズの定格電流は10Aなので、11Aの電流が流れると1.1倍（11A ÷ 10A ＝ 1.1倍）の電流が流れていることになる。

電技解釈では定格電流の1.1倍の電流には耐えることとしているので、溶断しないことが適切。　∴正解は二

例題2 低圧電路に使用する定格電流20Aの配線用遮断器に、25Aの電流が継続して流れたとき、この配線用遮断器が自動的に動作しなければならない時間の限度（最大の時間）は、次のイ～ニのうちどれか。

イ．20分　　ロ．30分　　ハ．60分　　ニ．120分

答　自動的に動作しなければならない時間の限度（最大の時間）とは、配線用遮断器の動作時間のことである。継続して流れた25Aの電流をこの配線用遮断器の定格電流20Aと比べると、25A ÷ 20A ＝ 1.25倍である。定格電流20Aは30A以下なので、前ページの表2より、動作時間は60分以内。　∴正解はハ

4　地絡保護のための装置　

　絶縁不良などの事故によって電気回路と大地との間に電気的な接続が生じてしまうことを地絡といい、そこに電流（**地絡電流**）が流れることを漏電といいます（●P.117）。漏電が発生すると、**人が感電**したり**火災が発生**したりする危険性があるため、地絡保護（**漏電保護**）のための装置として、漏電遮断器と漏電火災警報器を施設します。

（1）漏電遮断器

地絡を生じたとき、これを検知して自動的に電路を遮断する装置が漏電遮断器です（図7）。地絡電流を検出するのは、零相変流器（れいそう）という器具であり、漏電遮断器の中に組み込まれています。漏電遮断器は**配線用遮断器**としての機能（短絡・過負荷保護）を兼ね備えるものも多くなっています。

■図7

テストボタン

（2）漏電火災警報器

漏電火災警報器は、地絡を生じたときにこれを検知し、**警報を発する**ことによって火災の発生を防止する装置です（電路を遮断する機能はない）。**地絡電流を検出**するのは、本体と分離した零相変流器であり、リングのような外観をしています（**図8**の①）。本体の**警報器**（**図8**の②）は、零相変流器から地絡事故の信号を受けて警報を発します。

■図8

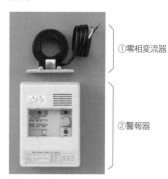

①零相変流器

②警報器

プラスワン

漏電遮断器の表面には「テストボタン」が付いており、このボタンがあるかどうかで通常の配線用遮断器と見分けることができる。

漏電火災警報機は本体の警報器とは別に付属品として零相変流器が付いてるんだね。

押えドコロ 配線用遮断器、地絡保護装置のポイント

● 配線用遮断器の動作時間

定格電流30A以下	1.25倍の電流	2倍の電流
の配線用遮断器	60分以内	2分以内

● 零相変流器の役割 ⇒ 地絡電流の検出

確認テスト

Key Point			できたら チェック ☑
開閉器	☐	1	電磁開閉器は、電磁石を利用して開閉を行う電磁接触器と、過負荷を遮断するサーマルリレーとが組み合わさっている。
過電流遮断器の種類	☐	2	過電流遮断器には、ヒューズと配線用遮断器（ブレーカ）がある。
	☐	3	配線用遮断機は、設定された定格電流の値を大きく超える電流が流れると自動的に電路を遮断するが、手動での開閉操作はできない。
過電流遮断器の性能等	☐	4	ヒューズは、定格電流の1.1倍の電流が流れても溶断しないこととされている。
	☐	5	配線用遮断機は、定格電流の1.1倍の電流が流れても電路を遮断する動作をしないこととされている。
	☐	6	定格電流30Aの配線用遮断機は、定格電流の1.25倍の電流が流れた場合、60分以内に自動的に動作しなければならない。
	☐	7	定格電流が30Aを超え50A以下の配線用遮断機は、定格電流の2倍の電流が流れた場合、4分以内に自動的に動作しなければならない。
	☐	8	低圧回路に使用する定格電流20Aの配線用遮断器に、40Aの電流が継続して流れたとき、この配線用遮断器が自動的に動作しなければならない時間の限度（最大の時間）は、4分である。
地絡保護のための装置	☐	9	漏電遮断器に内蔵されている零相変流器の役割は、地絡電流を検出することである。
	☐	10	漏電火災警報器とは、地絡を生じたときにこれを検知し、警報を発するとともに自動的に電路を遮断する装置をいう。
	☐	11	漏電火災警報器の零相変流器は、漏電火災警報器の本体に内蔵されている。

解答・解説

1.○ 2.○ 3.× 手動でも開閉操作ができるので、開閉器を兼ねている。 4.○ 5.× 配線用遮断機は、定格電流の1倍の電流が流れても動作しないこととされている（1.1倍はヒューズの場合）。 6.○ 7.○ 8.× 継続して流れた40Aの電流は、この配線用遮断器の定格電流20Aの2倍の大きさであり、また、定格電流20Aは30A以下なので、動作時間は2分以内でなければならない。 9.○ 10.× 漏電火災警報器は、警報を発することによって地絡保護を図ろうとする装置であり、電路を遮断することはしない。 11.× 漏電火災警報器の零相変流器は、本体の警報器から分離した付属品である（これに対し、漏電遮断器の零相変流器は漏電遮断器に内蔵されている）。

第3章 電気機器、配線器具ならびに電気工事用の材料および工具

Lesson 4 電線と接続器

Lessonのポイント　屋内電気工事では、導体に絶縁物を被覆した電線（絶縁電線、ケーブル、コード）を使用します。それぞれの性質と種類を理解しましょう。絶縁物の最高許容温度やコードの許容電流、接続器では接地極付コンセントが重要です。

1コマ劇場

1　電線の種類　A

導体に絶縁被覆をしていないむき出しの電線を**裸電線**といいますが、屋内電気工事に使用することは原則としてできません。これに対し、導体に**絶縁物を被覆した電線**として、①絶縁電線、②ケーブル、③コードがあります。

（1）絶縁電線

絶縁電線は、導体に絶縁物を被覆して電気的に絶縁した電線です。一般に用いられている主な絶縁電線をまとめておきましょう。

名　称	記号	主な用途・使用場所
600Vビニル絶縁電線	IV	屋内配線
600V 2種ビニル絶縁電線	HIV	屋内配線（耐熱場所）
600Vゴム絶縁電線	RB	屋内配線
引込用ビニル絶縁電線	DV	低圧架空引込線
屋外用ビニル絶縁電線	OW	屋外専用

絶縁電線やケーブルは、第2章レッスン4電線の許容電流のところで出てきましたね。
●P.98

IV、HIV、DVのVは、「ビニル」の頭文字。OWのOはOutdoor「屋外」という意味。

(2) ケーブル

導体を**絶縁被覆**した外側にさらに**保護被覆（シース）**を重ねた電線のことをケーブルといいます。

■ケーブルの例（架橋ポリエチレン絶縁ビニルシースケーブル）

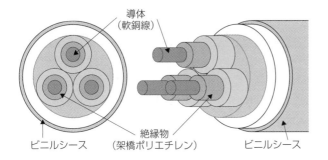

導体
（軟銅線）

ビニルシース

絶縁物
（架橋ポリエチレン）

ビニルシース

電技解釈第120条では、**地中電線路**は電線に**ケーブル**を使用し、管路式、暗きょ式または直接埋設式によって施設することと定めています。要するに、地中電線路に使用する電線はケーブルでなければならない（絶縁電線やコードは使えない）ということです。代表的なケーブルをまとめておきましょう。

名　称	記号	主な用途・使用場所
600Vビニル絶縁 ビニルシースケーブル	VVR VVF	屋内・屋外・地中 （R：丸形、F：平形）
600V架橋ポリエチレン絶縁 ビニルシースケーブル	CV	屋内・屋外・地中
無機絶縁ケーブル	MI	耐熱・耐火場所
600Vゴム絶縁 ゴムキャブタイヤケーブル	CT	電気機器の移動電線 （高温場所）
600Vビニル絶縁 ビニルキャブタイヤケーブル	VCT	電気機器の移動電線 （高温を除く場所）

(3) コード

コードは、電気器具に付属する**移動電線**などに用いられる電線で、柔軟に曲がるようにつくられています。アイロンや電気こたつ、トースターなどの**熱を発生させる機器**に

用語

保護被覆（シース）
絶縁被覆した線心を外傷から防護するほか、水や腐食性ガスの浸透を防ぐ役割も果たす。

プラスワン

管路式、暗きょ式は管や構造物の内部に地中電線を施設する方式、直接埋設式は原則として地中電線に堅ろうなトラフ等の防護を施したうえで一定の深さに埋設する方式をいう。

用語

移動電線
床や壁に固定せず、電気器具に取り付けてその器具と一緒に移動する電線。

プラスワン

ゴム絶縁袋打コード

ビニル平形コード

は**電熱用コード**や、絶縁物に**ゴム**を使用しているゴムコードを使用します。これに対し、絶縁物に**ビニル**を使用しているビニルコードは熱に弱いため、**電気を熱として利用しない機器**(扇風機、テレビ、電気スタンドなど)に限り使用が認められています。主なコードは以下の通りです。

名　称	記号	主な用途・使用場所
電熱用コード	なし	熱を発生させる機器の移動電線
ゴム絶縁袋打コード	FF	熱を発生させる機器の移動電線
単心ビニルコード	VSF	電気を熱として利用しない機器の移動電線
ビニル平形コード	VFF	電気を熱として利用しない機器の移動電線

2　絶縁物の最高許容温度　A

　試験では、電線に使用する絶縁物の最高許容温度に関する問題がたまに出題されます。絶縁物の最高許容温度とは絶縁物の**使用温度の上限値**のことをいいます。

　主な電線に使用されている絶縁物とその最高許容温度をまとめておきましょう。

■主な電線の絶縁物の最高許容温度

電線の種類	絶縁物	最高許容温度
600Vビニル絶縁電線(IV)	ビニル	60℃
600Vビニル絶縁ビニルシースケーブル(VVR、VVF)	ビニル	60℃
600V 2種ビニル絶縁電線(HIV)	耐熱ビニル	75℃
600V架橋ポリエチレン絶縁ビニルシースケーブル(CV)	架橋ポリエチレン	90℃

3　コードの許容電流　A

　絶縁電線とケーブルの**許容電流**については第2章L4で学習しましたが(▶P.98)、ここでは**コードの許容電流**についてまとめておきましょう。コードの場合、**公称断面積**に

用語

架橋ポリエチレン
鎖状構造のポリエチレン分子のところどころを、橋を架けたように結合(架橋)させて立体網目構造にした超高分子量のポリエチレン。
公称断面積
▶P.98

よって次のように許容電流が定められています。

■コードの許容電流

公称断面積	許容電流
0.75〔m㎡〕	7〔A〕
1.25〔m㎡〕	12〔A〕

左の表の値は試験に出るので、確実に覚えましょう。

例題1 許容電流から判断して、公称断面積が1.25m㎡のゴムコード（絶縁物が天然ゴムの混合物）を使用できる最も消費電力の大きな電気器具は、次のイ〜ニのうちどれか。ただし、電熱器具の定格電圧は100Vで、周囲温度は30℃以下とする。

イ. 600Wの電気炊飯器　　ロ. 1,000Wのオーブントースター
ハ. 1,500Wの電気湯沸器　ニ. 2,000Wの電気乾燥器

答 公称断面積1.25m㎡のコードなので、上の表より許容電流は12Aである。電熱器具の定格電圧が100Vであることから、消費電力＝100V×12A＝1,200W以下でなければならない。したがって、イ〜ニのうちで、このゴムコードを使用できる最も消費電力の大きな電気器具は、1,000Wのオーブントースターということになる。　∴正解はロ

周囲温度
▶P.99欄外

4 接続器　A

接続器には、**ソケット**、**シーリングローゼット**、**差込接続器（コンセント）** などがあります。主なものをみておきましょう。

(1) ソケット

■図1
ランプレセプタクル

■図2
キーソケット

■図3
線付防水ソケット

用語

ランプレセプタクル
造営材（建物の柱や壁など）に直接取り付けるソケット。
キーソケット
電球の点滅をキーで行うソケット。
線付防水ソケット
屋内外で臨時配線用に用いるソケット。

ソケットは、**電球**を接続するための受金（電球をねじ込む金属の部分）を備えた接続器です。ソケットの受金と、電球の口金（ソケットに接続する金属の部分）のサイズが合えば、白熱電球はもちろん、LED電球なども接続することができます。

（2）シーリングローゼット

天井の下面に取り付けて、電灯コードをつり下げるための接続器です。ねじ込み式、引掛け式（丸形・角形）のものがあります。

■図4
引掛シーリングローゼット（丸形）

（3）差込接続器（コンセント）

屋内配線とコード、またはコード相互の接続に使用する接続器です。一般の住居内でみられる**コンセント**のほか、雨水のかかる場所で使用する**防雨形コンセント**などもあり

■図5　防雨形コンセント

ます。試験対策として重要なのは、**接地極付、接地端子付**のコンセントです。**内線規程**では、台所、洗面所、トイレなどで使用される**特定機器**には接地極付コンセントを使用することとしており、さらに接地極付コンセントには接地端子を備えることが望ましいとしています。

■図6　接地極付、接地端子付のコンセント

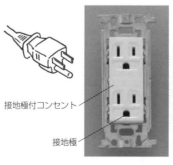

接地極付コンセント

接地極

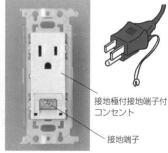

接地極付接地端子付
コンセント

接地端子

5 コンセントの刃受の形状 B

コンセントには**プラグを差し込みます**が、**プラグの刃が差し込まれる穴**のことを、**刃受**といいます。コンセントの刃受の形状（極配置）は**使用電圧**と**コンセントの定格電流**ごとに決まっています。代表的な形状は次の通りです。

■ コンセントの刃受の形状（極配置）

	定格電流	15A	20A
使用電圧 単相100V	一般		15/20A 兼用
	接地極付		15/20A 兼用
	定格電流	15A	20A
使用電圧 単相200V	一般		15/20A 兼用
	接地極付		15/20A 兼用
	定格電流	15A・20A	
使用電圧 三相200V	一般		
	接地極付		

➕ プラスワン

接地端子付コンセントの接地端子は、特定機器の電源プラグが接地極に対応していない場合に使う。コンセントの接地極と接地端子は、コンセントの中でつながり、地中の接地極まで伸びている。

➕ プラスワン

下図のように刃受が曲線になっているものは、抜け止め形。略称はLK。

（単相100V 15A）

単相100Vは縦が基本。

単相200Vは横が基本。

直角に曲がるのは20A。

◆ 押えドコロ 電線と接続器のポイント

- 地中電線路には、ケーブルを使用
- 600Vビニル絶縁電線（IV）の絶縁物の許容温度…60℃
- コードの許容電流

公称断面積 0.75㎟	7 A
公称断面積 1.25㎟	12 A

Key Point			できたら チェック ☑
電線の種類	☐	1	低圧の地中配線を直接埋設式により施設する場合には、屋外用ビニル絶縁電線（OW）を使用する。
	☐	2	使用電圧が300V以下の屋内に施設する器具で、付属する移動電線にビニルコードが使用できるのは、次のイ〜ハのうち、イである。 イ. 電気トースター　　ロ. 電気扇風機　　ハ. 電気こたつ
絶縁物の最高許容温度	☐	3	低圧屋内配線として使用する600Vビニル絶縁電線（IV）の絶縁物の最高許容温度は、60℃とされている。
	☐	4	絶縁物の最高許容温度が最も高いのは、次のイ〜ハのうち、イである。 イ. 600Vビニル絶縁ビニルシースケーブル丸形（VVR） ロ. 600V 2種ビニル絶縁電線（HIV） ハ. 600V架橋ポリエチレン絶縁ビニルシースケーブル（CV）
コードの許容電流	☐	5	許容電流から判断して、公称断面積が0.75㎟のゴムコード（絶縁物が天然ゴムの混合物）を使用できる最も消費電力の大きな電気器具は、次のイ〜ハのうち、ロである。ただし、電熱器具の定格電圧は100Vで、周囲温度は30℃以下とする。 イ. 150Wの電気はんだごて　　ロ. 600Wの電気がま ハ. 1,500Wの電気湯沸器
接続器	☐	6	住宅で使用する電気食器洗い機用のコンセントとして、最も適しているのは、次のイ〜ハのうち、イである。 イ. 接地端子付コンセント　　ロ. 抜け止め形コンセント ハ. 接地極付接地端子付コンセント
コンセントの刃受の形状	☐	7	コンセントの使用電圧と刃受の極配置との組合せとして、誤っているものは、次のイ〜ハのうち、イである。 イ. 単相200V　　　ロ. 単相100V　　　ハ. 単相200V

解答・解説

1. × 地中電線路にはケーブルを使用しなければならない。　2. × 電気トースターや電気こたつのような熱を発生させる機器にはビニルコードは使用できない。電気を熱として利用しない電気扇風機には使用できる。3. ○　4. × イ. VVRは60℃、ロ. HIVは75℃、ハ. CVは90℃。　5. ○ 公称断面積0.75㎟のコードなので許容電流は7A。電熱器具の定格電圧100Vなので、消費電力＝100V×7A＝700Wまでで最大でなければならない。　6. × 電気食器洗い機は台所で使用する特定機器なので、接地極付コンセントを使用することとされており、さらに接地端子を備えることが望ましい。∴ハが最適。　7. ○ イは単相100V（接地極付）である。

Lesson 5 金属管工事用材料

Lessonのポイント　このレッスンでは金属管工事で使用する部品（工事用材料）について学習します。金属管と金属製可とう電線管の違い、金属管相互の接続や金属管とボックスの接続その他に使用する材料の名称（写真鑑別）、具体的用途を確実に理解しましょう。

1コマ劇場

アウトレットボックスよ。電線相互を接続する部分に使用します。

この金属製の箱は何ですか？

1　電線管の種類　B

　電線への衝撃や圧迫、化学的な変化、人が触れる危険などを防ぐとともに、施工箇所の体裁を整えるために電線を**一括して収める管**を電線管といいます。電線管には**金属製**のものと**合成樹脂製**のものがあり、それぞれ**可とう性なし**のものとありのものとに分かれます。

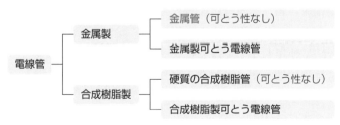

電線管 ─┬─ 金属製 ─┬─ 金属管（可とう性なし）
　　　　 │　　　　　└─ 金属製可とう電線管
　　　　 └─ 合成樹脂製 ─┬─ 硬質の合成樹脂管（可とう性なし）
　　　　　　　　　　　　 └─ 合成樹脂製可とう電線管

　金属管（こうせい 鋼製電線管ともいう）は、次の３種類です。
① **厚鋼電線管**………管の厚さ2.3mm以上
② **薄鋼電線管**………管の厚さ1.6mm以上
③ **ねじなし電線管**…管の厚さ1.2mm以上

用語

可とう性（可撓性）
「撓」は「たわむ」と読む。しなやかに曲がるという意味。可とう電線管は手で曲げられる。

プラスワン

金属製電線管という場合は、可とう性のない金属管を指すのが一般的。金属管の１本の長さは①～③とも3.66m（誤差は±5mmまで）。

147

2 金属管相互の接続 A

金属管と金属管をつなぐときに使用する材料です。

（1）カップリング類

①カップリング

厚鋼電線管と薄鋼電線管の両端はねじが切られており、カップリングの内側もねじが切られているので、管を回転させて接続します。

■ カップリング

②ねじなしカップリング

ねじなし電線管（両端ともねじが切られていない）相互を接続するときに用います。ねじが切られていないので、ビスでとめます。

■ ねじなしカップリング

③ユニオンカップリング

接続する管が両方とも固定されていて、**回転することができない**場合に使用します。

■ ユニオンカップリング

（2）管の屈曲部分

①ノーマルベンド

金属管相互を**直角**に接続するとき（屈曲半径の大きい場合）に使用します。ねじなし電線管には、ビス止めタイプのものを用います。

■ ノーマルベンド
（ビス止めタイプ）

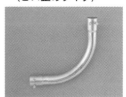

②ユニバーサル

柱の角を**直角**に曲がる場合など金属管相互を**直角**に接続するときに使用します。**T形**、**L-L形**、**L-B形**があります。

■ ユニバーサル

プラスワン

カップリング

金属管

ねじなし電線管を接続することから「ねじなしカップリング」というんだ。ねじとビスを間違わないでね。

用語

屈曲半径（r）

屈曲半径が大きいほど、カーブが緩やかになる。

屈曲半径（r）

■管の屈曲部分

ノーマルベンド

ユニバーサル

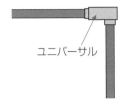

3 ボックス類 A

（1）各種ボックス

①アウトレットボックス

電線相互を接続する部分に用います。また照明器具等を取り付ける部分で電線を引き出す場合や、金属管が交差・屈曲する場所で**電線の引き入れを容易にする**ために使われる場合もあります。

②コンクリートボックス

コンクリートに埋め込んで用いるボックスです。**底部が取り外せる**ようになっていることや、**耳が外向き**についている点が特徴です。

③スイッチボックス

スイッチやコンセントの取り付けに用います。

④プルボックス

多数の金属管が交差、集合している場所で、金属管への**電線の引き入れを容易にする**ために用います。

■ アウトレットボックス

■ コンクリートボックス

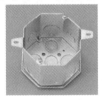

■ スイッチボックス

■ プルボックス

 プラスワン

配線用図記号を定めたJIS規格では、アウトレットボックスやコンクリートボックスを「ジョイントボックス」と呼んでいる。

プラスワン

開閉器や遮断器類を集合して設置するために用いられるのは分電盤（●P.109）であって、ボックス類ではない。

アウトレットボックス、プルボックスの使用目的は、試験によく出題されます。

（2）金属管とボックスとの接続

①ロックナット

　金属管をボックスに取り付けて固定するのに用います。

②リングレジューサ

　ボックスに打ち抜かれた穴（**ノックアウト**という）の径が、接続する**金属管の外径より**大きい場合に使用します。径が同じ大きさの場合は使用しません。

③絶縁ブッシング

　金属管から引き出された電線の**被覆を損傷させないため**に、金属管の**管端**に取り付けます。

④ねじなしボックスコネクタ

　ねじなし電線管とボックスを接続するときに用います。ねじなし電線管側は、**ビス**でとめ、ビスを折り切ります。

プラスワン

リングレジューサが
必要とされるとき

ノックアウトの径

金属管の外径

ノックア
ウトの径
（25）

＞

金属管
の外径
（19）

■ロックナット

■リングレジューサ

■絶縁ブッシング

■ねじなしボックスコネクタ

■金属管とボックスとの接続

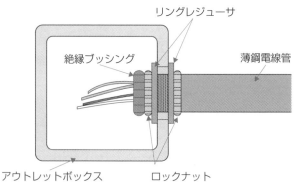

リングレジューサ

絶縁ブッシング

薄鋼電線管

アウトレットボックス　　ロックナット

リングレジューサ
とロックナットは
ボックスの内側と
外側の両方に入れ
るんだ。

4 その他の金属管工事用材料 A

（1）金属管の固定

①サドル

金属管を**造営材**（建物の柱や壁、天井など）に取り付けるときに使用します。

②カールプラグ

サドル等を**コンクリート壁**に取り付けるとき、カールプラグをコンクリートに埋め込んで**木ねじ**で固定します。

③パイラック

金属管を**鉄骨**等に固定するときに使用します。

（2）金属管の接地

金属管に**接地線**を接続するときは、ラジアスクランプを使用します。

（3）キャップ類

①ターミナルキャップ

金属管から引き出される電線の被覆を保護するために、金属管の端の部分（**管端**）に取り付けます。

②エントランスキャップ

ターミナルキャップの一種ですが、主に**垂直な金属管**の上端部に取り付けて、**雨水の浸入を防止**するために用いられます。ウェザーキャップも同様のものです。

■ サドル

■ カールプラグ

■ パイラック

■ ラジアスクランプ

■ ターミナルキャップ

■ エントランスキャップ

コンクリート壁への金属管の取付けについては、L7で学習します。
▶P.162

➕ プラスワン

雨のかかる場所に施設された下の配管の Ⓐ（金属管の管端）の部分にはエントランスキャップを使用しなければならず、ターミナルキャップは使用できない。

金属管

垂直配管

5　金属製可とう電線管とその付属品　**B**

（1）金属製可とう電線管の種類

　金属製可とう電線管には1種と2種の区別があります。

2種金属製可とう電線管はプリカチューブと呼ばれ、1種よりも**機械的強度が高い**ので、金属製可とう電線管といえば、通常は2種（プリカチューブ）のほうを使用します。

■プリカチューブ

> 1種金属製可とう電線管は、電動機のリード線配管の部分など、限られた用途で用いられています。

（2）金属製可とう電線管の付属品

①コンビネーションカップリング

　金属製可とう電線管と**金属管**を接続するときに使用します。金属管がねじなし電線管である場合は、下図のようなビス止めタイプのものを用います。

②ストレートボックスコネクタ

　金属製可とう電線管と**ボックス**を接続するときに使用します。

■コンビネーションカップリング

ビス

■ストレートボックスコネクタ

◆ **押えドコロ**　　**金属管工事用材料のポイント**

- ●アウトレットボックスの使用方法
  - ●電線相互を接続する部分に用いる
  - ●照明器具等の取付部分で電線を引き出す場合に用いる
  - ●電線の引き入れを容易にするために用いる
- ●絶縁ブッシングの用途 ⇒ 電線の被覆を損傷させないこと
- ●エントランスキャップの用途 ⇒ 雨水の浸入防止

確認テスト

Key Point			できたら チェック ☑
電線管の種類	☐	1	一般に「金属管」という場合は、可とう性のない金属製電線管および金属製可とう電線管の両方を指す。
金属管相互の接続	☐	2	ノーマルベンドは、金属管相互を直角に接続するときに使用する。
	☐	3	ユニバーサルは、金属管を鉄骨などに固定するときに使用する。
ボックス類	☐	4	アウトレットボックスは、多数の配線用遮断器を集めて設置するときに使用する。
	☐	5	プルボックスは、多数の金属管が集合する場所等で、電線の引き入れを容易にするために用いられる。
	☐	6	リングレジューサは、アウトレットボックスのノックアウト（打ち抜き穴）の径が、金属管の外径よりも大きい場合に使用する。
	☐	7	絶縁ブッシングは、金属管を造営材に固定するために使用する。
	☐	8	ねじなしボックスコネクタは、ねじなし電線管とアウトレットボックスを接続するときに使用する。
その他の金属管工事用材料	☐	9	図に示す雨線外に設置する金属管工事の末端ⒶまたはⒷの部分に使用するものとして不適切なのは、次のイ～ニのうち、ロである。 イ．Ⓐにエントランスキャップ ロ．Ⓐにターミナルキャップ ハ．Ⓑにエントランスキャップ ニ．Ⓑにターミナルキャップ
金属製可とう電線管とその付属品	☐	10	金属製可とう電線管には1種と2種があり、1種金属製可とう電線管はプリカチューブと呼ばれ、2種よりも機械的強度が高い。

解答・解説

1．× 「金属管」は可とう性のない金属製電線管のみを指すのが一般的。 2．○ 3．× ユニバーサルは金属管を直角に接続するときに使用する。設問はパイラックの説明。 4．× アウトレットボックスは、電線相互を接続する部分に使用する。設問は分電盤の説明。 5．○ 6．○ 7．× 絶縁ブッシングは、電線の被覆を損傷させないために金属管の管端に取り付けるものである。設問はサドルの説明。 8．○ 9．○ 「雨線外」とは雨が直接かかる部分をいい、雨線外に施設された金属管（垂直配管）の管端部分にはエントランスキャップを使用しなければならず、ターミナルキャップは使用できない。なお、水平配管の場合はターミナルキャップも使用できる。 10．× 2種金属製可とう電線管をプリカチューブといい、1種よりも機械的強度が高い。

Lesson 6 合成樹脂管・ダクト工事用材料

Lessonのポイント このレッスンでは、電線管である合成樹脂管の種類と主な合成樹脂管工事用材料のほか、ダクト工事用材料についても合わせて学習します。いずれも出題例は少ないですが、第4章で学習する電気工事の施工方法で必要となる基本的事項です。

1コマ劇場

このホースみたいなのは何ですか？

ホースじゃなく、合成樹脂製可とう電線管よ。

1 合成樹脂製の電線管 B

（1）合成樹脂製の電線管の性質

塩化ビニルなどの合成樹脂でできた電線管は、金属管と比べて**軽量**なので工事方法が容易であり、**絶縁性**がよく、**耐腐食性**もあります。ただし、**機械的強度が低く、熱に弱い**という点で金属管に劣ります。

（2）合成樹脂製の電線管の種類

合成樹脂製の電線管は、可とう性のないものとあるものに分かれますが（●P.147）、一般にどちらも合成樹脂管と呼びます。また、可とう性のある電線管のうち**自己消火性**のあるものをPF管、ないものをCD管といいます。

> **用語**
>
> 耐腐食性
> 腐食（化学反応などで物体の形が変質し破壊されてしまうこと）に耐える性質。
> 機械的強度
> ●P.97
> 自己消火性
> 燃焼しても一定時間内に自然に火が消える性質。耐燃性ともいう。

合成樹脂管 ─┬─ 可とう性なし … 硬質塩化ビニル電線管（VE管）
　　　　　　└─ 可とう性あり ─┬─ 自己消火性あり … PF管
　　　　　　　　　　　　　　　└─ 自己消火性なし … CD管

硬質塩化ビニル電線管は、可とう性のないまっすぐのびた硬質管であり、VE管とも呼ばれます。

■ 硬質塩化ビニル電線管（VE管）

■ 合成樹脂製可とう電線管

PF管

CD管

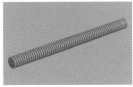

2 合成樹脂管工事用材料　A

（1）合成樹脂管工事用材料の原則

合成樹脂管工事用材料も、管相互の接続に使用するものは**カップリング**と呼び、電線を接続する場所に使用するものは**ボックス**と呼ぶなど、**基本的な名称は金属管の場合と変わりません**。ただし、合成樹脂管工事用材料は金属製ではなく、合成樹脂製であることが原則です。

（2）合成樹脂管工事用材料

①TSカップリング

可とう性のない**硬質塩化ビニル電線管（VE管）**相互を接続するときに使用します。中央部に管を止めるくぼみがあります。

■ TS カップリング

②PF管用カップリング

PF管相互を接続するときに使用します。

■ PF 管用カップリング

③PF管用サドル

PF管を支持するのに使用します。

■ PF 管用サドル

各種ダクト工事については、第4章レッスン5で学習します。
▶P.195〜

プラスワン

幅5cm以下のものは「金属線ぴ」として扱われる。
▶P.198

3 ダクト工事用材料 **B**

ダクトとは、電線や導体を一括して収める、断面がほぼ**長方形の箱形の管**をいいます。**金属ダクト**など計6種類のダクト類があります。主なものをみておきましょう。

（1）金属ダクト

多数の電線を収める金属製のダクトで、**幅5cm超のもの**をいいます。**幹線**などに使用されます。

（2）バスダクト

ビルや工場などの大容量の配線に使用されます。電線ではなく、**専用の帯状の裸導体**が収められています。

（3）ライティングダクト

照明器具の位置を自由に移動させたい場所（主に店舗やショールームなどの天井）で用いられます。照明器具をぶらさげるために、**下側が開口**しているのが特徴です。

■バスダクト

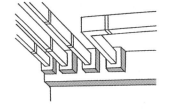

■ライティングダクト

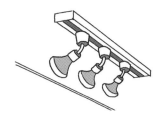

プラスワン

フロアダクトには、アウトレットを設けるための穴が上向きに開いている。

（4）フロアダクト

床の各所にアウトレット（コンセント等の電線の出口）を設けるために、**床下に埋め込んで施設する**ダクトです。

フロアダクトが交差する部分に取り付けて、電線の接続や引き入れを行う部品を**ジャンクションボックス**といいます。

押えドコロ 合成樹脂管の種類

合成樹脂管 ─┬─ 硬質塩化ビニル電線管（VE管）
　　　　　　└─ 合成樹脂製可とう電線管（PF管、CD管）

確認テスト

Key Point			できたら チェック ☑
合成樹脂製の電線管	☐	1	合成樹脂製の電線管は、絶縁性がよく、耐腐食性がある。
	☐	2	合成樹脂製の電線管は、熱には弱いが、機械的強度が高い。
	☐	3	VE管は、まっすぐにのびた硬質の合成樹脂管である。
	☐	4	合成樹脂製可とう電線管のうち、PF管には自己消火性（耐燃性）がないが、CD管にはある。
合成樹脂管工事用材料	☐	5	合成樹脂管工事用材料は、金属製であることが原則とされている。
	☐	6	TSカップリングとは、硬質塩化ビニル電線管相互を接続するときに用いる工事用材料である。
	☐	7	PF管用カップリングの用途は、次のイ～ニのうち、ニである。 イ. 硬質塩化ビニル電線管相互を接続するのに用いる。 ロ. 鋼製電線管と合成樹脂製電線管とを接続するのに用いる。 ハ. 合成樹脂製可とう電線管相互を接続するのに用いる。 ニ. 合成樹脂製可とう電線管と硬質塩化ビニル電線管とを接続するのに用いる。
ダクト工事用材料	☐	8	金属ダクトとは、多数の絶縁電線やケーブルを収める金属製のダクトであって、幅5cmを超えるものをいう。
	☐	9	照明器具の位置を自由に移動させたい場所で用いるライティングダクトは、上側が開口している点が特徴である。
	☐	10	バスダクトとは、床の各所にアウトレットを設けるために床下に埋め込んで施設するダクトをいう。
	☐	11	ジャンクションボックスは、フロアダクトが交差する部分に取り付けて、電線の接続や引き入れを行うために使用する。

解答・解説

1.○ 2.× 熱に弱いうえ、機械的強度が低い。 3.○ 硬質塩化ビニル電線管（VE管）は、可とう性がない。 4.× PF管には自己消火性（耐燃性）があり、CD管にはない。 5.× 合成樹脂管工事用材料は、合成樹脂製であることが原則である。 6.○ 7.× PF管用カップリングは、合成樹脂製可とう電線管（PF管）相互を接続するのに用いる。∴正解はハ。なお、ニの場合はコンビネーションカップリングを使用する。 8.○ 9.× ライティングダクトは、照明器具をぶら下げるために下側が開口している。 10.× 設問はフロアダクトの説明。バスダクトは、ビルや工場などの大容量の配線に使用されるダクトである。 11.○

Lesson 7 金属管・合成樹脂管工事用工具

Lessonのポイント　金属管や合成樹脂管（VE管）の工事に用いられる工具の名称や用途を、作業ごとに学習します。試験では、金属管の切断や曲げ作業に用いる工具として適切なものを選ぶ問題や、写真で示された工具の用途を答える問題などがよく出題されます。

1コマ劇場

何をしてるんですか？

金属管の「バリ取り」と「面取り」よ。

1　金属管の切断　A

（1）金属管の切断作業

　金属管を切断するときは、金属管をパイプバイスで固定して、金切りのこで切断するのが一般的です。

プラスワン

2種金属製可とう電線管（プリカチューブ）（●P.152）を切断するときはプリカナイフを使用する。

■プリカナイフ

＊薄鋼金属管の切断にプリカナイフは使わない。

■パイプバイス（パイプ万力）

■金切りのこ

パイプバイス
金属管
パイプバイスで金属管を固定

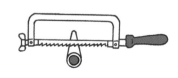
金切りのこは、管に垂直に立てる

ただし、**太い金属管の切断**には**パイプカッタ**を用います。手動式のほか、電動式のもの（**高速切断器**や**ハンドソー**）もあります。

■ パイプカッタ（手動式）

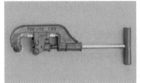

まわす

➕ プラスワン

面取り前

面取り後

(2) バリ取り・面取りの作業

金属製や合成樹脂製の材料を切断したり、削ったりすると、材料の角に細かな**ギザギザの出っ張り**ができます。これを**バリ**といいます。バリがあると、管を正確に接続できなかったり、けがをしたりすることもあるので、**バリ取り**の作業をしなければなりません。金属管を切断したあとは**やすり**（**金やすり**）を使って、切断面を直角に仕上げながらバリ取りをします。また、材料の角がとがっていると、電線等を損傷したり、けがをしたりするので、**角を削って平らな面をつくる**面取りの作業も必要です。金属管の内側の面取りには、**リーマ**を用います。通常は**クリックボール**の先端にリーマを取り付け、手動で回転させて使います。

✂ 用語

リーマ
金属管を切断したりねじを切ったりしたあとの面取りやバリ取りに用いる。通常はクリックボールに取り付けて使用するが、電動ドリルに取り付けて使用することもできる。

■ リーマ

■ クリックボール

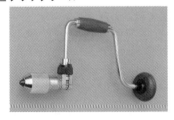

➕ プラスワン

クリックボールは、リーマを取り付けるほかに、「羽根ぎり」（▶P.168）を取り付けて木材の穴あけ作業に使用することもある。

金やすり

切断面

金やすりで管の外側のバリ取り

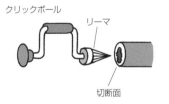

クリックボール

リーマ

切断面

金属管の内側はリーマで面取り

2 金属管の曲げ・ねじ切り　A

(1) 金属管の曲げ作業

　金属管を曲げるときは、下の図のようにパイプベンダを使い、てこの原理によって**手動**で曲げます。また、金属管が太い場合は、**油圧式パイプベンダ**を使用します。

■パイプベンダの使用法

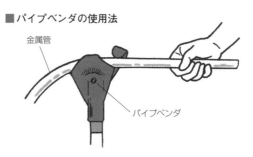

金属管

パイプベンダ

(2) 金属管のねじ切り作業

　管端の外側を**やすり**で処理した金属管を**パイプバイス**で固定し、**油さし**で油を注ぎながら、リード型ねじ切り器を使ってねじを切ります。リード型ねじ切り器には**ダイス**と呼ばれる刃が組み込まれています。ねじ切り器には電動式のものもあります。

■リード型ねじ切り器

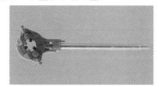

■ダイス

■金属管のねじ切り作業

■ねじが切られた金属管

用語

パイプベンダ
金属管の曲げに用いる工具。合成樹脂管の曲げには使用できない。▶P.163

プラスワン

パイプバイス（▶P.158）は管の切断作業だけでなく曲げ作業でも用いられる。

「ねじを切る」とは、こういうことなんだね。

ねじなし電線管（▶P.147）は薄いためにねじ切りができない金属管です。

例題1 金属管（鋼製電線管）の切断および曲げ作業に使用する工具の組合せとして、適切なものはどれか。

イ. やすり
　　パイプレンチ
　　パイプベンダ

ロ. リーマ
　　パイプレンチ
　　トーチランプ

ハ. リーマ
　　金切りのこ
　　トーチランプ

ニ. 金切りのこ
　　やすり
　　パイプベンダ

答 ○やすり…切断後の金属管のバリ取りに使用する
×パイプレンチ…金属管の接続に使用する工具（▶下の3）
○パイプベンダ…金属管の曲げ作業に使用する
○リーマ…切断後の金属管の面取りに使用する
×トーチランプ…合成樹脂管の曲げ作業に使用する（▶P.163）
○金切りのこ…金属管の切断作業に使用する
したがって、工具の組合せとして適切なのは、ニである。

3　金属管の接続　B

金属管相互を接続する場合、金属管またはカップリング（▶P.148）を回したり固定したりするのにプライヤを用います。

金属管が太い場合には、ウォータポンププライヤやパイプレンチも使用します。ウォータポンププライヤは、**金属管とボックスを接続**する際のロックナット（▶P.150）の締め付けにも使用します。

■ウォータポンププライヤ

■パイプレンチ

✂ 用語

ウォータポンププライヤ
もとは水道管工事用に考案された工具。手元が狭い場所でも作業できるように、開口部が45°ほど曲がっている。また普通のプライヤよりも径の大きいものの締め付け用にも用いる。

4 コンクリート壁への金属管の取り付け A

　まず、**振動ドリル**を使用してコンクリートに**木ねじ**用の下穴をあけます。次に**カールプラグ**（◖P.151）をこの下穴に**ハンマ**で打ち込みます。

■ 振動ドリル

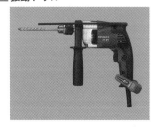

　金属管に**サドル**（◖P.151）を取り付け、コンクリートに埋め込まれたカールプラグに下の図のように**木ねじ**で固定します。

■ コンクリート壁への金属管の取り付け例

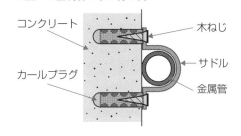

コンクリート
木ねじ
カールプラグ
サドル
金属管

プラスワン

カールプラグを使わずに、下穴をあけて直接コンクリートビスで固定する方法もある。

用語

硬質管（VE管）
硬質塩化ビニル電線管のこと。◖P.154

> 合成樹脂管の固定にパイプバイスを用いることもありますが、金属管と比べて破損しやすいので注意が必要です。

5 硬質の合成樹脂管の切断 A

　硬質管（**VE管**）の切断には**金切りのこ**（◖P.158）または合成樹脂管用カッタを使用します。また、切断面の処理（バリ取り、面取り）には、**やすり**のほか、**面取器**という工具を用います。金属管用の**リーマ**（◖P.159）は使用しません。面取器を使用すると、VE管の内側と外側の面取りができます。

■ 合成樹脂管用カッタ

■ 面取器

内側　　　外側

6　硬質の合成樹脂管の曲げ・接続　A

（1）硬質管（VE管）の曲げ作業

　合成樹脂製なので、金属管と同じ方法（●P.160）で曲げると割れてしまいます。そこでまず、**トーチランプ**を使用して**管を加熱**し、やわらかくしてから手で曲げます。

■ トーチランプ

■ 硬質管（VE管）の加熱

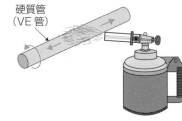

硬質管（VE管）

管を回転させ、トーチランプの炎を移動させながら加熱する

金属管に使用するパイプベンダ等の工具は使わないんだね。

（2）硬質管（VE管）の接続作業

　ウエス（作業に使用する拭き布）で管端の汚れや異物を取り除いてから**接着剤**を塗り、**TSカップリング**（●P.155）に差し込んで接続します。また、TSカップリングを使用しない場合は、一方の管の管端をトーチランプで加熱し、やわらかくなったところへ他方の管を差し込んで接続するという方法もあります（●P.191）。

PF管相互の接続にはPF管用カップリング、硬質管と可とう管の接続にはコンビネーションカップリングを使用します。
●P.155

●P.160　●P.155　●P.191　●P.155

◆ 押えドコロ　　**金属管用と合成樹脂管（VE管）用の主な工具**

	金属管用	合成樹脂管（VE管）用
切断	● 金切りのこ ● パイプバイス	● 金切りのこ ● 合成樹脂管用カッタ
面取り	● リーマ ● クリックボール	● 面取器
曲げ	● パイプベンダ	● トーチランプ
ねじ切り	● リード型ねじ切り器	〈ねじ切りしない〉
接続	● ウォータポンププライヤ ● パイプレンチ	● TSカップリング ● トーチランプ

第3章

電気機器、配線器具ならびに電気工事用の材料および工具

確認テスト

Key Point			できたら チェック ☑
金属管の切断・曲げ・ねじ切り	☐	1	金属管工事で、ねじなし電線管の切断および曲げ作業に使用する工具の組合せとして適切なのは、次のイ〜ハのうち、イである。 イ. やすり　　パイプレンチ　　パイプベンダ ロ. リーマ　　金切りのこ　　リード型ねじ切り器 ハ. やすり　　金切りのこ　　パイプベンダ
	☐	2	クリックボールの用途は、次のイ〜ハのうち、ロである。 イ. 面取器と組み合わせて、金属管のバリを取るのに用いる。 ロ. リーマと組み合わせて、金属管の面取りに用いる。 ハ. 羽根ぎりと組み合わせて、鉄板に穴をあけるのに用いる。
金属管の接続	☐	3	太い金属管を接続するときは、ウォータポンププライヤやパイプレンチを使用する。
コンクリート壁への金属管の取り付け	☐	4	コンクリート壁に金属管を取り付けるときに用いる材料および工具の組合せとして適切なのは、次のイ〜ハのうち、ハである。 イ. ホルソ　　　　ロ. 振動ドリル　　ハ. 振動ドリル 　　カールプラグ　　　カールプラグ　　　ホルソ 　　ハンマ　　　　　　サドル　　　　　　サドル 　　ステープル　　　　木ねじ　　　　　　ボルト
硬質の合成樹脂管の切断	☐	5	面取器の用途は、次のイ〜ハのうち、ロである。 イ. 各種金属板の穴あけに使用する。 ロ. 金属管にねじを切るのに用いる。 ハ. 硬質塩化ビニル電線管の管端部の面取りに使用する。
硬質の合成樹脂管の曲げ・接続	☐	6	トーチランプの用途は、次のイ〜ハのうち、ハである。 イ. 金属管の切断や、ねじを切る際の固定に用いる。 ロ. コンクリート壁に電線管用の穴をあけるのに用いる。 ハ. 硬質塩化ビニル電線管の曲げ加工に用いる。

解答・解説

1. × パイプレンチは金属管の接続に用いる工具であり不適切。金切りのこは金属管の切断、やすりはバリ取りなど切断面の処理、パイプベンダは金属管の曲げに用いる。∴正解はハ。　**2.** ○ なお、クリックボールは羽根ぎりと組み合わせて木材の穴あけ作業に使用することがあるが、鉄板に穴をあけるというのは不適切。**3.** ○ **4.** × 正解はロ。ホルソは金属板に穴をあけるための工具（●P.168）。ステープルはケーブルを造営材に固定するときに使用する材料である（●P.194）。なお、カールプラグはボルトではなく木ねじで固定する。**5.** × 面取器は、硬質塩化ビニル電線管（VE管）の切断面の処理（バリ取り、面取り）に使用する工具である。∴正解はハ。**6.** ○ なお、イはパイプバイス、ロは振動ドリル。

164

Lesson 8 電線用その他の工具

Lessonのポイント
このレッスンでは、電線の切断、接続（被覆のはぎ取り・接続部分の圧着）および施設に使用する工具と、金属板や木材の穴あけに使用する工具について学習します。各工具の名称と用途を確実に覚えましょう。写真鑑別問題も多く出題されます。

1コマ劇場

これは「呼び線挿入器」です。電線管内に電線を通すときに使います。

これは何ですか？

1 電線切断用の工具　A

　細い電線の切断には通常の**ペンチ**を用い、ペンチで切れない**太い絶縁電線の切断**や**ケーブル**などの切断には、ケーブルカッタを使用します。鋼銅線や鉄線の切断には**ボルトクリッパ**を用います。

■ボルトクリッパ

■ケーブルカッタ

用語

鋼銅線
張力のある銅線で引込口配線などに使われる。

ボルトクリッパはボルトの切断にも用いられるので、この名称で呼ばれています。ただし、ケーブルの切断には使えません。

2 電線接続用の工具　A

（1）被覆のはぎ取り

　一般に**絶縁電線の被覆のはぎ取り**には**電工ナイフ**が用い

165

プラスワン
電工ナイフで被覆のはぎ取りを行うと、導線を傷つけたり、より線の一部を切断したりすることがあるので、熟練を必要とする。

写真のケーブルストリッパはVVF（●P.141）の被覆はぎ取り専用のものです。

用語

リングスリーブ
ボックス内で電線を圧着接続するときに用いる。

圧着端子
機器の端子に電線を接続するのに用いる。

られてきましたが、最近では**ワイヤストリッパ**が使用されています。また**ケーブル**の保護被覆（シース）および絶縁被覆のはぎ取りには、ケーブルストリッパを使用します。

■電工ナイフ

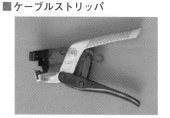

■ワイヤストリッパ

■ケーブルストリッパ

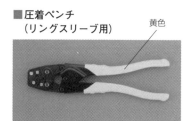

（2）接続部分の圧着

圧着とは、電線と**接続用材料**に物理的な圧力を加えることによって電線相互を接着させることをいいます。圧着用の接続用材料には、**圧着スリーブ（リングスリーブ**など）や**圧着端子**などがあり、これに物理的な圧力を加える工具を圧着ペンチといいます。圧着ペンチの**握り手部分の色**はリングスリーブ用のものが黄色、圧着端子用のものが赤色とされています。太い電線には、油圧式圧着ペンチ（**手動油圧式圧着器**）を使用します。

■圧着ペンチ
（リングスリーブ用）　　　　　黄色

■圧着ペンチ
（圧着端子用）　　　　赤色

■油圧式圧着ペンチ
（手動油圧式圧着器）

■ リングスリーブの圧着前と圧着後

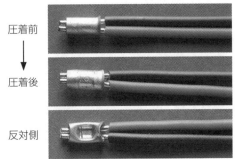

圧着前

↓

圧着後

反対側

電線の接続作業については、第4章レッスン8で詳しく学習します。
●P.214〜

3 電線施設用の工具 A

試験に出題される主な工具や装備をみておきましょう。

(1) 呼び線挿入器

電線管に電線を引き入れることを**通線**といいます。呼び線挿入器は**通線のために用いる工具**で、呼び線とは、電線を通線しやすくするために電線管にあらかじめ挿入しておくワイヤのことをいいます。その先端に電線を結びつけ、電線管内に引き入れます。

■ 呼び線挿入器

呼び線挿入器は、通線器とも呼ばれます。

(2) 張線器（シメラ）

架空引込線などで電線やメッセンジャワイヤに張力を加え、**たるみを取る**作業に用います。

■ 張線器（シメラ）

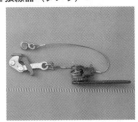

(3) 安全帯

電柱上など**高所**で**作業**するときに、**転落防止**のために使用するベルトです。

■ 安全帯

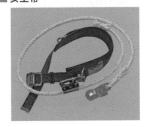

 用語

メッセンジャワイヤ
電線を架空配線するときに、電線に張力がかからないようにするために敷設するワイヤ。

4 穴あけ用の工具

■ ノックアウトパンチャ

（1）金属板の穴あけ

①ノックアウトパンチャ

分電盤の金属製のキャビネットに電線管を通すときなど、**金属板に穴をあける**ために使用する工具です。油圧を利用しています。

②ホルソ

電動ドリルの先端に取り付けて、各種の**金属板に穴をあける**のに使用します。

■ ホルソ

③ディスクグラインダ

金属板に穴をあけたあとの**バリ取り仕上げ**に使用します。

■ ディスクグラインダ

（2）木材の穴あけ

木造造営物（天井や壁、柱等）に電線管を通す場合など**木材に穴をあけるとき**は、**電動ドリル**や**羽根ぎり**を使います。**羽根ぎりはクリックボール**（●P.159）の先端に取り付けて使います。

■ 羽根ぎり

ホルソはクリックボールではなく、電動ドリルに取り付けます。リーマ（●P.159）と混同しないようにしましょう。

羽根のような形をした「きり」だから、羽根ぎりというんだね。

◆ 押えドコロ ｜ 電線用・穴あけ用工具のポイント

- ●ケーブルカッタ……太い電線やケーブルなどを切断する
- ●ボルトクリッパ……鋼銅線や鉄線などを切断する
- ●ワイヤストリッパ…電線の被覆をはぎ取る
- ●呼び線挿入器………電線の通線に用いる
- ●ホルソ………………電動ドリルに取り付けて金属板に穴をあける

確認テスト

Key Point			できたら チェック ☑
電線切断用の工具	☐	1	ボルトクリッパは、太いケーブルの切断に用いる工具である。
	☐	2	ケーブルカッタは、ケーブルや太い電線を切断する工具である。
電線接続用の工具	☐	3	ワイヤストリッパは、絶縁電線の切断に用いる工具である。
	☐	4	VVFなどのケーブルの保護被覆（シース）と絶縁被覆のはぎ取りには、ケーブルストリッパを用いる。
	☐	5	圧着ペンチの握り手部分の色は、リングスリーブ用が黄色、圧着端子用が赤色である。
電線施設用の工具	☐	6	呼び線挿入器の用途は、次のイ～ハのうち、イである。 イ．電線やメッセンジャワイヤのたるみを取るのに用いる。 ロ．電線管に電線を通線するのに用いる。 ハ．金属管やボックスコネクタの端に取り付けて、電線の絶縁被覆を保護するために用いる。
	☐	7	張線器（シメラ）は、太い電線を曲げてくせをつけるために用いる。
穴あけ用の工具	☐	8	ノックアウトパンチャは、金属製キャビネットに穴をあける作業などに使用する。
	☐	9	ホルソは、電動ドリルの先端に取り付けて、コンクリート壁に穴をあけるのに使用する。
	☐	10	羽根ぎりは、木造の天井板に電線管を通す穴をあける作業などに使用する。

解答・解説

1. × ボルトクリッパは鋼銅線や鉄線の切断に用いる。ケーブルの切断にはケーブルカッタを使用する。 **2.** ○ **3.** × ワイヤストリッパは絶縁電線の切断ではなく、被覆のはぎ取りに使用する工具である。 **4.** ○ VVFとは600Vビニル絶縁ビニルシースケーブル（平形）のこと。 **5.** ○ **6.** × イは張線器（シメラ）の説明。正解はロ。ハは絶縁ブッシングの説明。 **7.** × 張線器（シメラ）は、架空引込線などで電線やメッセンジャワイヤに張力を加えて、たるみを取るのに用いる。 **8.** ○ ノックアウトパンチャは金属板に穴をあけるための工具。 **9.** × ホルソは、電動ドリルの先端に取り付けて、金属板に穴をあけるための工具である。 **10.** ○ 羽根ぎりは、クリックボールの先端に取り付けて、木材に穴をあける工具である。

「接触防護措置」について

第2章で「簡易接触防護措置」という語句が出てきましたが（●P.118）、次の第4章ではさらに「接触防護措置」が出てきますので、ここで両者を比較しておきましょう。

（1）簡易接触防護措置

設備に**人**が容易に接触しない**ように講じる措置**であり、次のうちいずれかを満たせばよいとされています。

①設備を、**屋内では床上1.8m以上、屋外では地表上2m以上**の高さに、かつ、人が通る場所から容易に触れることのない範囲に施設すること

②設備に人が接近または接触しないよう、さく、へい等を設けるか、または設備を金属管に収める等の防護措置を施すこと

（2）接触防護措置

設備に**人**が接触しない**ように講じる措置**であり、次のうちいずれかを満たせばよいとされています。

①設備を、**屋内では床上2.3m以上、屋外では地表上2.5m以上**の高さに、かつ、人が通る場所から手を伸ばしても触れることのない範囲に施設すること

②（1）の②と同じ

（1）（2）ともに①の措置は、設備を**高所**に施設して**空間的に離隔**する場合の規定です。接触防護措置のほうが、簡易接触防護措置よりも高い位置に設備を施設するように規定していることがわかります。

簡易接触防護措置と接触防護措置の定義は、電技解釈第1条に定められています。

②の措置の具体例

- 金属管、合成樹脂管、トラフ、ダクト、金属ボックス等に収める
- さく、へい、手すり、壁等を設ける
- 設備を施設している箇所を立入禁止にする

押えドコロ　接触防護措置のポイント

- 簡易接触防護措置
  ⇒ 設備に人が容易に接触しないように講じる措置
- 接触防護措置
  ⇒ 設備に人が（手を伸ばしても）接触しないように講じる措置

電気工事の施工方法

乾燥した場所、湿気の多い場所、特殊場所（粉じんや危険物等が存在する場所）など、施設場所によって施工できる工事の種類が定められていることをまず理解しましょう。工事の施工方法については、各種工事の内容が総合的に問われる傾向があります。接地工事の種類と省略、電線の接続方法についてもよく出題されます。このほか、ネオン放電灯工事やエアコンの取り付けなどが重要です。

Lesson 1

施設場所と工事の種類

Lessonのポイント　屋内配線の施設場所は乾燥した場所だけでなく、湿気の多い場所や水気のある場所も考えられます。試験では、このような施設場所によって施工できる工事の種類についてよく出題されます。図記号とからめた問題もあるので注意しましょう。

1コマ劇場

こういう湿気の多い場所は、施工できる工事の種類が限られています。

湯気が充満してますね。

この表は試験によく出るので、必ず覚えましょう。

プラスワン

表中＊1
可とう電線管工事
⇒2種金属製可とう
電線管（プリカチューブ）に限る

表中＊2
合成樹脂管工事
⇒CD管を除く

表中＊3
ケーブル工事
⇒キャブタイヤケーブルを除く

1 屋内配線工事と施設場所　A

■低圧屋内配線の施設場所による工事の種類

	乾燥した場所			それ以外の場所		
	展開した場所	隠ぺい場所		展開した場所	隠ぺい場所	
		点検できる	点検できない		点検できる	点検できない
金属管工事	◎	◎	◎	◎	◎	◎
可とう電線管工事＊1	◎	◎	◎	◎	◎	◎
合成樹脂管工事＊2	◎	◎	◎	◎	◎	◎
ケーブル工事＊3	◎	◎	◎	◎	◎	◎
金属ダクト工事	◎	◎	×	×	×	×
バスダクト工事	◎	◎	×	○	×	×
ライティングダクト工事	○	○	×	×	×	×
フロアダクト工事	×	×	○	×	×	×
セルラダクト工事	×	○	○	×	×	×
平形保護層工事	×	○	×	×	×	×
金属線ぴ工事	○	○	×	×	×	×
がいし引き工事	◎	◎	×	○	○	×

※

◎：施工できる　　○：使用電圧300V以下ならば施工できる

　電技解釈第156条では、施設する場所によって施工できる**低圧屋内配線工事**の種類を前ページの表のように定めています。この表より**金属管工事、可とう電線管工事（2種金属製可とう電線管に限る）、合成樹脂管工事（CD管を除く）、ケーブル工事（キャブタイヤケーブルを除く）の4種類は、屋内のどの場所でも施工できる**ことがわかります。また**ダクト工事（バスダクトを除く）と線ぴ工事**は、**乾燥した場所以外**では施工できません（※）。

用　語	意　味
乾燥した場所	湿気の多い場所と水気のある場所以外の場所
展開した場所	何も遮るものがなく電気設備を点検できる場所（露出場所ともいう）
点検できる隠ぺい場所	点検口がある天井裏、戸棚または押入れなど、容易に電気設備に接近し、点検できる隠ぺい場所
点検できない隠ぺい場所	壁内、天井ふところ、床下またはコンクリート床内など、工作物を破壊しなければ電気設備に接近して点検することができない場所

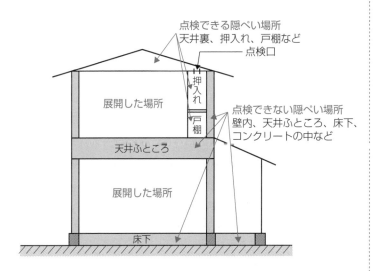

点検できる隠ぺい場所
天井裏、押入れ、戸棚など
点検口

押入れ

戸棚

展開した場所

点検できない隠ぺい場所
壁内、天井ふところ、床下、
コンクリートの中など

天井ふところ

展開した場所

床下

　前ページの表をもう一度確認してから、試験で実際に出題されている次の問題に挑戦してみましょう。

用語

セルラダクト工事
平形保護層工事
▶P.198

プラスワン

1種金属製可とう電線管は、乾燥した場所のうち、展開した場所または点検できる隠ぺい場所のみで使用できる。

用語

キャブタイヤケーブル
固定配線を必要とせず、通電状態のまま移動することができるケーブル。電動ドリルの電源ケーブルなど。

用語

湿気の多い場所
風呂場など水蒸気が充満する場所または床下など湿度が著しく高い場所。
水気のある場所
▶P.118

前ページ表中「それ以外の場所」とは湿気の多い場所と水気のある場所のことだね。

第4章
電気工事の施工方法

例題1 使用電圧100Vの屋内配線で、湿気の多い場所における工事の種類として、不適切なものはどれか。

イ. 点検できない隠ぺい場所で、防湿装置を施した金属管工事

ロ. 点検できない隠ぺい場所で、防湿装置を施した合成樹脂管工事（CD管を除く）

ハ. 展開した場所で、ケーブル工事

ニ. 展開した場所で、金属線ぴ工事

答 金属管工事、合成樹脂管工事（CD管を除く）、ケーブル工事（キャブタイヤケーブルを除く）は、屋内のどの場所でも施工できるので、湿気の多い場所における工事の種類として適切である（キャブタイヤケーブルも、使用電圧300V以下であれば展開した場所には施工できる）。しかし金属線ぴ工事は、乾燥した場所の展開した場所や点検できる隠ぺい場所でなければ施工できないので、湿気の多い場所には不適切である。

∴正解はニ

例題2 使用電圧100Vの屋内配線の施設場所による工事の種類として、適切なものはどれか。

イ. 展開した場所であって、乾燥した場所のライティングダクト工事

ロ. 展開した場所であって、湿気の多い場所の金属ダクト工事

ハ. 点検できない隠ぺい場所であって、乾燥した場所の金属線ぴ工事

ニ. 点検できない隠ぺい場所であって、湿気の多い場所の平形保護層工事

答 イ. ライティングダクト工事は、使用電圧300V以下であれば、乾燥した場所の展開した場所に施工できる。

ロ. 金属ダクト工事は、湿気の多い場所には施工できない。

ハ. 金属線ぴ工事は、乾燥した場所であっても点検できない隠ぺい場所には施工できない。

ニ. 平形保護層工事は、湿気の多い場所には施工できない。

∴正解はイ

2 屋外または屋側配線の工事の種類 B

門灯、庭園灯、車庫、看板灯など**屋外での電気の使用を**目的として施設する電線を**屋外配線**といい、同様の目的で造営物に固定して施設する電線を**屋側配線**といいます。

電技解釈第166条では、低圧の屋外配線または屋側配線として施工できる工事の種類を定めています。主なものをまとめておきましょう。

■ **屋外配線または屋側配線で施工できる主な工事**

施工できる工事	施工できない工事
● 金属管工事 ● 金属製可とう電線管工事 ● 合成樹脂管工事 ● ケーブル工事 ● バスダクト工事	● ダクト工事 　（バスダクトを除く） ● 金属線ぴ工事

用語

造営物
人が加工した物体のうち、土地に定着するものであって屋根と柱（または壁）を有するもの。

屋側配線は、一般に軒下など家屋の側面に沿って施設されます。

3 低圧屋内配線の図記号 A

試験では、**工事の種類**（使用する電線管等）と**施工方法**について、配線図記号とからめて出題されることがあります。よく出題されるものをまとめておきましょう。

（1）施工方法

施工方法	図記号
天井隠ぺい配線	——————————（実線）
露出配線	·····················（細かい破線）
床隠ぺい配線	– – – – – – – – – –（破線）

（2）電線の種類・太さ・本数

右の例では、

①種類：IV（600Vビニル絶縁電線）

②太さ：直径1.6mm

③本数：3本（斜線が3本なので）

施工方法は、天井隠ぺい配線です。

例）
電線の本数
IV 1.6

電線等の名称と記号は、第3章レッスン4で学習しましたね。
▶P.140〜142

（3）電線管の種類・太さ

電線管の種類・太さは、電線の種類・太さのあとに続けて**カッコ内**に示します。例をみておきましょう。

図記号	電線管の種類・太さ
（19）	薄鋼電線管：外径19mm
（E19）	ねじなし電線管：外径19mm
（F2 17）	2種金属製可とう電線管：内径17mm
（VE16）	硬質塩化ビニル電線管（VE管）：内径16mm
（PF16）	合成樹脂製可とう電線管（PF管）：内径16mm

➕ **プラスワン**

薄鋼電線管とねじなし電線管の太さは、「外径」で示されることに注意する。

例題3 低圧屋内配線の図記号と、それに対する施工方法の組合せとして、正しいものはどれか。

イ. ———///——— 内径16mmの硬質塩化ビニル電線管で露
　IV 1.6（VE16）　出配線として工事した。

ロ. ———///——— 外径19mmの鋼製電線管（ねじなし電線
　IV 1.6（19）　管）で天井隠ぺい配線として工事した。

ハ. ———///——— 内径16mmの合成樹脂製可とう電線管で
　IV 1.6（PF16）　天井隠ぺい配線として工事した。

ニ. ……///…… 外径19mmの薄鋼電線管で露出配線とし
　IV 1.6（E19）　て工事した。

答 イは、露出配線ではなく、天井隠ぺい配線である。
ロは、ねじなし電線管ではなく、薄鋼電線管である。
ハは、正しい組合せである。
ニは、薄鋼電線管ではなく、ねじなし電線管である。

◆ **押えドコロ** 　**屋内配線工事と施設場所のポイント**

- 金属管工事
- 合成樹脂管工事（CD管を除く）
- 可とう電線管工事（2種金属製可とう電線管）
- ケーブル工事（キャブタイヤケーブルを除く）

この4種類は、屋内のどの場所でも施工できる

確認テスト

Key Point	できたら チェック ☑
屋内配線工事と施設場所	☐ **1** 湿気の多い展開した場所の単相3線式100/200V屋内配線工事として不適切なものは、次のイ〜ハのうち、イである。 イ．金属管工事 ロ．ライティングダクト工事 ハ．ケーブル工事
	☐ **2** 使用電圧100Vの屋内配線の施設場所における工事の種類として不適切なものは、次のイ〜ハのうち、ハである。 イ．点検できない隠ぺい場所で、湿気の多い場所の合成樹脂管工事（CD管を除く） ロ．点検できる隠ぺい場所で、乾燥した場所のライティングダクト工事 ハ．点検できる隠ぺい場所で、湿気の多い場所の金属ダクト工事
屋外または屋側配線の工事の種類	☐ **3** 同一敷地内の車庫へ使用電圧100Vの電気を供給するための低圧屋側配線部分の工事として不適切なものは、次のイ〜ハのうち、イである。 イ．1種金属線ぴによる金属線ぴ工事 ロ．硬質塩化ビニル電線管（VE）による合成樹脂管工事 ハ．600V架橋ポリエチレン絶縁ビニルシースケーブル（CV）によるケーブル工事
低圧屋内配線の図記号	☐ **4** 右の図記号に従い、2種金属製可とう電線管で天井隠ぺい配線工事を行う。 IV 1.6（F2 17）
	☐ **5** 右の図記号に従い、外径19mmのねじなし電線管で天井隠ぺい配線工事を行う。 IV 1.6（E19）

解答・解説

1．× 金属管工事やケーブル工事（キャブタイヤケーブルを除く）は屋内のどの場所でも施工できる。これに対し、ライティングダクト工事は湿気の多い場所では施工できないので、ロが不適切。 **2**．○ イ.合成樹脂管工事（CD管を除く）は屋内のどの場所でも施工できる。ロ.ライティングダクト工事は、使用電圧300V以下であれば、乾燥した場所の点検できる隠ぺい場所に施工できる。ハ.金属ダクト工事は湿気の多い場所では施工できないので、ハが不適切。 **3**．○ 金属線ぴ工事は1種・2種にかかわらず屋側配線として施工できない。これに対し、合成樹脂管工事やケーブル工事は施工できる。 **4**．× 電線管の種類は2種金属製可とう電線管で正しいが、施工方法は露出配線工事である。 **5**．○「（E19）」は外径19mmのねじなし電線管を表す。

特殊場所における工事

Lessonのポイント　粉じんの多い場所や可燃性ガスが存在する場所などは「特殊場所」とされ、施工できる配線工事の種類などが厳しく制限されています。いろいろな特殊場所ごとに、施工できる配線工事の種類や方法を理解しましょう。

1 特殊場所とは　B

用語

粉じん
空気中に浮遊するような微小な粒状物質のこと。

　粉じんの多い場所や可燃性ガスが存在する場所などは、電気機器や配線器具の過熱、火花等によって爆発や火災を発生させる危険性が高いため、施設する配線工事の種類や方法について、一般の場所とは異なる厳しい規制がなされています。このような場所を特殊場所といいます。

　電技解釈が定めている特殊場所における施設制限のうち主なものをみていきましょう。

2 粉じんの多い場所　B

　電技解釈では、**爆発性粉じん**、**可燃性粉じん**などが存在する場所を、**粉じんの多い場所**としています。

（1）爆発性粉じんが存在する場所

　爆燃性粉じんとは、マグネシウム、アルミニウムなどの粉じんであって、空中に浮遊した状態または集積した状態

において着火したときに爆発するおそれがあるものをいいます。配線工事の種類は次の①と②に制限されます。

①金属管工事

　薄鋼電線管またはこれと同等以上の強度を有する金属管を使用しなければなりません。

②ケーブル工事

　キャブタイヤケーブル以外のケーブルを使用しなければなりません。また、鋼帯などの外装を有するケーブルまたは**MIケーブル**（ ● P.141）を使用する場合を除き、**管などの防護装置に収めて**施設しなければなりません。

（2）可燃性粉じんが存在する場所

　可燃性粉じんとは、**小麦粉、でん粉**などの可燃性の粉じんであって、空中に浮遊した状態において着火したときに爆発するおそれがあるものをいいます。配線工事の種類は次の①～③に制限されます。

①金属管工事

　爆発性粉じんの場合（（1）①）と同様です。

②ケーブル工事

　爆発性粉じんの場合（（1）②）と同様ですが、キャブタイヤケーブルの使用は除外されていません。

③合成樹脂管工事

　厚さ2mm未満の合成樹脂製電線管およびCD管以外の合成樹脂管を使用しなければなりません。また合成樹脂管およびボックスその他の附属品は、**損傷を受けるおそれがないように施設**する必要があります。

3　　可燃性ガスその他が存在する場所　B

（1）可燃性ガス等が存在する場所

　可燃性ガスとは、**プロパンガス**など常温（20℃）において気体であり、空気と一定の割合で混合した状態で点火されると爆発を起こすものをいいます。可燃性ガス等が存在

VVRやCVなどのケーブルを使用する場合は、管などの防護装置に収めて施設する必要があります。

第4章

電気工事の施工方法

＋プラスワン

可燃性粉じんの場合は、爆発性粉じんの場合とは異なり、キャブタイヤケーブルも管などの防護装置に収めて施設すれば使用できる。

プラスワン

可燃性ガスの例
● プロパンガス
● 都市ガス
● 水素
● アセチレン
● 一酸化炭素

用語

可燃性ガス等
可燃性ガスのほかに引火性物質の蒸気を含むいい方。引火性物質にはキシレンや酢酸エチルといった塗料や溶剤等に用いられる物質が多い。

特殊場所における工事では、VVRは、鋼帯外装ケーブルやMIケーブルではないから、厚鋼電線管などに収めて保護しないといけないんだね。

する場所における配線工事の種類は、**爆発性粉じん**の場合と同様の、金属管工事およびケーブル工事に制限されています（▶前ページ２の(1)①②）。

(2) 危険物が存在する場所

　危険物とは、**石油類**など消防法で定める危険物の一部のほか、**マッチ**、**セルロイド**など燃えやすい危険な物質をいいます。配線工事の種類は、**可燃性粉じん**の場合と同様の金属管工事、ケーブル工事および合成樹脂管工事に制限されています（▶前ページ２の(2)①②③）。

例題1 特殊場所とその場所に施工する低圧屋内配線工事の組合せとして、不適切なものはどれか。

イ．プロパンガスを他の小さな容器に小分けする場所
　　合成樹脂管工事

ロ．小麦粉をふるい分けする粉じんのある場所
　　厚鋼電線管を使用した金属管工事

ハ．石油を貯蔵する場所
　　厚鋼電線管で保護したVVRを用いたケーブル工事

ニ．自動車修理工場の吹き付け塗装作業を行う場所
　　厚鋼電線管を使用した金属管工事

答 イは可燃性ガス等が存在する場所であり、金属管工事とケーブル工事以外は施工できない。合成樹脂管工事は不適切である。ロは可燃性粉じんが存在する場所に該当する。厚鋼電線管は薄鋼電線管以上の強度を有するので適切。ハは危険物が存在する場所に該当する。VVR（600Vビニル絶縁ビニルシースケーブル）を厚鋼電線管で保護（＝防護装置に収めて施設）しているので適切。ニは可燃性ガス等（引火性物質の蒸気）が存在する場所に該当する。厚鋼電線管は薄鋼電線管以上の強度を有するので適切。　∴正解はイ

押えドコロ　特殊場所で施工できる工事の種類

爆発性粉じん・可燃性ガス等 が存在する場所	可燃性粉じん・危険物 が存在する場所
● 金属管工事 ● ケーブル工事	● 金属管工事 ● ケーブル工事 ● 合成樹脂管工事

確 認 テ ス ト

できたら チェック ☑

Key Point			
特殊場所とは	☐	1	特殊場所では、施設する配線工事の種類や方法について、一般の場所とは異なる厳しい規制がなされている。
粉じんの多い場所	☐	2	小麦粉、でん粉など、空中に浮遊した状態で着火したときに爆発するおそれがある粉じんを、爆発性粉じんという。
	☐	3	爆発性粉じんが存在する場所で施工できる配線工事の種類は、金属管工事、ケーブル工事および合成樹脂管工事の3種類である。
	☐	4	可燃性粉じんが存在する場所で施工する金属管工事では、薄鋼電線管またはこれと同等以上の強度を有する金属管を使用する。
	☐	5	可燃性粉じんが存在する場所で施工する合成樹脂管工事では、厚さが2mm未満の合成樹脂製電線管およびCD管は使用できない。
可燃性ガスその他が存在する場所	☐	6	可燃性ガスとは、常温（20℃）において気体であり、空気と一定の割合で混合した状態で点火されると爆発を起こすものをいう。
	☐	7	可燃性ガス等が存在する場所で施工できる配線工事の種類は、金属管工事および合成樹脂管工事の2種類である。
	☐	8	石油を貯蔵する場所における低圧屋内配線工事の種類として不適切なものは、次のイ～ニのうち、ニである。 イ. 損傷を受けるおそれがないように施設した合成樹脂管工事（厚さ2mm未満の合成樹脂製電線管およびCD管を除く） ロ. 薄鋼電線管を使用した金属管工事 ハ. MIケーブルを使用したケーブル工事 ニ. 600V架橋ポリエチレン絶縁ビニルシースケーブルを防護装置に収めないで使用したケーブル工事

第4章 電気工事の施工方法

解答・解説

1.○　2.× これは爆発性粉じんではなく、可燃性粉じんの説明。　3.× 金属管工事およびケーブル工事の2種類のみ。合成樹脂管工事は施工できない。　4.○　5.○ 厚さ2mm未満の合成樹脂製電線管およびCD管以外の合成樹脂管を使用することとされている。　6.○　7.× 金属管工事およびケーブル工事の2種類である。　8.○ 石油を貯蔵する場所は「危険物が存在する場所」に該当するので、金属管工事、ケーブル工事および合成樹脂管工事の3種類が施工できる。イ. 合成樹脂管および附属品は損傷を受けるおそれがないように施設することとされており、適切である。ロ. 金属管は薄鋼電線管またはこれと同等以上の強度を有する金属管を使用することとされており、適切である。ハ. ケーブル工事においてMIケーブルは管などの防護装置に収めることなく使用できるので、適切である。ニ. 600V架橋ポリエチレン絶縁ビニルシースケーブル（CV）は、鋼帯外装ケーブルやMIケーブルではないので、管などの防護装置に収めて使用しなければならず、不適切である。

Lesson 3

金属管工事

Lessonのポイント　金属管工事で使用する電線、金属管（▶P.147）の厚さ・太さ、金属管の取り付けの方法と接地工事などについて学習します。金属管工事そのものに関する出題はあまり多くありませんが、屋内配線工事の基礎を理解するために重要な内容です。

1コマ劇場

あっ ！

屈曲箇所は3つまでです！

1　使用する電線　A

電技解釈第159条では、金属管工事による低圧屋内配線の**電線**について、次のように定めています。

（1）**絶縁電線であること**

一般に**600Vビニル絶縁電線**（**IV**）などが使用されています。ただし、屋外用ビニル絶縁電線（OW）は使用電線から**除外**されています。

（2）**より線または直径3.2㎜以下の単線であること**

電線を金属管へ引き入れるためには柔軟性が必要とされるため、より線（▶P.98）や直径の小さな単線を使用します。ただし、長さ1m程度の**短小な金属管**の場合は柔軟性も大して必要ではないため、この規定は適用しません。

（3）**金属管内では電線に接続点を設けないこと**

接続点では事故が比較的多く起きることが考えられるからです。電線に接続点を設ける場合は、点検できるように、金属管内ではなく**ボックス内**などで行います。

プラスワン

屋外用ビニル絶縁電線（OW）（▶P.140）は主に架空電線として使用するもので、600Vビニル絶縁電線と比べて絶縁体の厚さが50〜75％程度なので除外されている。

短小な金属管ならば直径3.2㎜超の単線でも使用できるんだ。

2 電磁的平衡

交流回路において、金属管に電線を入れる場合、単相の片側または三相の一部分だけを1つの管に入れると、管内の電線の周りに**磁力線**ができ、これによって金属管に電流が誘導され（**電磁誘導電流**）、金属管が過熱したりうなりを生じたりします。これを**電磁的不平衡**の状態といいます。

この状態を避けるため、交流回路の電線を金属管に引き入れる場合は1回路の電線全部を同一管内に**収める**こととされています。これにより、異なる相の電線が同一管内に収められることになり、誘導が打ち消されるというわけです。この状態を電磁的平衡といいます。

■ 1回路の電線全部を同一管内に収めている例

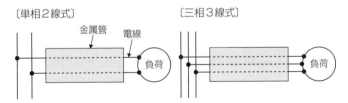

3 金属管の厚さ・太さ

（1）金属管の厚さ

金属管の厚さについて、次のように定められています。
① **コンクリートに埋め込む**ものは、**1.2mm以上**とする。
②①以外のもので、継手のない長さ4m以下のものを乾燥した展開した場所に施設する場合は、**0.5mm以上**とする。
③①と②以外のものは、**1mm以上**とする。

電磁誘導電流は、金属管の表面を渦を巻くように流れるので、渦電流とも呼びます。

第4章
電気工事の施工方法

単相2線式回路の場合はその2線、三相3線式回路の場合は3線すべてを同一管内に収めるんだね。

＋プラスワン
金属管の厚さ

(2) 金属管の太さ

金属管に絶縁電線を引き入れるとき、絶縁被覆を損傷させないよう、また引き入れが容易にできるよう、引き入れる電線の本数に見合った太さの金属管を選ぶ必要があります。内線規程（◉P.144）では、金属管の太さと電線の本数の関係を定めているので、参考までに**薄鋼電線管**についてみておきましょう。

◉P.144

■ 薄鋼電線管の太さと電線の本数（内線規程より一部抜粋）

電線の太さ		電線の本数					
単線〔mm〕	より線〔mm²〕	1本	2本	3本	4本	5本	…
		薄鋼電線管の最小太さ〔mm〕					
1.6	—	19	19	19	25	25	…
2.0	—	19	19	19	25	25	…
2.6	5.5	19	19	25	25	25	…
3.2	8	19	25	25	31	31	…
⋮	⋮	⋮	⋮	⋮	⋮	⋮	⋮

上の表より、たとえば太さ19mmの薄鋼電線管の場合、直径1.6mmの絶縁電線は3本まで引き入れられることがわかります。

---

4 金属管の取り付け B

(1) 金属管の接続

金属管相互の接続には**カップリング類**、管とボックスとの接続には**ロックナットやねじなしボックスコネクタ**など第3章のレッスン5（◉P.147〜）で学習した工事用材料を適切に使用することによって、**堅ろう**（堅くて丈夫）に、かつ**電気的に完全に接続**しなければなりません。

(2) 金属管の端口

金属管の**端口**には、電線の被覆を損傷しないように適当な構造のブッシング（**絶縁ブッシング**など）を使用しなければなりません。さらに金属管工事からがいし引き工事に

プラスワン

薄鋼電線管の場合、太さは外径で表す。

外径

プラスワン

金属体相互が電気的に接続されないと、接地の効果に支障があるため、電気的に完全に接続する必要がある。

がいし引き工事はレッスン5で学習します。

移る場合は、絶縁ブッシングまたは**ターミナルキャップ**、**エントランスキャップ**など（●P.151）も使用します。

（3）金属管の屈曲

金属管の**内側の曲げ半径**（屈曲半径）は、その金属管の**内径の6倍以上**でなければなりません。また、ボックス間の金属管に設ける直角の**屈曲箇所**は、**3か所まで**とされています。あまり多くの屈曲箇所を設けると、引き入れ作業がしにくくなるからです。

プラスワン

屈曲半径 r
　≧内径 d の6倍

内径 d

（4）支持点の間隔

金属管の**支持点間の距離**は、**2m以下**とすることが望ましいとされています。ただし、

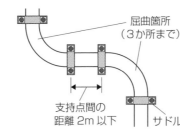

■ 屈曲箇所と支持点間の距離

屈曲箇所
（3か所まで）

支持点間の
距離2m以下

サドル

ボックス等の周りでは50cm以内の部分を支持します。

（5）防湿装置

湿気の多い場所または**水気のある場所**に施設する場合には、**防湿装置**を施す必要があります。たとえば金属管相互の接続にねじ切りのカップリングを使用して導電耐水防食塗料を塗ってから接続したり、防湿型のボックスを使用したりします。

例題1 金属管工事による低圧屋内配線の施工方法として、不適切なものはどれか。

イ．太さ25mmの薄鋼電線管に断面積8mm²の600Vビニル絶縁電線3本を引き入れた。

ロ．ボックス間の配管でノーマルベンドを使用した屈曲箇所を2か所設けた。

ハ．薄鋼電線管とアウトレットボックスとの接続部分にロックナットを使用した。

ニ．太さ25mmの薄鋼電線管相互の接続にコンビネーションカップリングを使用した。

第4章

電気工事の施工方法

185

ノーマルベンドは
金属管相互を直角
に接続するんだっ
たね。◯P.148

接地工事の内容は
レッスン7で学習
します。

用語

対地電圧
◯P.77
接触防護措置
一定以上の高さの、
人が通る場所から手
を伸ばしても触れら
れない範囲に設備を
施設したり、さくや
へいを設けたり、設
備を金属管に収める
などの防護措置を施
すこと。◯P.170

答 イ．184ページの表より、太さ25㎜の薄鋼電線管には、断面積8㎟の絶縁電線を2本または3本引き入れることができるので、適切である。

ロ．ボックス間に設ける直角の屈曲箇所は3か所までとされているので、2か所ならば適切である。

ハ．薄鋼電線管とアウトレットボックスとの接続にロックナットを使用することは適切である。

ニ．コンビネーションカップリング（◯P.152）は、金属製可とう電線管と金属管を接続するときに使用する材料なので、不適切である。薄鋼電線管相互を接続するときは、薄鋼電線管用の通常のカップリングを用いる。

∴正解はニ

5 金属管の接地 A

金属管には、使用電圧に応じて次の**接地工事**を行います。

（1）使用電圧300V以下の場合

D種接地工事を行います。ただし、次のいずれかに該当する場合は、**接地工事を省略**することができます。

①管の長さ（2本以上の管を接続した場合はその全長）が4m以下のものを、**乾燥した場所**に施設するとき

②使用電圧が交流**対地電圧150V以下**の場合で、管の長さが8m以下のものを、**簡易接触防護措置**（◯P.170）を適切な方法で施すときまたは**乾燥した場所**に施設するとき

（2）使用電圧300V超の場合

C種接地工事を行います。ただし、**接触防護措置**を適切な方法で施す場合は**D種接地工事**によることができます。

押えドコロ 金属管工事のポイント

- 絶縁電線を使用する（屋外用ビニル絶縁電線〔OW〕は除外）
- 金属管内では電線に接続点を設けない
- 4m以下の金属管を乾燥した場所に施設 ⇒ D種接地工事省略

確 認 テ ス ト

Key Point			できたら チェック ☑
使用する電線	☐	1	金属管工事による低圧屋内配線に使用する電線は、ケーブルやコードではなく、絶縁電線とする。
	☐	2	使用電圧200Vの場合、金属管工事に屋外用ビニル絶縁電線（OW）を使用することができる。
	☐	3	金属管の太さに余裕があれば、電線の接続部分に十分な絶縁被覆を施したうえで、管内にその接続部分を収めることができる。
電磁的平衡	☐	4	交流回路の電線を金属管内に引き入れるときは、1回路の電線全部を同一の管内に収める。
金属管の厚さ・太さ	☐	5	金属管をコンクリートに埋め込む場合は、管の厚さが1.2mm以上のものを使用する。
	☐	6	太さ19mmの薄鋼電線管に断面積5.5㎟の600Vビニル絶縁電線を3本引き入れることができる。
金属管の取り付け	☐	7	金属管は、堅ろうかつ電気的に完全に接続しなければならない。
	☐	8	パイプベンダ等を用いて金属管を曲げる場合、屈曲半径はその金属管の内径の3倍以上とする。
	☐	9	金属管をサドル等を用いて支持する場合、ボックス等の周りを除き、支持点の間隔を1mとすることができる。
金属管の接地	☐	10	使用電圧200Vの乾燥した場所での金属管工事において、管の長さが3mの場合、D種接地工事を省略することができる。
	☐	11	使用電圧が交流対地電圧150V以下の場合、簡易接触防護措置を適切な方法で施している場合は、全長10mの金属管に行うD種接地工事を省略することができる。

解答・解説

1.○ 2.× 屋外用ビニル絶縁電線（OW）は使用電線から除外されている。 3.× たとえ十分な絶縁被覆を施しても、金属管内では電線に接続点を設けることはできない。 4.○ 電磁的平衡の状態にするためである。 5.○ 6.× P.212の表より、太さ19mmの薄鋼電線管に断面積5.5㎟の絶縁電線は2本までしか引き入れられない。 7.○ 8.× 3倍ではなく、6倍以上にする必要がある。 9.○ 金属管の支持点間距離は2m以下が望ましいとされている。 10.○ 使用電圧300V以下の場合はD種接地工事を行うのが原則であるが、4m以下の金属管を乾燥した場所に施設する場合は省略することができる。 11.× 簡易接触防護措置を適切な方法で施す（または乾燥した場所に施設する）ときは、管の長さが8m以下であればD種接地工事を省略できる。全長10mでは省略できない。

Lesson 4

金属製可とう電線管・合成樹脂管工事

Lessonのポイント　金属製可とう電線管工事、合成樹脂管工事ともに、金属管工事と同じような内容の規定が多く定められているので、同じところと異なるところを意識しながら学習していきましょう。合成樹脂管工事では、管の差込み接続がよく出題されています。

1コマ劇場

可とう性がありますから！

この電線管よく曲がってますね。

1　金属製可とう電線管工事　A

プラスワン

金属製可とう電線管工事による低圧屋内配線については電技解釈第160条などで定めている。なお、電技解釈では「金属可とう電線管工事」といういい方をしている。

（1）金属製可とう電線管工事の使用電線

①絶縁電線であること

　金属管工事の場合と同様、屋外用ビニル絶縁電線（OW）は**除外**されています。

②より線または直径3.2mm以下の単線であること

　これも金属管工事の場合と同様ですが、管が短小であることによる適用除外はありません。

③管内では電線に接続点を設けないこと

　金属管工事の場合と同様です。

（2）金属製可とう電線管工事に使用する電線管

金属製可とう電線管の種類
●P.152

　原則として**2種金属製可とう電線管**（**プリカチューブ**）を使用します。**1種金属製可とう電線管**は施工できる場所が限られており（●P.173）、また、外的衝撃や荷重に対してあまり丈夫ではないので、重量物の圧力がかかったり、機械的衝撃を受けたりする箇所には施設できません。

（3）金属製可とう電線管の取り付け

①**重量物の圧力**または**著しい機械的衝撃**を受けるおそれが
ないように施設します。

②金属管工事と同様、管相互および管とボックスその他の
付属品とは、**堅ろう**かつ**電気的に完全に接続**します。

■ **金属製可とう電線管と金属管との接続**

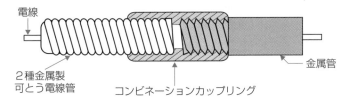

電線

2種金属製
可とう電線管

コンビネーションカップリング

金属管

コンビネーション
カップリングと、
ストレートボック
スコネクタ
▶P.152

■ **金属製可とう電線管とボックスとの接続**

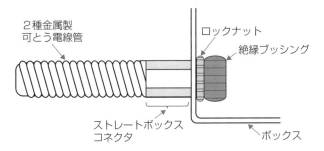

2種金属製
可とう電線管

ロックナット

絶縁ブッシング

ストレートボックス
コネクタ

ボックス

③金属製可とう電線管を曲げて設置する場合、展開した場
所または点検できる隠ぺい場所で**管の取り外し**ができる
場所では、**2種可とう電線管**の**内側の曲げ半径**（屈曲半径）
は**管の内径の3倍以上**でよいとされています。それ以外
の場合は金属管と同様（▶P.185）、**6倍以上**とします。

④2種金属製可とう電線管を、**湿気の多い場所または水気
のある場所**に施設するときは、**防湿装置**を施します。

（4）金属製可とう電線管の接地

①**使用電圧が300V以下の場合**

D種接地工事を行います。ただし、管の長さが**4m以下**
のものを施設するときは**接地工事を省略**できます。

②**使用電圧が300V超の場合**

金属管工事の場合（▶P.186の5（2））と同様です。

1種金属製可とう
電線管は、乾燥し
た場所以外には
施設できません。

第4章 電気工事の施工方法

使用電圧200Vの電動機に接続する部分の金属製可とう電線管工事として、不適切なものはどれか。ただし、管は2種金属製可とう電線管を使用する。

イ. 管とボックスとの接続にストレートボックスコネクタを使用した。

ロ. 管の内側の曲げ半径を管の内径の6倍以上とした。

ハ. 管の長さが6mなので、電線管のD種接地工事を省略した。

ニ. 管と金属管（鋼製電線管）との接続にコンビネーションカップリングを使用した。

答 イ. ストレートボックスコネクタを使用することで、堅ろうかつ電気的に完全に接続することができ、適切である。ロ. 管の取り外しができる場所であると通常は考えられるので、管の内側の曲げ半径（屈曲半径）は管の内径の3倍以上であればよく、適切である。ハ. 管の長さが4m以下でなければD種接地工事の省略はできない。設問では6mなので不適切である。ニ. コンビネーションカップリングの使用によって、堅ろうかつ電気的に完全に接続することができ、適切である。 ∴正解はハ

可とう性なので、金属管よりも曲げに強いため「3倍以上」でよい場合が認められています。「6倍以上」のほうが曲がり方がゆるくなります。

プラスワン

合成樹脂管工事による低圧屋内配線については、電技解釈の第158条などに定められている。

合成樹脂管の種類
▶P.154

2 合成樹脂管工事 A

（1）合成樹脂管工事の使用電線

①絶縁電線であること

金属管工事の場合と同様、屋外用ビニル絶縁電線（OW）は**除外**されています。

②より線または直径3.2mm以下の単線であること

金属管工事の場合と同様、短小な合成樹脂管に収める場合にはこの規定は適用しません。

③管内では電線に接続点を設けないこと

やはり金属管工事の場合と同様です。

（2）合成樹脂管工事に使用する電線管

硬質塩化ビニル電線管（VE管）のほかに、可とう性のあるPF管とCD管があります。いずれもコンクリート内に

直接埋め込んで配管することが認められています。

　ただし、CD管だけは、次の①と②のいずれかによって施設しなければなりません。

①直接コンクリートに埋め込んで施設すること

②専用の不燃性（または自消性のある難燃性）の管またはダクトに収めて施設すること

（3）合成樹脂管の取り付け

①金属製可とう電線管の場合（●P.189）と同様、**重量物の圧力**または**著しい機械的衝撃**を受けるおそれがないように施設します。

②管相互および管とボックスとは、管の**差込み深さ**を**管の外径**の**1.2倍以上**（接着剤を使用する場合は**0.8倍以上**でよい）とし、かつ、**差込み接続**によって**堅ろう**に接続しなければなりません。硬質塩化ビニル電線管（VE管）相互の接続の場合を下の図で確認しておきましょう。

施設場所による工事の種類のところ（●P.172〜173）で「CD管を除く」とされていたのはこのためなんだ。

硬質管（VE管）の接続作業
●P.163

■TSカップリングを使用しない場合

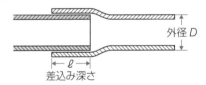

外径 D

差込み深さ ℓ

接着剤なし：ℓ ≧ 1.2D
接着剤あり：ℓ ≧ 0.8D

■TSカップリングを使用する場合

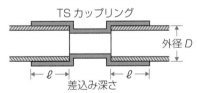

TSカップリング

外径 D

差込み深さ ℓ ℓ

接着剤なし：ℓ ≧ 1.2D
接着剤あり：ℓ ≧ 0.8D

③管の**支持点間の距離**は、**1.5m以下**とします。

④合成樹脂管を、**湿気の多い場所**または**水気のある場所**に施設するときは、**防湿装置**を施します。

（4）合成樹脂管工事における接地

　合成樹脂管工事の場合は、合成樹脂管そのものが絶縁体なので、合成樹脂管に金属製のボックスを接続する場合に

＋プラスワン

管の支持点間の距離を1.5mとし、かつ、その支持点は、管端、管とボックスとの接続点および管相互の接続点のそれぞれの近くの箇所に設けることとされている。

第4章
電気工事の施工方法

その**金属製のボックス**に対して次の接地工事を施します。

①**使用電圧300V以下の場合**

D種接地工事を行います。ただし**乾燥した場所**に施設するときまたは交流対地電圧150V以下で**簡易接触防護措置**を適切な方法で施す場合は、**接地工事を**省略できます。

②**使用電圧300V超の場合**

金属管工事の場合（●P.186の5 (2)）と同様です。

例題2　硬質塩化ビニル電線管を使用する合成樹脂管工事として、不適切なものはどれか。

イ. 管相互および管とボックスとの接続で、接着剤を使用しないで管の差込み深さを管の外径の0.8倍とした。

ロ. 管の支持点間の距離は1mとした。

ハ. 湿気の多い場所に施設した管とボックスとの接続箇所に、防湿装置を施した。

ニ. 三相200V配線で、簡易接触防護措置を施した（容易に触れるおそれがない）場所に施設した管と接続する金属製プルボックスに、D種接地工事を施した。

答　イ. 接着剤を使用しない場合は管の差込み深さを管の外径の1.2倍以上にしなければならず、不適切である。0.8倍以上でよいのは接着剤を使用する場合である。ロ. 支持点間の距離は1.5m以下とされているので、1mならば適切である。ハ. 湿気の多い場所や水気のある場所に施設するときは防湿装置を施すこととされており、適切である。ニ. 三相200V配線は対地電圧が150V以下ではないため（●P.80）、簡易接触防護措置を施しただけではD種接地工事の省略はできない。　∴正解はイ

ニ. が乾燥した場所であれば省略可能ですが、この場合は省略せずに接地工事を施すことが適切です。

● 押えドコロ　**金属製可とう電線管・合成樹脂管工事のポイント**

● 管内には電線の接続点を設けない

● 金属製可とう電線管の屈曲半径は管の内径の3倍以上でよい場合がある

● 合成樹脂管の差込み接続

　　　接着剤なし：差込み深さは管外径の1.2倍以上

　　　接着剤あり：差込み深さは管外径の0.8倍以上

確認テスト

Key Point			できたら チェック ☑
金属製可とう 電線管工事	☐	1	2種金属製可とう電線管を使用した工事に、600Vビニル絶縁電線を使用することはできない。
	☐	2	金属製可とう電線管を取り付けるときは、重量物の圧力または著しい機械的衝撃を受けるおそれがないように施設する必要がある。
	☐	3	金属製可とう電線管を曲げて設置する場合には、常に屈曲半径を管の内径の6倍以上にしなければならない。
	☐	4	使用電圧が300V以下の場合はD種接地工事を行うこととされているが、管の長さが4m以下のものを施設するときは省略できる。
合成樹脂管工事	☐	5	金属製可とう電線管工事では、屋外用ビニル絶縁電線（OW）の使用が禁止されているが、合成樹脂管工事では使用できる。
	☐	6	合成樹脂管相互を差込み接続するとき、接着剤を使用しない場合は管の差込み深さを管の外径の1.2倍以上とし、接着剤を使用する場合は0.8倍以上とする。
	☐	7	単相3線式100/200V屋内配線工事として不適切な工事方法は、次のイ〜ハのうち、ハである。ただし、使用する電線は600Vビニル絶縁電線で、直径1.6㎜とする。 イ. 同じ径の硬質塩化ビニル電線管（VE管）2本をTSカップリングで接続した。 ロ. 合成樹脂製可とう電線管（PF管）内に、電線の接続点を設けた。 ハ. 合成樹脂製可とう電線管（CD管）を直接コンクリートに埋め込んで施設した。
	☐	8	使用電圧300V以下の場合はD種接地工事を金属製のボックスに行うが、乾燥した場所に施設するとき、または交流対地電圧150V以下で簡易接触防護措置を適切な方法で施す場合は接地工事を省略できる。

第4章　電気工事の施工方法

解答・解説

1. × 600Vビニル絶縁電線（IV）は使用できる。 2. ○ 3. × 展開した場所または点検できる隠ぺい場所で管の取り外しができる場所では、屈曲半径を管の内径の3倍以上とすることができる。常に6倍以上というのは誤り。 4. ○ 5. × 屋外用ビニル絶縁電線（OW）は合成樹脂管工事でも使用が禁止されている。 6. ○ 7. × イ. TSカップリングは硬質塩化ビニル電線管（VE管）相互を接続するときに使用する材料であり、適切である。ロ. 管内には電線の接続点を設けてはならない。∴ロが不適切。ハ. CD管は、直接コンクリートに埋め込むか、または専用の不燃性等の管やダクトに収めるかのいずれかによって施設することとされているので、適切である。なお、VE管やPF管もコンクリート内に直接埋め込んで配管することができる。 8. ○

Lesson 5 ケーブル・ダクトその他の工事

Lessonの ポイント ケーブル工事、ダクト工事（金属ダクト、フロアダクト、ライティングダクト）の ほか、金属線ぴ工事、がいし引き工事について学習します。ダクトや線ぴ内に電線 の接続点を設けられるか、接地工事の省略ができるかなどに注意しましょう。

1コマ劇場

接触させないように金属管を施設してね！

ガス管や水道管がありますよ。

用語

ステープル

ケーブルを造営材に固定するときに使用する材料。

ケーブルの種類
▶P.141
ケーブルは、本来、金属管には入れられませんが、右の例は例外です。

1　ケーブル工事　B

（1）ケーブルの取り付け

①支持点間の距離

　ケーブルは、**サドルやステープル**などを使用して造営材（柱や壁、天井など）に固定します。造営材の下面または側面に沿って取り付ける場合の**支持点間の距離**は**2m以下**とされています。また、**接触防護措置**（▶P.170）を施した場所で**垂直に取り付ける**場合は**6m以下**とされています。

②防護装置

　重量物の圧力または**著しい機械的衝撃**を受けるおそれがある箇所に施設するケーブルには、適当な**防護装置**を設ける必要があります。具体的には、ケーブルを金属管に収めたり、側面等に防護板を取り付けたりします。

③コンクリートへの直接埋設

　コンクリートに**直接埋め込む**場合は、生コンクリートを流し込むときに外力が加わることを考慮してMIケーブルま

たは**コンクリート直埋用ケーブル**など特殊な外装を有する
ケーブルを使用します。また、コンクリート内では原則と
してケーブルに接続点を設けてはなりません。

(2) ケーブル工事における接地

　ケーブル工事では、防護装置として使用する金属管や、
金属製のボックス、金属被覆ケーブルの金属体などに対し
て接地工事を施します。

①使用電圧300V以下の場合

　D種接地工事を行います。ただし防護装置の金属製部分
の長さが**4m以下**のものを乾燥した場所に施設するとき、
または対地電圧150V以下で金属製部分の長さが**8m以下**の
ものに**簡易接触防護措置**を適切な方法で施すかまたは乾燥
した場所に施設するときは、防護装置の金属製部分につい
ては接地工事を省略できます。

②使用電圧300V超の場合

　金属管工事の場合（▶P.186の5（2)）と同様です。

2　金属ダクト工事　**B**

(1) 金属ダクト工事の使用電線

①絶縁電線であること

　金属管工事の場合と同様、**屋外用ビニル絶縁電線（OW）**
は**除外**されています。

②電線の断面積の総和

　金属ダクトには、屋内配線の重要部分を構成する多くの
電線を収めるので、事故の波及を避けるとともに、点検の
容易さや電線からの発熱などを考慮して、金属ダクト内に
収める**電線の断面積の総和**（絶縁被覆の断面積を含む）は、
原則として金属ダクトの**内部断面積の20％以下**とするよう
定められています。

③電線の接続点

　原則として、金属ダクト内では**電線に接続点を設けない**

用語

コンクリート直埋用
ケーブル
コンクリートに直接
埋設できるように、
耐衝撃性を強化する
ための保護層を設け
たケーブル。

＋プラスワン

ケーブル相互の接続
はボックス内で行う
ことを原則とする。
またケーブルを曲げ
る場合、屈曲半径は
そのケーブルの外径
の6倍以上とする。

第4章
電気工事の施工方法

金属ダクト
▶P.156

＋プラスワン

制御回路などの配線
のみを収める場合は
例外的に内部断面積
の50％以下とする
ことができる。

こととされています。ただし**電線**を**分岐**する場合で、その接続部分を容易に点検できるようにするならば、例外的に金属ダクト内に**接続点**を設けることが**認められ**ます。

（2）金属ダクトの取り付け

①ダクト相互は、**堅ろうかつ電気的に完全に接続**します。

②ダクトを造営材に取り付ける場合は、ダクトの**支持点間の距離**を**3m以下**（取扱者以外の者が出入りできないように措置した場所で**垂直**に取り付ける場合は**6m以下**）とし、堅ろうに取り付けます。

（3）金属ダクトの接地

①使用電圧300V以下の場合

金属ダクトに**D種接地工事**を行います。これについて、**接地工事**の**省略**が**認められる場合は**ありません。

②使用電圧300V超の場合

金属管工事の場合（▶P.186の5（2））と同様です。

▶P.186の5（2）

3 フロアダクト工事 B

フロアダクト工事は、事務室等において、**電信・電話等**に用いる**弱電流電線**と、電気スタンドやOA機器用電源の**強電流電線**とを併設する場合にしばしば利用されており、**床内に埋め込んで**施設します。強電流電線と弱電流電線とを併設するといっても、実際にはフロアダクト2本を使用して、一方に強電流電線、他方に弱電流電線を収め、その交差点に隔壁を有するジャンクションボックスを使用して双方の電線が直接接触しないように施設します。

（1）フロアダクト工事の使用電線

①絶縁電線であること

金属管工事の場合と同様、**屋外用ビニル絶縁電線**（OW）は**除外**されています。

②電線の接続点

電線に接続点を設けないことが原則とされていますが、

サイドバー（左段）

プラスワン

ダクトの支持点間の距離 *d*

金属ダクト

d:3m以下

フロアダクト
▶P.156

用語

ジャンクションボックス
フロアダクトが交差する部分に取り付けて電線の接続や引き入れを行う部品。

196

金属ダクト工事と同様、**電線を分岐**する場合で、接続部分を容易に点検できるようにするならば、フロアダクト内に**接続点を設ける**ことが認められます。

(2) フロアダクトの接地

フロアダクトに**D種接地工事**を行います。これについて**接地工事の省略が**認められる場合は**ありません**。

■ フロアダクト工事の施工例

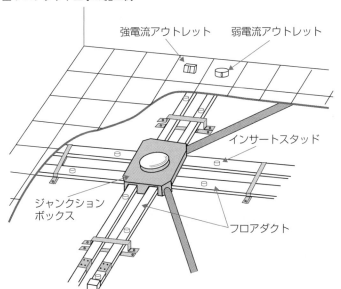

強電流アウトレット　弱電流アウトレット

インサートスタッド

ジャンクション
ボックス

フロアダクト

原則的には、電線の接続はジャンクションボックス内で行います。

用語

インサートスタッド
コンセント等のアウトレットを取り付けるための付属品。

第4章

電気工事の施工方法

4　ライティングダクト工事　B

(1) ライティングダクトの取り付け

①ダクト相互および電線相互は、**堅ろうかつ電気的に完全**に接続します。

②ダクトの**支持点間の距離は2m以下**とし、造営材に堅ろうに取り付けます。なお、ライティングダクトには開口部があるので造営材を貫通して施設することはできません。

③**末端は充電部分**が露出しているので、**エンドキャップ**を用いて**閉そく**します。

ライティングダクト ● P.156

用語

充電部分
通常使用時に電圧が生じている部分。検電器(●P.234)が反応する部分。

開口部を上に向けて施設することは認められません。

④ライティングダクトの**開口部**は、下に向けて施設するのが原則です。ただし、簡易接触防護措置を施すとともに、ダクト内部にじんあい（ちり、ほこり）が侵入しにくいように施設する場合、または一定の基準に適合するライティングダクトを使用する場合は、横に向けて施設することが認められます。

⑤ダクトの導体に電気を供給する電路に漏電遮断器を施設します。ただし、ダクトに**簡易接触防護措置**を適切な方法で施す場合は省略できます。

（2）ライティングダクトの接地

ライティングダクトに**D種接地工事**を行います。ただし合成樹脂その他の**絶縁物**で金属製部分を被覆したダクトを使用する場合、または対地電圧150V以下でダクトの長さ（2本以上の管を接続した場合はその全長）が4m以下の場合には、**接地工事**を省略できます。

5 金属線ぴ・がいし引き工事

（1）金属線ぴ工事

金属線ぴは、電気用品安全法の適用を受ける金属製のものか、黄銅か銅製のものとされています。黄銅と銅製の線ぴは幅5cm以下、厚さ0.5mm以上でなければなりません（幅5cm超のものは**金属ダクト**として扱われます）。

①金属線ぴ工事の使用電線

絶縁電線を使用します。ただし金属管工事の場合と同様に、屋外用ビニル絶縁電線（OW）は**除外**されています。

②電線の接続点

金属線ぴ内では**電線に接続点を設けない**こととされています。ただし、2種金属製線ぴを使用して、**電線を分岐**する場合に接続部分を**容易に点検**できるようにするとともに**D種接地工事を省略しない**など、一定の要件を満たせば、例外的に金属線ぴ内に**接続点**を設けることが認められます。

➕ プラスワン

その他のダクト工事

● **バスダクト工事**
電線ではなく専用の帯状の裸導体を収めたダクトで、ビルや工場などの大容量配線に使用される。

● **セルラダクト工事**
床構造材に用いるデッキプレート（波形鋼板）を、配線用ダクトとして利用するもの。

● **平形保護層工事**
専用のケーブルを室内のカーペットの下に配線するもので、オフィス等の機器配線用として施設される。

➕ プラスワン

合成樹脂線ぴ工事は2011（H23）年に電技解釈から削除された。

③金属線ぴの接地

D種接地工事を行います。ただし、一定の要件を満たす場合は**接地工事を**省略できます。

(2) がいし引き工事

がいし引き工事とは、造営材に取り付けたがいしを用いて電線を支持する配線工事をいいます。電線を露出させて配線するため、使用電圧300V以下では**簡易接触防護措置**、**300V超**では**接触防護措置**を施すとともに、下の表のように施設する必要があります。使用電線は一部の特殊な場合を除き、**絶縁電線**（屋外用ビニル絶縁電線〔OW〕、引込用ビニル絶縁電線〔DV〕を除く）とされています。

	使用電圧300V以下	使用電圧300V超
電線と造営材との距離	2.5cm以上	4.5cm以上（乾燥した場所では2.5cm以上）
支持点間の距離	2m以下 （造営材の上面または側面に沿って取り付ける場合）	

6 弱電流電線・ガス管等との離隔 A

低圧屋内配線の周囲には**電話線**等の弱電流電線のほか、ガス管や水道管等の金属体が一般に施設されており、これらに漏電すると、さまざまな障害を引き起こすことになります。そこで電技解釈第167条では、低圧配線とこれらのものとの**離隔距離**を次のように定めています。

がいし引き工事の場合	10cm以上（電線が裸電線〔▶P.140〕の場合は30cm以上）
がいし引き以外の工事の場合	低圧配線が弱電流電線またはガス管等と接触しないように施設すればよい

> ２種金属製線ぴの内部で電線に接続点を設ける場合は省略できません。

用語

がいし（碍子）

電線を絶縁し支持するための工事用材料で、陶磁器製のものが一般的。

プラスワン

がいし引き工事では特殊な場合（電線の被覆絶縁物が腐食する場所や取扱者以外の者が出入りできないよう措置した場所に施設する場合等）に、裸電線の使用が認められている。

押えドコロ ダクト・線ぴ工事のポイント

● 金属ダクト、フロアダクト、２種金属製線ぴの内部
⇒ 一定の場合、電線に接続点を設けることができる
● 金属ダクト工事・フロアダクト工事 ⇒ 接地工事の省略ができない

Key Point			できたら チェック ☑
ケーブル工事	☐	1	造営材の下面または側面に沿ってケーブルを取り付ける場合、支持点間の距離は2m以下とする。
	☐	2	ケーブル工事では、防護装置として用いる金属管や金属製のボックスなどに接地を施す必要があり、接地工事の省略は認められない。
金属ダクト工事	☐	3	電線を分岐する場合であって、その接続部分を容易に点検できるようにするならば、金属ダクト内に接続点を設けることができる。
	☐	4	金属ダクトを造営材に取り付ける場合は、支持点間の距離を常に2m以下とする必要がある。
フロアダクト工事	☐	5	フロアダクトは床に埋め込んで施設するものなので、フロアダクト内に電線の接続点を設けることは認められない。
	☐	6	フロアダクトにはD種接地工事を行わなければならず、省略が認められる場合はない。
ライティングダクト工事	☐	7	ライティングダクトの開口部は下に向けるのが原則であるが、一定の場合には上に向けて施設することもできる。
	☐	8	ライティングダクトの導体に電気を供給する電路では、簡易接触防護措置を施していない場合、漏電遮断器の省略はできない。
	☐	9	ライティングダクトにはD種接地工事を行うこととされているが、一定の場合には省略することができる。
金属線ぴ・がいし引き工事	☐	10	金属線ぴ工事において1種金属製線ぴを使用するときは、一定の場合に線ぴ内に電線の接続点を設けることができる。
弱電流電線・ガス管等との離隔	☐	11	ケーブル工事による低圧屋内配線において、ケーブルがガス管と接近する場合の工事方法として適切なのは、次のイ〜ハのうち口である。 イ．ガス管と接触しないように施設すること ロ．ガス管との離隔距離を10cm以上とすること ハ．ガス管との離隔距離を30cm以上とすること

解答・解説

1.○　2.× 使用電圧300V以下の一定の場合にD種接地工事の省略が認められている。　3.○　4.× 2mではなく3m以下（一定の場合は6m以下）でよい。　5.× 金属ダクトの場合と同様、電線を分岐する場合で接続部分を容易に点検できるようにするならば、フロアダクト内にも電線の接続点を設けることができる。　6.○　7.× 一定の場合に横に向けて施設することができるが、上向きは認められていない。　8.○　9.○　10.× 1種ではなく、2種金属製線ぴを使用する場合である。　11.× 電技解釈では、がいし引き工事以外の低圧屋内配線工事については、低圧配線が弱電流電線またはガス管等と接触しないように施設することと定めているので、イが適切である。ロは、がいし引き工事（裸電線以外を使用）の場合の離隔距離である。ハは、がいし引き工事（裸電線を使用）の場合の離隔距離である。

Lesson 6

ネオン放電灯その他の工事

Lessonのポイント
このレッスンでは、ネオン放電灯工事のほか、小勢力回路、ショウウィンドー内の配線、メタルラス張り等の造営物への施設、三相200Vエアコンの取り付けについて学習します。いずれもここまで学習してきた内容の応用問題といえます。

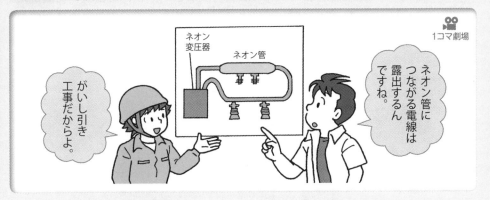

1コマ劇場

ネオン変圧器

ネオン管

ネオン管につながる電線は露出するんですね。

がいし引き工事だからよ。

1 ネオン放電灯工事 **A**

　ネオン放電灯は、管内に封入した各種の気体による発光を利用したグロー放電による放電灯です。**高電圧を必要とする**ため、**簡易接触防護措置**を施すとともに、漏電や感電などの**危険のおそれがないように施設する**こととされています。ここでは、試験によく出題される**使用電圧**1,000V超のネオン放電灯工事について学習しましょう。

（1）ネオン変圧器

　放電灯用変圧器として、ネオン変圧器（ネオントランス）を使用します。ネオン管の点灯に必要な**高電圧を発生させる**ための変圧器（電圧の大きさを変化させる機器）であり、その外箱には**D種接地工事**を施すこととされています。

（2）電源回路（1次側回路）

　ネオン変圧器までの**電源回路**には、20A配線用遮断器または**15A過電流遮断器**（ヒューズ）を設置しなければなりません。回路はネオン放電灯の専用回路としてもよいし、

照明器具の種類
▶P.128

✂ **用語**

グロー放電
低圧の気体中で生じる、発光（グロー）を伴う放電現象。

➕ **プラスワン**

■ネオン変圧器

電灯や小形機械器具との**併用**の回路でもかまいません。

（3）管灯回路（2次側回路）

がいし引き工事
▶P.199

ネオン変圧器からの**管灯回路**は、がいし引き工事とし、展開した場所または点検できる隠ぺい場所に施設することとされています。電線にはネオン電線を使用し、展開した場所で技術上やむを得ない場合を除き、**造営材の側面または下面**に取り付けなければなりません。電線の**支持点間の距離は1m以下**、**電線相互の間隔は6cm以上**とし、**放電管（ネオン管）**を造営材と接触しないように施設します。

■管灯回路（2次側回路）の施工例

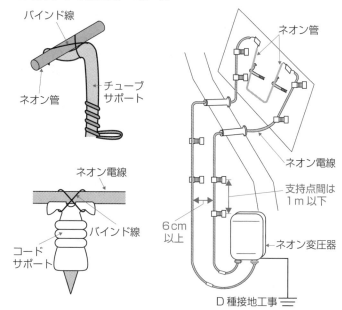

用語

ネオン電線
ネオン変圧器からの管灯回路（高圧側の配線）に用いるための電線。
コードサポート
ネオン電線を支持するためのがいし。
チューブサポート
ネオン管を支持するためのがいし。
バインド線
がいしに電線などをくくり付けるために用いる金属線。

2 小勢力回路

小勢力回路とは、玄関のインターホンや警報ベルなどに接続する電路であって、最大使用電圧が60V以下のものをいいます。電圧が低いうえ、使用電圧によって電流の大きさが制限されており（▶次ページの表）、**危険度が低い**ため、

一般の低圧電線とは異なる簡易な工事方法が定められています。

■小勢力回路の使用電流と過電流遮断器の定格電流

最大使用電圧の区分	使用電流	過電流遮断器の定格電流
15V以下	5A以下	5A
15Vを超え30V以下	3A以下	3A
30Vを超え60V以下	1.5A以下	1.5A

　小勢力回路の電線を造営材に取り付けて施設する場合には、電線として**コード**、**ケーブル（キャブタイヤケーブルを含む）**のほか、一定の条件に適合した**絶縁電線**や**通信用ケーブル**を使用することができます。また、小勢力回路の電路においては、**漏電遮断器**の**省略**が認められます。

プラスワン

電技解釈第181条により、電線を造営材に取り付ける場合のほかに、地中埋設、架空配線等の場合についても工事方法が定められている。

第4章 電気工事の施工方法

3 ショウウィンドー内の配線

　ショウウィンドーやショウケース内の低圧屋内配線については、**外部から見えやすい箇所**に限り、次の①～⑥によって施設すれば、コードまたはキャブタイヤケーブルを**造営材に接触**して施設することができます。

①ショウウィンドーまたはショウケースは、乾燥した場所に施設し、内部を**乾燥した状態**で使用すること

②配線の**使用電圧は300V以下**であること

③電線は**断面積0.75㎟以上のコードまたはキャブタイヤケーブル**であること

④電線は、乾燥した木材、石材その他これに類する絶縁性のある造営材に、その被覆を損傷しないように、**適当な留め具**によって**1m以下**の間隔で取り付けること

⑤電線には、電球または器具の重量を支持させないこと

⑥ショウウィンドーまたはショウケース内の配線またはこれに接続する移動電線と、他の低圧屋内配線との接続には、**差込接続器**（コンセント）その他これに類する器具を用いること

コードを使用して造営材に接触して施設する配線工事は、安全度が劣るため、一般の配線では認められませんね。

ショウウィンドーなどは美観上からやむを得ない場合もあるし、比較的安全度の高い箇所に限れば支障もないので特別に認められています。

メタルラス（鉄板を網状に加工したもの）、ワイヤラス（鉄線を網状に加工したもの）または金属板などの**導電性**の材料を壁面等に使用した木造の造営物では、金属管工事その他の配線工事を施設する場合、**絶縁が不十分**であると**漏電事故**の原因となり危険です。そこで電技解釈第145条では、**メタルラス張り等の木造造営物における施設**について、次のように定めています。

（1）メタルラス張り等の造営材を貫通する場合

金属管工事、金属製可とう電線管工事、金属ダクト工事、バスダクト工事またはケーブル工事により施設する電線がメタルラス張り、ワイヤラス張り、金属板張りの造営材を**貫通する**場合は、その部分のメタルラス、ワイヤラスまたは金属板を**十分に切り開き**、その部分の金属管、可とう電線管、金属ダクト、バスダクトまたはケーブルに、**耐久性のある絶縁管**をはめるか、または耐久性のある**絶縁テープ**を巻くことによって、メタルラス、ワイヤラス、金属板と電気的に接続しないように施設すること。

■ **メタルラス張り等の造営材への貫通施工例**

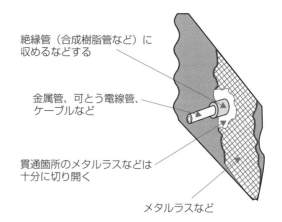

絶縁管（合成樹脂管など）に収めるなどする

金属管、可とう電線管、ケーブルなど

貫通箇所のメタルラスなどは十分に切り開く

メタルラスなど

用語

金属板
主に亜鉛めっき鉄板またはアルミ板などであって、屋内の壁や天井または屋外の壁や屋根の仕上げ材として用いる。

金属板を使用した板状の外壁材を、「金属系サイディング」といいます。サイディングとは板状外壁材の総称です。

プラスワン

耐久性のある絶縁管として、合成樹脂管などが用いられる。

(2) メタルラス張り等の造営物上に配線する場合

　金属管やプルボックスその他の金属製の工事用材料は、メタルラス、ワイヤラスまたは金属板と**電気的に接触する**ことがないよう、十分に絶縁すること。

5　三相200Vエアコンの取り付け　A

　第2章レッスン1で学習した通り（●P.77）、電技解釈第143条は、**住宅の屋内電路の対地電圧を原則150V以下に制限**しつつ（**対地電圧の制限**）、**定格消費電力**2kW以上の電気機械器具とこれに電気を供給する屋内配線を一定の条件のもとに施設する場合には、対地電圧を300V以下とすることを認めています。近年は、三相200Vエアコンを一般家庭でも設置する例が増えており、**対地電圧200V**となることから（●P.80）、対地電圧の制限を超える必要があります。そこで、定格消費電力2kW以上のエアコンを三相200V回路で使用する際に対地電圧を300V以下とするための条件をまとめておきましょう。

(1) エアコンと屋内配線に簡易接触防護措置を施すこと

　エアコンに電気を供給する**屋内配線**および**エアコン自体**に**簡易接触防護措置**（●P.170）を施します。ただしエアコンについては、次の①または②の場合は施す必要がありません。

①エアコンの簡易接触防護措置を施さない部分が、絶縁性のある材料で堅ろうにつくられたものである場合

②エアコンを乾燥した木製の床その他これに類する絶縁性のものの上でのみ取り扱うように施設する場合

(2) エアコンを屋内配線と直接接続すること

　エアコンに電気を供給する屋内配線と**直接接続**しなければなりません。**コンセント**による接続は**禁止**です。

(3) 専用の開閉器および過電流遮断器を施設すること

　エアコンに電気を供給する電路に、専用の**開閉器**および**過電流遮断器**を施設します。ただし、過電流遮断器として

用語

定格消費電力
その電気機械器具のすべての機能を使用した場合に消費する電力の値。

要するに(1)～(4)の条件をクリアすれば、三相200Vのエアコンを住宅に取り付けることができるんだね。

エアコンに電気を供給する屋内配線は、そのエアコンのみに電気を供給するものでなければなりません。

配線用遮断器を使用する場合は、開閉器の役割も兼ねるので（○P.135）、**配線用遮断器のみ**とすることができます。

（4）漏電遮断器を施設すること

なお、専用の**過負荷保護付漏電遮断器**を施設した場合は(3)と(4)の条件を同時に満たすことになります。

エアコンに電気を供給する屋内配線は、金属管工事や合成樹脂管工事、ケーブル工事によって施工することができます。

例題1 住宅の屋内に三相200Vのルームエアコンを施設した。工事方法として、最も適切なものはどれか。ただし、三相電源の対地電圧は200Vで、ルームエアコンおよび配線は簡易接触防止措置を施して施設するものとする。

イ. 定格消費電力が1.5kWのルームエアコンに供給する電路に、専用の配線用遮断器を取り付け、合成樹脂管工事で配線し、コンセントを使用してルームエアコンと接続した。

ロ. 定格消費電力が1.5kWのルームエアコンに供給する電路に、漏電遮断器を取り付け、合成樹脂管工事で配線し、ルームエアコンと直接接続した。

ハ. 定格消費電力が2.5kWのルームエアコンに供給する電路に、専用の配線用遮断器を取り付け、金属管工事で配線し、コンセントを使用してルームエアコンと接続した。

ニ. 定格消費電力が2.5kWのルームエアコンに供給する電路に、専用の配線用遮断機と漏電遮断器を取り付け、ケーブル工事で配線し、ルームエアコンと直接接続した。

答 イとロは定格消費電力が2kW以上ではないので、対地電圧を300V以下とすることができず、不適切である。ハはルームエアコンに電気を供給する配線とルームエアコンをコンセントで接続しており、直接接続していないので不適切。ニは専用の配線用遮断機と漏電遮断器をともに取り付け、配線とルームエアコンを直接接続しているので適切。 ∴正解はニ

◉ 押えドコロ **ネオン放電灯その他の工事のポイント**

- ネオン放電灯の管灯回路の配線は、がいし引き工事
- メタルラス等と金属管等とは電気的に接続しないようにする
- 三相200Vエアコン
  - 定格消費電力は2kW以上
  - 配線と直接接続する（コンセントは禁止）

確認テスト

Key Point	できたら チェック ☑
ネオン放電灯 工事	☐ **1** 屋内の管灯回路の使用電圧が1,000Vを超えるネオン放電灯工事として不適切なものは、次のイ〜ハのうち、ロである。 イ．ネオン変圧器への100V電源回路は、専用回路とし、20A配線用遮断器を設置した。 ロ．ネオン変圧器の2次側（管灯回路）の配線をがいし引き工事により施設し、弱電流電線との離隔距離を5cmとした。 ハ．ネオン変圧器の2次側（管灯回路）の配線にネオン電線を使用し、がいし引き工事により電線の支持点間距離を1mとした。
メタルラス張り 等の造営物への 施設	☐ **2** 木造住宅の金属板張りの外壁（金属系サイディング）を貫通する部分の低圧屋内配線として適切なものは、次のイ〜ハのうち、ハである。 イ．金属管工事とし、壁に小径の穴を開け、金属板張りの外壁と金属管とを接触させて金属管を貫通施工した。 ロ．金属製可とう電線管工事とし、貫通部分の金属板張りの外壁を十分に切り開き、金属製可とう電線管を壁と電気的に接続した。 ハ．ケーブル工事とし、貫通部分の金属板張りの外壁を十分に切り開き、VVRケーブルを合成樹脂管に収めて貫通施工した。
三相200V エアコンの 取り付け	☐ **3** 店舗付き住宅の屋内に三相3線式200V、定格消費電力2.5kWのルームエアコンを施設した。このルームエアコンに電気を供給する電路の工事方法として適切なものは、次のイ〜ハのうち、ロである。 イ．専用の過電流遮断器を施設し、合成樹脂管工事で配線し、コンセントを使用してルームエアコンと接続した。 ロ．専用の電磁接触器を施設し、金属管工事で配線し、ルームエアコンと直接接続した。 ハ．専用の漏電遮断器（過負荷保護付）を施設し、ケーブル工事で配線し、ルームエアコンと直接接続した。

解答・解説

1.○ ロについて、管灯回路はがいし引き工事なので、弱電流電線との離隔距離を10cm以上としなければならず（▶P.100）、5cmでは不適切である。イとハは適切。　**2**.○ イは金属板張りの外壁と金属管とを接触させているので不適切。ロも金属板張りの外壁と金属製可とう電線管を電気的に接続させているので不適切。ハは金属板張りの外壁を十分に切り開き、ケーブルを合成樹脂管（耐水性のある絶縁管）に収めて金属板と電気的に接続しないように施設しているので適切。　**3**.× ロの電磁接触器とは、電動機の遠隔操作等を行うための電磁開閉器の一部であり（▶P.135）、不適切である。イはコンセントを使用しているので不適切。ハは過負荷保護付きの漏電遮断器によって過電流遮断器と漏電遮断器を両方施設していることになり、適切である。

Lesson 7 接地工事

ここでは接地工事の目的と種類、接地抵抗値と接地線の太さ、機械器具の接地とその省略について学習します。試験に出題されるのはD種接地工事がほとんどです。また、接地工事の省略についてはレッスン3〜5の内容と合わせて出題されます。

電流が漏れていても、接地線を通って大地に流れます。

接地工事をすれば安心！

1コマ劇場

1 接地工事とその目的 B

接地線は、アース線ともいいます。

プラスワン

漏電による火災や機器の損傷を防ぐために変圧器の低圧側の中性点または1端子に接地を施し、高圧の電流が大地に流れるようにする工事のことをB種接地工事という（B種はほかの接地工事とは目的が異なる）。

　電気設備と大地を導線（接地線）によって**電気的に接続**することを接地といい、接地線の端子の役割を担う部分を接地極といいます。接地工事とは、接地線に接地極を接続して、**地中に埋設**する工事をいいます。**接地工事の目的**は人間や家畜に対する感電事故の防止または漏電による火災や機器の損傷を防ぐことにあります。漏電したときに人が触れると、電流が人体を通って大地に流れ感電してしまいますが、接地工事を施していれば抵抗値の大きい人体よりも、抵抗値の小さい接地線に電流が流れるため感電の危険性が減少します。

■接地工事の例

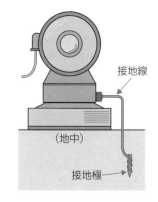

接地線

（地中）

接地極

2 接地工事の種類と接地抵抗値 A

（1）接地線の太さと接地抵抗値

接地線の断面積が**大きいほど接地抵抗値**（大地との間の抵抗値）は**小さくなり**、電流が大地に流れやすくなるので接地工事の効果は大きくなります。電技解釈第17条では接地工事をA種〜D種の4種類に分け、その種類ごとに、**接地抵抗値**および**接地線（軟銅線）**の太さを次の表のように定めています。

導線の断面積と抵抗値の関係 ▶P.44〜45

試験に出題されるのはD種接地工事がほとんどです。

	接地抵抗値	接地線の太さ（直径）
A種	10Ω以下	2.6mm以上
B種	一定の値はなく、場合によって計算で求める	4mm以上（2.6mm以上でよい場合もある）
C種	10Ω以下（500Ω以下でよい場合もある）	1.6mm以上
D種	100Ω以下（500Ω以下でよい場合もある）	1.6mm以上

C種および**D種**接地工事の**接地抵抗値**については、低圧回路において、その電路に地絡を生じたとき0.5秒以内に自動的に電路を遮断する漏電遮断器を施設した場合には、500Ω以下でよいとされています。

> **例題1** 工場の三相200V三相誘導電動機の鉄台に施設した接地工事の接地抵抗値を測定し、接地線（軟銅線）の太さを検査した。「電気設備の技術基準の解釈」に適合する接地抵抗値〔Ω〕と接地線の太さ（直径〔mm〕）の組合せとして適切なものはどれか。ただし電路に施設された漏電遮断器の動作時間は0.1秒とする。
>
> イ. 100Ω ロ. 200Ω ハ. 300Ω ニ. 600Ω
>   1.0mm   1.2mm   1.6mm   2.0mm
>
> **答** 使用電圧300V以下なのでD種接地工事を施すことになる。接地線（軟銅線）の太さは直径1.6mm以上でなければならず、イとロは不適切。また動作時間0.1秒（＝0.5秒以内に自動的に電路を遮断）の漏電遮断器を施設していることから接地抵抗値は500Ω以下であり、ニは不適切。 ∴適切なものは、ハである。

用語

A種接地工事
高圧用や特別高圧用機器の金属製外箱等の接地など、高電圧の侵入のおそれがあり危険度の高い場合に施す接地工事。
B種接地工事
▶P.208
「プラスワン」
C種接地工事
使用電圧300V超の低圧用機器の金属製外箱等の接地など、漏電による感電の危険度の大きい場合に施す接地工事。
D種接地工事
使用電圧300V以下の低圧用機器の金属製外箱等の接地など、漏電の際に簡単なものでも接地工事を施せば感電等の危険を減らせる場合に施す接地工事。

第4章 電気工事の施工方法

（2）移動用機器の接地線

　電気ドリルや電動式ねじ切り機など、移動して**使用**する電気機械器具の**金属製外箱等**に**C種**または**D種**の接地工事を施す場合、可とう性を必要とする部分には、次のいずれかを**接地線**として使用しなければなりません。

①**多心コード**（または多心キャブタイヤケーブル）の**1心**であって、**断面積**0.75㎜²以上のもの

②可とう性を有する**軟銅より線**であって、**断面積**1.25㎜²以上のもの

（3）接地工事を施したものとみなされる場合

　C種または**D種**接地工事について、次の場合は**接地工事を施したものとみなす**ことになっているので、実際に接地工事をする必要がありません。

①**C種接地工事**を施す**金属体**と大地との間の電気抵抗値が**10Ω以下**である場合

②**D種接地工事**を施す**金属体**と大地との間の電気抵抗値が**100Ω以下**である場合

　鉄骨または鉄筋コンクリート造りの建築物内の機械器具や配線付属品などの金属体は、あえて接地工事を施さなくても、建物の鉄骨等と電気的に接続しておけば低い抵抗値に保たれると考えられるからです。

3　機械器具の接地とその省略　　A

（1）機械器具の金属製外箱等の接地

　電路に施設する**機械器具の金属製外箱等**には、原則として、使用電圧の区分に応じて次のように接地工事を施さなければなりません。

機械器具の使用電圧の区分		接地工事の種類
低圧	300V以下	D種接地工事
	300V超過	C種接地工事
高圧または特別高圧		A種接地工事

低圧、高圧または
特別高圧の区分
▶P.76

用語

金属製外箱等
電路に施設する機械
器具の金属製の外箱
および台を指す場合
のいい方。

（2）接地の省略

　電気機械器具では一般に通電部分と金属製の外箱や台との間は絶縁されていますが、絶縁が劣化してこれらの部分に漏電して危険を生じることがあるため、（1）のように接地を施すことが定められています。しかし、漏電していても**危険が少ない場合**もあることから、電技解釈第29条では工事を簡略化するため、次のいずれかに該当する場合には**接地工事**の**省略**を認めることとしています。

① **対地電圧150V以下**の**機械器具を**乾燥した場所に**施設する場合**

　三相200Vエアコンは対地電圧が200Vなので（◯P.80）、①を理由とする省略はできないことに注意しましょう。

② **低圧用の機械器具を**乾燥した木製の床など絶縁性のものの上で取り扱うように**施設する場合**

　対地電圧150V超であっても低圧用の機械器具であれば対象となります。絶縁性のものとは、木製の床や石などで乾燥したものをいい、**コンクリートの床は含まれない**ことに注意しましょう。

③ **電気用品安全法の適用を受ける**二重絶縁**の構造の機械器具を施設する場合**

　感電防止のために二重絶縁されたものは電気用品安全法で接地端子の省略が認められています。

④ **低圧用の機械器具に電気を供給する電路の電源側に**絶縁変圧器**（2次電圧300V以下、容量3kV・A以下のものに限る）を取り付け、その負荷側の電路を接地しない場合**

　絶縁変圧器の2次側電路に接続される負荷が大容量のものである場合などには電撃を受けることがあるため、絶縁変圧器の容量を3kV・A以下に限定しています。

⑤ **水気のある場所以外の場所に施設する低圧用の機械器具に電気を供給する電路に**漏電遮断器**（定格感度電流15mA以下、動作時間0.1秒以下の電流動作型のものに限る）を施設する場合**

電技解釈第29条ではこのほかにも接地工事の省略を認める場合を定めていますが、試験対策として重要なものだけを学習します。

コンクリートは、水分を含んでいるので電気を通す。そのため、接地を省略できない。

用語

絶縁変圧器
ある交流回路と別の交流回路との間を、電気的に絶縁するために用いる変圧器。
定格感度電流
通常の使用状態においてその漏電遮断器が必ず遮断動作をする地絡電流の値。

第4章
電気工事の施工方法

水気のある場所以外の場所という点が重要です。**水気のある場所では、たとえ上記の漏電遮断器を施設しても接地工事の省略はできません。**

　なお、本章のＬ３～Ｌ５では**工事の種類**ごとに接地工事の省略が認められる場合を学習してきましたが、試験ではこれらも合わせて出題されますので、しっかり復習しておきましょう。

　例題2　Ｄ種接地工事を省略できないものは次のうちどれか。ただし、電路には定格感度電流15mA以下、動作時間0.1秒以下の電流動作型の漏電遮断機が取り付けられているものとする。

イ. 乾燥した場所に施設する三相200V（対地電圧200V）の動力配線の電線を収めた長さ３ｍの金属管。

ロ. 水気のある場所のコンクリートの床に施設する三相200V（対地電圧200V）の誘導電動機の鉄台。

ハ. 乾燥した木製の床の上で取り扱うように施設する三相200V（対地電圧200V）の空気圧縮機の金属製外箱部分。

ニ. 乾燥した場所に施設する単相3線式100/200V（対地電圧100V）の配線の電線を収めた長さ７ｍの金属管。

　答　イ. 金属管については、管の長さが４ｍ以下のものを乾燥した場所に施設する場合、Ｄ種接地工事を省略できる。ロ. たとえ設問のような漏電遮断器を取り付けたとしても、水気のある場所では接地工事の省略はできない。ハ. 対地電圧150V超でも、低圧用の機械器具を乾燥した木製の床など絶縁性のものの上で取り扱うように施設する場合は接地工事を省略できる。ニ. 対地電圧150V以下の場合、長さ８ｍ以下の金属管を乾燥した場所に施設するときはＤ種接地工事を省略できる。
∴正解はロ

金属管のＤ種接地工事が省略できる場合●P.186

◆》**押えドコロ**　**接地工事のポイント**

- Ｄ種接地工事：接地抵抗値は原則100Ω以下、接地線は直径1.6㎜以上
- 木製の床上ならば接地を省略できる（コンクリート床は含まない）
- 水気のある場所では漏電遮断機を施設しても接地を省略できない

確 認 テ ス ト

Key Point			できたら チェック ☑
接地工事と その目的	☐	1	接地工事は、人畜に対する感電事故の防止、または漏電による火災や機器損傷の防止を目的としている。
接地工事の種類 と接地抵抗値	☐	2	D種接地工事の場合、接地抵抗値は100Ω以下（500Ω以下でよい場合もある）、接地線の太さは直径2.6㎜以上でなければならない。
	☐	3	C種、D種接地工事の接地抵抗値については、動作時間0.5秒以内の漏電遮断器を施設した場合は500Ω以下でよいとされている。
	☐	4	単相100V移動式の電動ドリルの接地線として、多心コードの断面積0.75㎟の1心を使用することができる。
機械器具の接地 とその省略	☐	5	電路に施設する機械器具の金属製外箱等には、使用電圧が300V以下の場合にはC種、300V超の場合にはD種の接地工事を施す。
	☐	6	乾燥したコンクリートの床に施設する三相200Vのルームエアコンの金属製外箱部分については、D種接地工事を省略できる。
	☐	7	単相100Vの電動機を水気のある場所に設置し、定格感度電流15mAで動作時間0.1秒の電流作動型漏電遮断器を取り付けた場合は、D種接地工事を省略することができる。
	☐	8	1次側200V、2次側100V、3kV·Aの絶縁変圧器（2次側非接地）の2次側電路に電動丸のこぎりを接続した場合、その金属製外箱についてはD種接地工事を省略することができる。
	☐	9	簡易接触防護措置を施した（人が容易に触れるおそれがない）乾燥した場所に施設する低圧屋内配線工事で、D種接地工事を省略できないものは、次のイ～ハのうち、ロである。 イ．三相3線式200Vの合成樹脂管工事に使用する金属製ボックス ロ．単相100Vの電動機の鉄台 ハ．三相3線式200Vの金属管工事で電線を収める10mの金属管

解答・解説

　1.○　**2**.× D種接地工事の接地線の太さは直径1.6㎜以上である。　**3**.○　**4**.○ 使用電圧300V以下なのでD種接地工事であり、移動用機器の接地線として、多心コードの1心で断面積0.75㎟以上のものを使用することは適切である。　**5**.× 使用電圧300V以下の場合がD種、300V超の場合がC種。　**6**.× 絶縁性のものの上に施設する場合は省略できるが、コンクリートの床はこれに含まれない。　**7**.× 設問の漏電遮断器を取り付けたとしても、水気のある場所では接地工事の省略はできない。　**8**.○ 2次側100V（＝2次電圧300V以下）で容量3kV·A以下の絶縁変圧器（2次側非接地）なので省略できる。　**9**.× イ．合成樹脂管工事におけるD種接地工事は乾燥した場所であれば省略できる。ロ．対地電圧150V以下なので、乾燥した場所であれば省略できる。ハ．対地電圧200Vなので長さ4m以下でなければ省略できない（▶P.186）。
∴正解はハ

第4章
電気工事の施工方法

Lesson 8 電線の接続

Lessonの ポイント
第4章の最後に電気工事の基本中の基本といえる電線の接続について学習します。電線接続の基本的条件が特に重要です。また最近では一般問題でもリングスリーブの圧着マークや、接続箇所の絶縁処理に関する出題がみられます。

1コマ劇場

あ、「中」という文字が刻まれてる!

それが圧着マークというものよ。

1　電線接続の基本的条件　A

電線の接続が適切に行われないと、**強度不足による断線**が生じるだけでなく、電線相互の**接触抵抗の増加**によって接続部分が過熱し、**火災を招く**危険性があります。このため、電線接続の際には適正な接続材料と工具を使用して、確実な接続を行う必要があります。電技解釈第12条では**電線接続の基本的条件**とされる接続方法をいくつか定めています。重要なものは次の(1)〜(4)です。

(1) 電線の電気抵抗を増加させないように接続すること

電線の接続部分の電気抵抗値がほかの部分よりも増加しないようにする必要があります。たとえ数%でも抵抗値を増加させてはなりません。

(2) 電線の引張強さを20%以上減少させないこと

物理的な外力で電線が引っ張られたとき接続部分が弱点とならないようにするためです。引張強さの異なる電線を接続するときは、引張強さが小さいほうの電線を基準にし

接触抵抗
●P.41

＋プラスワン

接続部分の断面積が単線1本の断面積よりも大きくなれば、電気抵抗値は増加しない。

て20%以上減少させないようにします。

（3）接続部分には接続管その他の器具を使用するか、または ろう付けをすること

接続管その他の器具とは**圧着スリーブ、差込形コネクタ**などの接続用材料のことです。**ろう付け**とは、はんだ付けのことです。

（4）接続部分は電線の絶縁物と同等以上の絶縁効力のある もので十分に被覆すること

絶縁電線相互または絶縁電線とコード、ケーブル（キャブタイヤケーブルを含む）とを接続する場合は、接続部分の電線の絶縁物と同等以上の絶縁効力のある**接続器**を使用するか、または同等以上の**絶縁効力のあるもの**（一般にはビニルテープなどの**電気絶縁用テープ**を用いる）で十分に被覆しなければなりません（○P.217）。

2 圧着スリーブ　　　　　　　A

（1）直線接続と終端接続

図1のように電線相互を突き合わせたり重ね合わせたりして、**直線的に接続する方法**を直線接続といい、図2のように電線の**終端を同じ方向に重ね合わせて接続**する方法を終端接続といいます。圧着スリーブには、**直線接続**に用いる**B形**（突き合わせ用）、**P形**（重ね合わせ用）、**終端接続**に用いる**E形**（リングスリーブ）があります。

■図1　直線接続

（B形〔突き合わせ用〕）

（P形〔重ね合わせ用〕）

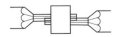

■図2　終端接続

（E形〔リングスリーブ〕）

用語

差込形コネクタ
導線を差し込むだけで接続できる接続用材料。ボックス内での接続に用いる。

はんだ付け
はんだ（すずなどの合金）をはんだごての熱で溶かして電線等の接合部分に流し込み、これを冷やして固めて電線等を接続する技法。
接続器
○P.143

➕ プラスワン

コード相互、キャブタイヤケーブル相互（断面積8mm²以上のものを除く）、ケーブル相互またはこれらのもの相互を接続する場合は、コードコネクタ、ボックス（○ P.149）等の器具を使用する。

（2）リングスリーブと圧着マーク

リングスリーブは「**小**」「**中**」「**大**」の３種類のサイズに分けられ、接続する電線の太さと本数によってどのサイズを使用するのか、下の表のように定められています。またリングスリーブを専用の工具（**圧着ペンチ**など）を用いて圧着すると（●P.166）、サイズを表す「**小**」「**中**」「**大**」の**刻印**がリングスリーブの表面に刻まれます。この刻印を、圧着マークといいます。なお、**直径1.6mm**の電線**２本**を接続するとき（小サイズのリングスリーブを使用）のみ、圧着マークが「○」と刻まれることに注意しましょう。

試験に出題されるのは「小」「中」の２種類のサイズなので、「大」は割愛します。

■使用するリングスリーブのサイズと圧着マーク

接続する電線の組合せ		サイズ	圧着マーク
電線の太さ（直径）	本　数		
1.6mm	2本	小	○
	3～4本	小	小
	5～6本	中	中
2.0mm	2本	小	小
	3～4本	中	中
1.6mm（1～2本）と 2.0mm（1本）		小	小
1.6mm（3～5本）と 2.0mm（1本） 1.6mm（1～3本）と 2.0mm（2本）		中	中

電線の太さというのは、導体の直径（または公称断面積）で表します。●P.98

例題1 低圧屋内配線工事で、600Vビニル絶縁電線（軟銅線）をリングスリーブ用の圧着工具とリングスリーブE形を使用して終端接続を行った。接続する電線に適合するリングスリーブの種類と圧着マーク（刻印）の組合せで、不適切なものはどれか。

イ．直径1.6mm２本の接続に、小スリーブを使用して圧着マークを「○」にした。

ロ．直径1.6mm１本と直径2.0mm１本の接続に、小スリーブを使用して圧着マークを「小」にした。

ハ．直径1.6mm４本の接続に、中スリーブを使用して圧着マークを「中」にした。

ニ．直径1.6mm１本と直径2.0mm２本の接続に、中スリーブを使用して圧着マークを「中」にした。

答 ハ. 直径1.6mm4本の接続の場合は、小スリーブ（小サイズのリングスリーブ）を使用して圧着マークを「小」にしなければならない。イ・ロ・ニは適切。 ∴不適切なものは、ハ

3 接続箇所の絶縁処理 **B**

電線接続の基本的条件の(4)（●P.215）より、絶縁電線等を接続するときは、接続器を用いる場合を除き、接続部分を電線の絶縁物と同等以上の**絶縁効力のあるもので十分に被覆**しなければなりません。これには電気絶縁用テープを使用しますが、テープの種類によって使用法（**巻き数**）が定められています。

■電気絶縁用テープの種類とその使用法

テープの種類	厚み	使用法（巻き数）
ビニルテープ	0.2mm	半幅以上重ねて2回以上（4層以上）巻く
黒色粘着性ポリエチレン絶縁テープ	0.5mm	半幅以上重ねて1回以上（2層以上）巻く
自己融着性絶縁テープ	0.5mm	
保護テープ	0.2mm	

たとえば太さ1.6mmのVVFケーブルの絶縁被覆の厚さは0.8mmなので、これにビニルテープ（厚み0.2mm）を使用する場合、2回（4層）巻くと、0.2mm×4＝0.8mm（電線の絶縁被覆と同じ厚さ）になるため、電線の絶縁物と同等以上の絶縁効力のあるもので十分に被覆したことになります。なお、電線の接続に差込形コネクタを使用した場合は、**電気絶縁用テープを巻く必要はありません。**

用語

保護テープ
自己融着性絶縁テープの上に保護用として巻くテープ。自己融着性絶縁テープは接着力がないので、ビニルテープまたは保護テープ（屋外の場合）を巻いて保護する必要がある。

プラスワン

圧着スリーブを電線の接続に用いた場合は電気絶縁用テープを巻く必要がある。

押えドコロ　電線の接続のポイント

- 電線の接続：**電気抵抗を増加させないこと**
　　　　　：**引張強さを20%以上減少させないこと**
- 直径1.6mmの電線2本を接続するときのみ、圧着マーク「○」
- 差込形コネクタによる接続 ⇒ 電気絶縁用テープは不要

Key Point	できたら チェック ☑
電線接続の 基本的条件	☐ 1 単相100Vの屋内配線工事における絶縁電線相互の接続で不適切なものは、次のイ〜ハのうち、ロである。 イ．絶縁電線の絶縁物と同等以上の絶縁効力のあるもので十分被覆した。 ロ．電線の引張強さが15%減少した。 ハ．電線の電気抵抗が5%増加した。
圧着スリーブ	☐ 2 低圧屋内配線工事で600Vビニル絶縁電線（軟銅線）をリングスリーブ用の圧着工具とリングスリーブE形を使用して終端接続を行った。接続する電線に適合するリングスリーブの種類と圧着マーク（刻印）の組合せで適切なものは、次のイ〜ハのうち、ハである。 イ．直径1.6mm1本と直径2.0mm1本の接続に、小スリーブを使用して圧着マークを「○」にした。 ロ．直径1.6mm2本と直径2.0mm1本の接続に、中スリーブを使用して圧着マークを「中」にした。 ハ．直径1.6mm4本の接続に、小スリーブを使用して圧着マークを「小」にした。
接続箇所の 絶縁処理	☐ 3 600Vビニル絶縁ビニルシースケーブル平形1.6mmを使用した低圧屋内配線工事で、電線相互の終端接続部分の絶縁処理として不適切なものは、次のイ〜ハのうち、ロである。 イ．リングスリーブで接続し、接続部分をビニルテープ（厚さ0.2mm）で半幅以上重ねて1回（2層）巻いた。 ロ．リングスリーブで接続し、接続部分を黒色粘着性ポリエチレン絶縁テープ（厚さ0.5mm）で半幅以上重ねて2回（4層）巻いた。 ハ．差込形コネクタで接続したが、接続部分に電気絶縁用テープを巻かなかった。

解答・解説

1．× イとロは適切（引張強さは20%以上減少させなければよいので、15%の減少ならば適切である）。これに対し、電線の電気抵抗は数%でも増加させてはならないので、ハが不適切。2．○ イの圧着マークは「小」でなければならず不適切。ロは小スリーブを使用して圧着マークを「小」にしなければならず不適切。ハは適切である。 3．× イは最低2回以上（4層以上）巻く必要があるので不適切である。ロの黒色粘着性ポリエチレン絶縁テープ（厚さ0.5mm）は最低1回以上（2層以上）巻くこととされているので、2回（4層）巻くことは不適切ではない。ハの差込形コネクタは、絶縁効力を兼ね備えた接続用材料なので、電気絶縁用テープによる絶縁処理を必要としない。

第5章

一般用電気工作物の検査方法

この章では、竣工検査（新増設検査）、接地抵抗の測定、絶縁抵抗の測定のほか、各種検査用の測定器（絶縁抵抗計、回路計、検電器、検相器、クランプ形電流計など）について学習します。試験でよく出題されるのは、絶縁抵抗の測定方法と絶縁抵抗値、各種測定器の名称と用途の組合せ問題などです。

Lesson 1

竣工検査・接地抵抗の測定

Lessonのポイント
電気工作物の新設・増設等の際に実施される竣工検査と、接地抵抗の測定について学習します。竣工検査の実施項目は必ず覚えましょう。また接地抵抗を測定する際に用いる接地抵抗計の取扱い方や具体的な測定の方法を確実に理解しましょう。

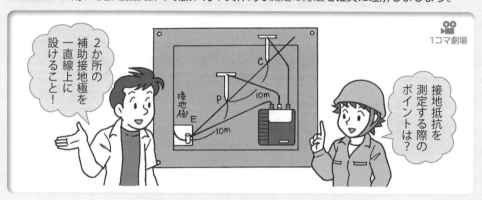

1コマ劇場

2か所の補助接地極を一直線上に設けること！

接地抵抗を測定する際のポイントは？

---

1 検査の種類

電気工作物は、その施設方法が不適切または不完全であると、漏電や感電、電気火災などの危険を招くおそれがあります。このため、**法令**や**電技解釈**などに基づいて、配線設備や電気機械器具等の施設を**検査**する必要があります。検査はその実施時期によって次の3種類に分かれます。

（1）竣工検査

電気工作物を**新たに設置**する工事や、増設・改修などの変更工事が完成したときに行う検査です。**新増設検査**ともいいます（◐P.221）。

（2）定期検査

現在使用中の電気工作物を引き続き使用していくうえで安全が保たれているかどうか定期的に調査する検査です。

（3）臨時検査

電気工作物に水がかかったり、漏電等の異常が認められたりした場合に臨時に行う検査です。

プラスワン

電気事業法により、竣工検査と定期検査は、電気の供給者である電力会社（またはその委託を受けた電気保安協会など）が行うこととされている。

定期検査は、原則として4年に1回とされています。

2 竣工検査（新増設検査） A

　竣工検査は、屋内配線工事の新設、増設等の工事が完成したとき、その施設の**使用開始前**に行う必要があります。一般に、次の①〜⑤の順序で検査を実施します（ただし、②と③はどちらを先に実施してもよい）。

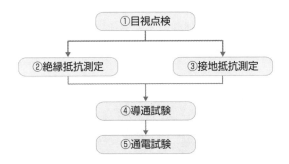

```
          ①目視点検
             │
      ┌──────┴──────┐
      ▼             ▼
 ②絶縁抵抗測定    ③接地抵抗測定
      └──────┬──────┘
             ▼
         ④導通試験
             ▼
         ⑤通電試験
```

（1）目視点検（①）

　配線設備や電気機械器具等について、法令や電技解釈などに適合するように施工しているか、主に**目で確認すること**によって点検します。

（2）絶縁抵抗測定（②）・接地抵抗測定（③）

　絶縁抵抗測定についてはレッスン2、接地抵抗測定については次ページ以降で学習します。

（3）導通試験（④）

　目視点検などで発見できない**断線の有無**などを、回路計（テスタ）を使って調査します。

〔導通試験の主な目的〕
- **器具への結線の未接続を発見**すること
- **電線の断線を発見**すること
- **回路の接続の正誤を判別**すること

（4）通電試験（⑤）

　配線や機器に**実際に通電**し、照明が点灯するか、機器が正常に作動するかなどを確認します（**試送電**ともいう）。

＋プラスワン

次の項目は竣工検査では実施しない。
- 絶縁耐力試験
- 温度上昇試験
- 屋内配線の導体抵抗の測定

用語

回路計（テスタ）
回路の導通状態を調べるときに使用する測定器。▶P.233

充電の有無（電圧が生じているかどうか）の確認は、導通試験の目的ではありません。

第5章 一般用電気工作物の検査方法

3 接地抵抗測定

A

（1）接地抵抗測定と接地抵抗計

接地抵抗とは、**接地極**と**大地**との間の抵抗をいいます。電技解釈によってA種〜D種の接地工事ごとに**接地抵抗値**が定められていることを学習しましたが（○P.209）、実際の接地抵抗値が電技解釈の定める値以下になっているかどうかを調べるのが接地抵抗測定です。この測定には、一般に**電池式**の接地抵抗計（**アーステスタ**）を用います。

■接地抵抗計（電池式）

電池式であっても、接地抵抗計の出力端子における電圧は、直流から交流への変換装置により**交流電圧**になっています。直流のまま用いると電流が流れにくくなって誤差を生じるからです。また測定前には接地抵抗計の**電池容量**が正常であることや、地電圧（漏えいした電流が地中を流れることによって生じる電圧）が許容値以下であることを確認しておく必要があります。地電圧が10Vを超えていると接地抵抗の測定値に誤差を生じる可能性があるからです。この場合は、**被測定接地極**（接地抵抗を測定する接地極）を使用している機器の電源を切るなどして、地電圧を低くしてから測定を行います。

（2）接地抵抗の一般的な測定方法

まず接地抵抗計に付属している**補助接地棒**を使用して、**被測定接地極**から**10m以上**の**間隔**で、2か所の**補助接地極**をほぼ一直線上に並ぶように設けます。

ダイヤルがついているタイプのものもありますが、補助接地棒と導線が付属していることから接地抵抗計であることがわかります。

右の接地抵抗計は指針形（アナログ形）ですが、ディジタル形のものもあります。

プラスワン

直流を用いると土中の水分で電気分解が起こり、電極に水素や酸素などの気体が発生して電流が流れにくくなる。

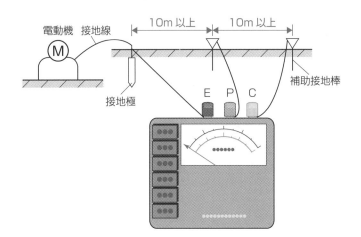

E→P→Cの順番に配置するんだね。

　接地抵抗計には3つの端子（**E**、**P**、**C**）が付いており、**被測定接地極**をE端子に接続し、E端子に**近いほう**の補助接地極を**P端子**（電圧測定用）に、**遠いほう**の補助接地極を**C端子**（電流測定用）に接続します。接地抵抗計に内蔵された電池によって電圧を加えた状態で**測定開始ボタン**を押し、指針のふれが止まったときの指示値を直読します。この値が接地抵抗値です。

（3）接地抵抗の簡易な測定方法

　D種接地工事の接地抵抗を測定する場合は、**建物の鉄骨等**を補助接地極として利用することができます。P端子、C端子ともに金属管に接続します。

指針の指示値から接地抵抗値を直読できることから、直読式接地抵抗計とも呼ばれます。

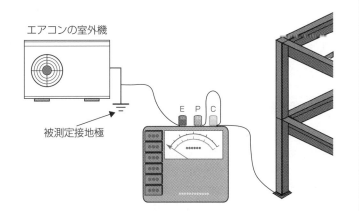

例題 1 接地抵抗計（電池式）に関する記述として、誤っているものはどれか。

イ．接地抵抗計には、指針形（アナログ形）とディジタル形のものがある。

ロ．接地抵抗計の出力端子における電圧は、直流電圧である。

ハ．接地抵抗測定の前には、接地抵抗計の電池容量が正常であることを確認する。

ニ．接地抵抗測定の前には、地電圧が許容値以下であることを確認する。

答 ロ．直流電圧では測定に誤差を生じるので、交流電圧に変換されている。イ、ハ、ニは正しい。　∴誤っているものは、ロ。

例題 2 直読式接地抵抗計を用いて、接地抵抗を測定する場合、被測定接地極Eに対する、2つの補助接地極P（電圧用）およびC（電流用）の配置として、最も適切なものはどれか。

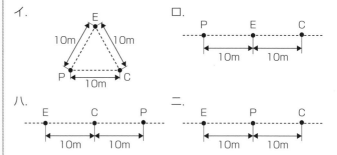

答 被測定接地極Eに近いほうから10m以上の間隔をあけて、2つの補助接地極をP、Cの順にほぼ一直線上に並ぶように設けることとされているので、ニが最も適切である。

プラスワン

例題 2 のイの配置は「コールラウシュブリッジ」と呼ばれる測定法を用いた場合のもの。正確な測定技術と計算を必要とするため、最近では用いられていない。

押えドコロ　竣工検査、接地抵抗測定のポイント

- **竣工検査**で実施する項目
  目視点検 → 絶縁抵抗測定・接地抵抗測定 → 導通試験 → 通電試験
- **接地抵抗測定**：接地抵抗計を使用 ⇒ 交流電圧で測定
  接地極はE→P→Cの順に10m以上の間隔で一直線上に配置

確認テスト

Key Point			できたら チェック ☑
検査の種類	☐	1	電気工作物の検査には、竣工検査（新増設検査）のほかに、定期検査および臨時検査がある。
竣工検査 （新増設検査）	☐	2	一般用電気工作物の低圧屋内配線工事が完了したときの検査で、一般に行われていないものは、次のイ〜ハのうち、ハである。 イ．目視点検 ロ．絶縁耐力試験 ハ．絶縁抵抗の測定
	☐	3	竣工検査で行う導通試験とは、配線や機器に実際に通電して、照明が点灯するか、機器が正常に作動するかなどを確認する試験をいう。
	☐	4	導通試験の目的として誤っているのは、次のイ〜ハのうち、イである。 イ．充電の有無を確認する。 ロ．器具への結線の未接続を発見する。 ハ．回路の接続の正誤を判別する。
接地抵抗測定	☐	5	電池式の接地抵抗計を使用する場合、直流電圧ではなく、交流電圧によって接地抵抗を測定する。
	☐	6	直読式接地抵抗計を用いて接地抵抗を測定する場合、被測定接地極Eに対する、2つの補助接地極P（電圧用）およびC（電流用）の配置として最も適切なものは、次のイ〜ニのうち、ロである。 イ． E　　P　　C　／　10m　10m ロ．E　　C　　P　／　10m　10m ハ．10m　C／E／10m　P／2m ニ．P　E　　　C　／　10m　10m

第5章

一般用電気工作物の検査方法

解答・解説

1．○ 2．× これは竣工検査において実施される項目を問う問題であり、イの目視点検、ハの絶縁抵抗の測定は行われる。これに対して、ロの絶縁耐力試験（絶縁物がどの程度の電圧に耐えられるかを確認する試験）は竣工検査の実施項目には含まれていない。 3．× これは導通試験ではなく、通電試験（試送電）の説明である。導通試験は、断線の有無などを回路計（テスタ）を使って調査する試験である。 4．○ イ．充電の有無を確認することは、導通試験の目的ではない。ロとハは正しい。 5．○ 直流電圧を用いると電流が流れにくくなって誤差を生じるので、交流に変換して測定する。 6．× 被測定接地極Eに近いほうから10m以上の間隔をあけて2つの補助接地極をP、Cの順にほぼ一直線上に並ぶように設ける。∴イが最も適切

Lesson 2

絶縁抵抗の測定

1コマ劇場

接地抵抗は小さいほどよく、絶縁抵抗は大きいほどいいのよ。

絶縁抵抗の単位はメガオーム「MΩ」なんだ！

1　絶縁抵抗値　　　A

（1）絶縁抵抗とは

　塩化ビニル、ポリエチレンなどの電気を通しにくい物体は、**不導体**または**絶縁体**と呼ばれますが、電気をまったく通さないわけではなく、実際にはわずかながら電流が流れます。この電流を漏れ電流といい、電線の**絶縁物**（**絶縁体**）**に加えた電圧**の値を、その電圧によって流れた**漏れ電流**の値で割ったものを絶縁抵抗といいます。第1章で学習した**オームの法則**を思い出しましょう（ ▶P.25）。

絶縁抵抗が大きくなると、漏れ電流の値は小さくなりますね。

用語

メガオーム〔MΩ〕
1 MΩ＝100万Ω。
絶縁抵抗はこのように極めて大きな値をとる。

絶縁物に加えた電圧〔V〕

漏れ電流〔A〕　絶縁抵抗〔Ω〕

　漏れ電流の値が大きいと感電や火災の原因になるため、**絶縁抵抗**はできるだけ**大きく**する必要があります。一般に絶縁抵抗の単位にはメガオーム〔MΩ〕を用います。

（2）電技が定める絶縁抵抗値

電技第58条（低圧の電路の絶縁性能）では、使用電圧が低圧の電路の**電線相互間**の**絶縁抵抗**、**電路と大地との間**の**絶縁抵抗**のいずれも、開閉器または過電流遮断器で区切ることのできる電路ごとに、次の表に示す値（規定値）を維持しなければならないとしています。

■ 電線相互間および電路と大地との間の絶縁抵抗値

電路の使用電圧の区分		絶縁抵抗値
300V以下	対地電圧150V以下 ● 単相2線式100V ● 単相3線式100/200V	0.1MΩ以上
	対地電圧150V超 ● 三相3線式200V	0.2MΩ以上
300V超	● 三相4線式400V	0.4MΩ以上

たとえば、単相3線式100/200V屋内配線の絶縁抵抗値は、**電線相互間**0.1MΩ以上、**電路と大地との間**も0.1MΩ以上でなければなりません。

（3）分岐回路ごとの測定を省略できる場合

絶縁抵抗は分岐回路の開閉器または過電流遮断器で区分された電路ごとに測定するのが原則ですが、電源側に最も近い**主幹開閉器（分電盤）**で測定した値が規定値以上であれば、それ以下の分岐回路での測定は必要ありません。

例題 1 低圧屋内配線の電路と大地間の絶縁抵抗を測定した。「電気設備に関する技術基準を定める省令」に適合していないものはどれか。

イ．単相3線式100/200Vの使用電圧200V電動機回路の絶縁抵抗を測定したところ、0.12MΩであった。

ロ．三相3線式の使用電圧200V（対地電圧200V）の電動機回路の絶縁抵抗を測定したところ、0.18MΩであった。

ハ．単相2線式の使用電圧100V低圧屋内配線の分電盤で各回路を一括して測定したところ、1.2MΩであったので個別の分岐回路の測定を省略した。

ニ．単相2線式の100Vの電灯分岐回路の絶縁抵抗を測定したところ、2.1MΩであった。

用語

電技
「電気設備に関する技術基準を定める省令」のこと。
● P.76
電路
● P.77

この表はよく出題されるので、確実に覚えましょう。

三相4線式400V
● P.80

単相3線式の場合
の対地電圧
▶P.78～79

絶縁抵抗計の目盛板
には「MΩ」の記号
がみえる。このため
絶縁抵抗計は「メガ
ー」とも呼ばれてい
る。

右の絶縁抵抗計は
指針形（アナログ
形）ですが、ディ
ジタル形のものも
あります。

端子E
⇒EARTH（大地）の
　頭文字
端子L
⇒LINE（電路）の
　頭文字

答 イ. 単相3線式100/200Vで使用電圧200Vの場合も
対地電圧は100V（150V以下）なので、絶縁抵抗値は0.1MΩ
以上でよい。ロ. 三相3線式200Vは対地電圧200V（150V
超）なので、絶縁抵抗値は0.2MΩ以上でなければならない。
0.18MΩは不適合。ハ. この場合の規定値は0.1MΩ以上であ
り、分電盤での測定で1.2MΩあるのだから、分岐回路ごとの測
定は省略できる。ニ. この場合の規定値は0.1MΩ以上なので、
2.1MΩは適合。　∴正解はロ

2　絶縁抵抗計　B

絶縁抵抗測定とは、各部分の絶縁抵抗の値が規定値以上
に維持されているかどうかを確認する検査です。この測定
には、絶縁抵抗計を用い
ます。一般的に**電池式の**
ものが使用されており、
内蔵の電池を電源として
印加（電圧を加えること）
します。その出力電圧は
直流電圧です。絶縁抵抗
計は**定格測定電圧**の大小
によって種類分けされて

■ 絶縁抵抗計

おり、**低圧の配線**や**電気機器**など一般の測定には定格測定
電圧**500V**のもの、**電子部品**を内蔵する回路の測定には定
格測定電圧**125V**のものというように、機器等を損傷させ
ることのない適正な種類の絶縁抵抗計を選定する必要があ
ります。また、測定前には絶縁抵抗計の**電池容量**が正常で
あることを確認しておかなければなりません。

絶縁抵抗計には**E**と**L**の**2つの端子**が付いており、これ
に**導線（リード線）**を接続して、絶縁を確かめようとする
場所の両側に接触させます。この状態で**印加**し、目盛板の
指針が指し示した値が**絶縁抵抗値**です。

3 絶縁抵抗の測定方法 B

絶縁抵抗の測定は、**電線相互間**、**電路と大地間**の2種類について行います。

(1) 電線相互間の絶縁抵抗（線間絶縁抵抗）の測定

まず、漏れ電流が絶縁抵抗計の印加によって生じるように、電源の開閉器は開けておかなければなりません。次に**電球や機器類をすべて取り外す**とともに、配線中の負荷側の**点滅器や手元開閉器を「入」**にして、絶縁抵抗を測定します。

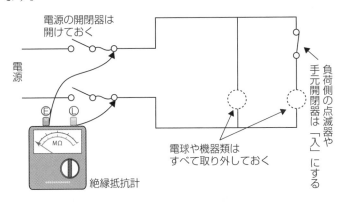

電源の開閉器は開けておく

電源

E L

絶縁抵抗計

電球や機器類はすべて取り外しておく

負荷側の点滅器や手元開閉器は「入」にする

電球や機器類を取り外さないと**線間が接続された状態**になってしまうため、**線間絶縁抵抗を測定できません**。また点滅器や手元開閉器を「**切**」にすると、そこから負荷側には漏れ電流が流れないので、正確な絶縁抵抗値を測定できないし、もしそこに絶縁不良箇所があっても発見することができません。なお、線間絶縁抵抗の測定では、E端子とL端子を区別する必要はありません。

(2) 電路と大地間の絶縁抵抗の測定

まず、電源の開閉器を開けておかなければならないのは(1)と同じです。次に、**電球や機器類を接続**したままにするとともに、配線中の負荷側の**点滅器や手元開閉器を「入」**にして、絶縁抵抗を測定します。この場合、絶縁抵抗計の**E端子を接地側**、**L端子を電路側**に接続します。**接地側**と

用語

印加
回路や装置に電圧を加えること。
点滅器
電灯や小形電気機器に使うスイッチ。
▶P.132

第5章 一般用電気工作物の検査方法

点滅器や開閉器を開ける（開放する）場合は「切」にします。これと逆に閉じる場合は「入」にします。

接地抵抗の簡易な
測定方法
▶P.223

は**接地極**（または大地と電気的につながっている建築物の
鉄骨など）のことです。

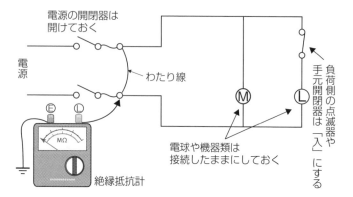

（1）の線間絶縁抵抗測定との違いは、**電球や機器類を接
続したまま測定する**という点です。そのほうが**電球や機器
類の絶縁不良も同時に検出できる**からです。負荷側の点滅
器や手元開閉器を「入」にする理由は（1）と同じです。

例題2 分岐開閉器を開放して負荷を電源から完全に分離し、
その負荷側の低圧屋内電路と大地間の絶縁抵抗を一括測定する
方法として、適切なものはどれか。

イ. 負荷側の点滅器をすべて「切」にして、常時配線に接続され
　　ている負荷は、使用状態にしたままで測定する。

ロ. 負荷側の点滅器をすべて「入」にして、常時配線に接続され
　　ている負荷は、使用状態にしたままで測定する。

ハ. 負荷側の点滅器をすべて「切」にして、常時配線に接続され
　　ている負荷は、すべて取り外して測定する。

ニ. 負荷側の点滅器をすべて「入」にして、常時配線に接続され
　　ている負荷は、すべて取り外して測定する。

答 電路と大地間の絶縁抵抗測定なので、負荷側の点滅器や
手元開閉器を「入」にし、負荷を接続（使用状態）にしたままで測
定する。　∴正解はロ

（3）電動機と大地間の絶縁抵抗の測定

低圧三相誘導電動機と大地との間の絶縁抵抗を測定する

場合も、**電動機は回路に接続したまま**測定します。絶縁抵抗計のＥ端子は電動機の**金属製外箱**に接続し、Ｌ端子は電動機の**電源端子**と接続します。特にＥ端子の導線は、金属製外箱のうち塗料が施されていない場所に接触しないと、電気的な接続が得られず、正確な測定結果が出ないので注意しなければなりません。

塗料は、電気を通しません。

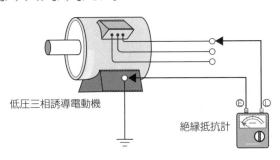

低圧三相誘導電動機

絶縁抵抗計

4 **絶縁抵抗測定が困難な場合** Ａ

使用電圧が低圧の電路において、**絶縁抵抗測定が困難である場合**（測定のためにその電路を停電させることができないような場合など）は、その電路の使用電圧が加わった状態における漏れ電流を測定します。電技解釈第14条では、**使用電圧が加わった状態での漏えい電流が１mA以下**であれば、**絶縁性能を有している**ものと認めています。つまり、漏れ電流が最大１mAまでであれば、電技第58条が定める絶縁抵抗値（規定値）（●P.227）を維持する場合と同等の絶縁性能であるとみなすわけです。

電技解釈では、漏れ電流を「漏えい電流」と表現しています。

> **▶押えドコロ** **絶縁抵抗測定のポイント** ○
>
> ● 電技が定める絶縁抵抗値（規定値）
>   対地電圧150V以下 ⇒ 0.1MΩ以上、対地電圧150V超 ⇒ 0.2MΩ以上
> ● 絶縁抵抗測定
>   **電線相互間**……負荷はすべて取り外し ⎫ 負荷側の点滅器等を
>   **電路と大地間**…負荷は接続したまま ⎭ 「入」にして測定

第5章

一般用電気工作物の検査方法

確認テスト

Key Point		できたら チェック ☑
絶縁抵抗値	☐ 1	単相3線式100/200Vの屋内配線において、開閉器または過電流遮断器で区切ることができる電路ごとの絶縁抵抗の最小値として、「電気設備に関する技術基準を定める省令」に規定されている値〔MΩ〕の組合せで正しいものは、次のイ～ハのうち、ハである。 イ. 電路と大地間 0.2　　電線相互間 0.2 ロ. 電路と大地間 0.1　　電線相互間 0.2 ハ. 電路と大地間 0.1　　電線相互間 0.1
絶縁抵抗計	☐ 2	絶縁抵抗計（電池内蔵）に関する記述として誤っているものは、次のイ～ハのうち、ハである。 イ. 絶縁抵抗計には、ディジタル形と指針形（アナログ形）がある。 ロ. 絶縁抵抗計の定格測定電圧（出力電圧）は、交流電圧である。 ハ. 電子機器が接続された回路の絶縁測定を行う場合、機器等を損傷させない適正な定格測定電圧を選定する。
絶縁抵抗の測定方法	☐ 3	電線相互間の絶縁抵抗（線間絶縁抵抗）の測定方法として適切なものは、次のイ～ハのうち、ロである。 イ. 負荷側の点滅器をすべて「切」にして、常時配線に接続されている負荷は、すべて取り外して測定する。 ロ. 負荷側の点滅器をすべて「入」にして、常時配線に接続されている負荷は、すべて取り外して測定する。 ハ. 負荷側の点滅器をすべて「入」にして、常時配線に接続されている負荷は使用状態にしたままで測定する。
絶縁抵抗測定が困難な場合	☐ 4	低圧屋内配線の絶縁抵抗測定を行いたいが、その電路を停電して測定することが困難なため、漏えい電流により絶縁性能を確認した。「電気設備の技術基準の解釈」に定める絶縁性能を有していると判断できる漏えい電流の最大値は、次のイ～ハのうち、イである。 イ. 0.1mA　　ロ. 0.2mA　　ハ. 1.0mA

解答・解説

1. ○ 単相3線式100/200Vにおける絶縁抵抗値（規定値）は、電路と大地間、電線相互間ともに0.1MΩ以上である。　**2.** × 絶縁抵抗計の定格測定電圧（出力電圧）は直流電圧なので、ロが誤り。イとハは正しい。　**3.** ○ 線間絶縁抵抗の場合は、負荷側の点滅器や手元開閉器を「入」にし、負荷をすべて取り外して測定する。　**4.** × 電技解釈では、使用電圧が加わった状態における漏えい電流が1 mA以下であれば絶縁性能を有するものと認めているので、ハが正しい。

Lesson 3 検査用の測定器

Lessonのポイント
接地抵抗計（アーステスタ）はレッスン1、絶縁抵抗計（メガ）はレッスン2で学習しました。このレッスンでは、回路計（テスタ）、検電器（ネオン式・音響発光式）、検相器、クランプ形電流計などについて用途や測定方法を理解しましょう。

1コマ劇場

機器に流れている電流を測定しているのよ。

何をしているんですか？

1 回路計（テスタ）　　A

回路計は、交流電圧、直流電圧、直流電流、回路抵抗を測定するための計器であり、一般にテスタと呼ばれています。**導通試験**において断線の有無などを調べるのに用いることはすでに学習しました（●P.221）。ただし、**交流電流**や**漏れ電流**、**絶縁抵抗**、**電力量**などは測定できません。

回路計の本体には**指示計**、測定用途や測定範囲を切り替える**ロータリスイッチ**などが付いており、**測定用コード**を端子に接続して使用します。測定前には必ずゼロ点調整を行います。

■回路計（テスタ）

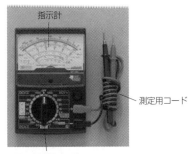

指示計

測定用コード

ロータリスイッチ

左の回路計は指針形（アナログ形）ですが、ディジタル形のものもあります。

用語

ゼロ点調整
抵抗測定のレンジにして測定用コードの先端部分（接触子）を短絡させ、指針が0を指すかどうかを確認（0でなければ調整）すること。

ここでいう「充電」とは、電気を蓄えることではなく、電圧を生じていること（通電状態にあること）を意味します。

検電器では電圧の大きさは測定できませんが、電圧計と比べて取扱方法が簡単です。

プラスワン

たとえば単相3線式回路の中性線など、電圧を生じないものもあるので、1相で充電していないことを確認した場合でもすべての相について充電の有無を確認する必要がある。

2 検電器　A

検電器とは、**低圧回路**の充電の有無（電圧が生じているかどうか）を確認するための測定器です。配線や電器機器の点検作業を行う際には、点検部位について充電の有無を確認しておく必要があります。検電器には、**ネオンランプの発光で充電を確認**するネオン式検電器と、**音響や発光によって充電を確認**する音響発光式検電器があります。いずれも握り部を手に持ち、感電しないように注意しながら先端部分を点検部位（被検電部）に接触させて充電の有無を確認します。**低圧交流電路**では、**すべての相**について充電

■ ネオン式検電器

■ 音響発光式検電器

テストボタン

の有無を確認する必要があります。また、**音響発光式検電器は電池**を電源としているので、**テストボタン**によって正常に作動することを確認してから使用します。

例題1 低圧検電器に関して、誤っているものはどれか。

イ. 低圧交流電路の充電の有無を確認する場合、いずれかの1相が充電されていないことを確認できた場合は、他の相についての充電の有無を確認する必要がない。

ロ. 電池を内蔵する検電器を使用する場合は、チェック機構（テストボタン）によって機能が正常に働くことを確認する。

ハ. 低圧交流電路の充電の有無を確認する場合、検電器本体からの音響や発光により充電の確認ができる。

ニ. 検電の方法は、感電しないように注意して、検電器の握り部を持ち、検知部（先端部）を被検電部に接触させて充電の有無を確認する。

答 低圧交流電路ではすべての相について充電の有無を確認する必要があるので、イが誤り。ロ〜ニは正しい。　∴正解はイ

---

3 検相器   A

　三相誘導電動機の3本の結線のうち、2本を入れ替えて**相の順番（相順）**を逆にすると、回転方向が**逆回転**になることをすでに学習しました（●P.124）。このため電動機が逆回転する危険を防ぐには、あらかじめ**相順（相回転**ともいう）を確認しておく必要があります。**検相器**は、**三相交流**の**相順（相回転）**を調べるための測定器です。なお、電動機の**回転速度**の測定には検相器ではなく、**回転計**という測定器を用います。

■検相器（回転円板式）

左の回転円板式のほかに、ランプで表示するタイプのものもあります（●別冊P.17）。

✂ **用語**

回転計
電動機等の回転速度を測定する。先端の突起部分を回転軸に接触させる。

計器用変圧器（VT）
2次側（電圧計側）のコイルの巻き数を1次側コイルの巻き数よりも少なくした変圧器。この巻き数の比に比例して電圧が小さくなる。

4 電圧計と電流計   B

（1）電圧計

　電圧計は回路の電圧の大きさを測定する機器であり、その目盛板には「**V**（ボルト）」の記号が表示されています。「V」の下に「―」が付いているのが直流用電圧計で、交流用電圧計の場合は「～」という記号が付きます。

■電圧計（直流用）

　交流用電圧計の測定範囲を超える大きな電圧を測定する場合には、**計器用変圧器**（略称**VT**）を組み合わせて使用します。

第5章

一般用電気工作物の検査方法

（2）電流計

電流計は回路の電流
の大きさを測定する機
器であり、その目盛板
には「A（アンペア）」
の記号が表示されてい
ます。「A」の下に「〜」
が付いているのが交流
用電流計で、直流用電
流計の場合は「—」という記号が付きます。

■電流計（交流用）

交流用電流計の測定範囲を超える大きな電流を測定する
場合には、変流器（略称CT）を組み合わせて使用します。

（3）交流回路の力率の調べ方

第1章レッスン8で、力率は次の式によって求められる
ことを学習しました（▶P.64）。

$$\text{力率 } \cos\theta = \frac{\text{有効電力 } P}{\text{皮相電力 } VI} = \frac{\text{消費電力〔W〕}}{\text{電圧〔V〕} \times \text{電流〔A〕}}$$

この式より、電圧計、電流計のほかに電力計（消費電力
を測定する）があれば、力率自体を直接測定する力率計が
なくても、力率の大きさを計算で求められることがわかり
ます。

5　クランプ形電流計　　A

クランプ形電流計とは、電線を
被覆の上からクランプする（はさ
み込む）ことによって電流を測定
する計器をいいます。回路を切断
せず、通電状態のまま測定するこ
とができます。負荷電流を測定す
る場合、負荷につながれた電線を
1本ずつクランプします。ただし

■クランプ形電流計

用語

変流器（CT）
2次側（電流計側）
のコイルの巻き数を
1次側コイルの巻き
数より多くした変圧
器。この巻き数の比
に反比例して電流が
小さくなる。

プラスワン

クランプ形の測定器
には、電流のほかに
電圧や抵抗の測定が
できるものもあり、
クランプメータとも
呼ばれる。また右の
指針形（アナログ形）
のほかにディジタル
形のものがある。

漏れ電流を測定する機種（**クランプ形漏れ電流計**）の場合は、単相2線式では2本とも、単相3線式や三相3線式では3本ともクランプする必要があります。

例題2 単相3線式回路の漏れ電流を、クランプ形漏れ電流形を用いて測定する場合、測定方法として正しいものはどれか。ただし、⚏⚏⚏は中性線を示す。

イ.　　　　　ロ.　　　　　ハ.　　　　　ニ.

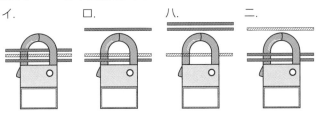

答 単相3線式の場合は、中性線も含めて3本ともクランプする必要があるので、イが正しい。

---

6 照度計　　B

照度計は、**明るさ（照度）** を測定する計器です。右図のような**受光センサ**と**本体**が一体となっているものと分離しているものとがあります。指針形（アナログ形）の目盛板には**照度の単位**を表す lx（LUX〔ルクス〕）の記号が付いています。

■照度計

➕ プラスワン

「照度」とは光源によって照らされている面の明るさの程度のこと。単位はルクス〔lx〕。一方、光源から放射されるエネルギーのうち人間の眼に感じる光の総量は「光束」といい、ルーメン〔lm〕という単位で表す。

◆ 押えドコロ　主な測定器の種類と用途

- **回路計（テスタ）**…導通試験に用いる
- **検電器**…低圧回路の**充電**の有無を確認する
- **検相器**…三相回路の相順（相回転）を調べる

電動機の回転速度を調べるのは回転計

確認テスト

Key Point			できたら チェック ☑
回路計 (テスタ)	☐	1	一般に使用される回路計 (テスタ) で測定できないものは、次のイ〜ハのうち、イである。 イ. 交流電圧　　ロ. 直流電圧　　ハ. 漏れ電流
検電器	☐	2	ネオン検電器の使用目的は、次のイ〜ハのうち、ロである。 イ. ネオン管灯回路の導通を調べる。 ロ. 電路の充電の有無を確認する。 ハ. 電路の漏れ電流を測定する。
検相器	☐	3	三相誘導電動機の回転方向を確認するため、三相交流の相順 (相回転) を調べるものは、次のイ〜ハのうち、イである。 イ. 回転計　　ロ. 検電器　　ハ. 検相器
電圧計と電流計	☐	4	交流回路で単相負荷の力率を求める場合、必要な測定器の組合せとして正しいものは、次のイ〜ハのうち、ハである。 イ. 電圧計　　　　回路計　　　　周波数計 ロ. 周波数計　　　電流計　　　　回路計 ハ. 電圧計　　　　電流計　　　　電力計
	☐	5	変流器 (CT) の用途は、次のイ〜ハのうち、ハである。 イ. 交流を直流に変換する。 ロ. 交流電流計の測定範囲を拡大する。 ハ. 交流電圧計の測定範囲を拡大する。
クランプ形電流計	☐	6	低圧電路で使用する測定器とその用途の組合せとして正しいものは、次のイ〜ハのうち、ロである。 イ. 回路計 (テスタ) で絶縁抵抗を測定する。 ロ. クランプ形電流計で負荷電流を測定する。 ハ. 検相器で電動機の回転速度を測定する。
照度計	☐	7	照度の単位として正しいものは、次のイ〜ハのうち、イである。 イ. lm　　ロ. F　　ハ. lx

解答・解説

1. × 交流電圧と直流電圧は測定できる。漏れ電流は測定できない。　**2.** ○ 検電器 (ネオン式、音響発光式) は電路の充電の有無を確認するための測定器。　**3.** × 三相交流の相順 (相回転) を調べるのは検相器である。　**4.** ○ 電圧計、電流計、電力計があれば力率を計算で求められる。　**5.** × 変流器 (CT) は交流電流計の測定範囲を拡大する。交流電圧計には計器用変圧器 (VT) を用いる。　**6.** ○ イ. 回路計 (テスタ) では、交流電流や漏れ電流、絶縁抵抗などは測定できない。ハ. 電動機の回転速度の測定には回転計を用いる。　**7.** × イ. lm (ルーメン) は光束の単位。ロ. F (ファラド) は静電容量の単位。ハ. lx (ルクス) が照度の単位である。

Lesson 4 電気計器の記号その他

Lessonのポイント

このレッスンでは、電気計器の目盛板上に示されている記号の種類・意味のほかに、電圧計・電流形・電力計の接続（結線）について学習します。どちらも出題の頻度は低いですが、覚えておくだけで簡単に得点できる内容です。

1コマ劇場

記号を見れば、計器の動作原理などがわかります。

目盛板にはいろんな記号が表示されていますね。

1 電気計器の記号　B

　測定器のうち、メーターの指針等によって値を指示する**電気計器**においては、何を測定する計器なのか、**直流用か交流用**か、**動作原理**は何か、測定する際の**計器の置き方**をどうするかなどについて、その計器の**目盛板**に**記号**で**表示**されています。このため、電気計器の記号の意味を覚えておく必要があります。

■交流用電流計の目盛板の例

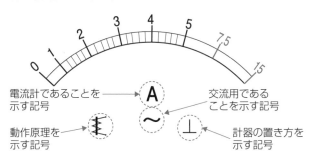

電流計であることを示す記号 → Ⓐ

交流用であることを示す記号

動作原理を示す記号

計器の置き方を示す記号

プラスワン

使用目的を示す記号
- 電圧計…「V」
- 電流計…「A」
- 電力計…「W」
- 力率計…「COSφ」

交流・直流の記号
- 直流用…「─」
- 交流用…「〜」
- 直流交流用…「≋」

239

動作原理の種類と
記号を確実に覚え
ましょう。なお、
動作原理の概要は
目を通す程度でよ
いでしょう。

一般の家庭で使われ
ている電力量計は、
誘導形である。

■電力量計

前ページの電流計
は、可動鉄片形の
記号と鉛直に立て
て使用する記号が
付いていますね。

（1）電気計器の動作原理を示す記号

①直流回路で使用するもの

種類	記号	動作原理の概要
可動コイル形		磁石の間にコイルを置いて、コイルに流れる直流電流により生じる電磁力でコイルと指針を動かす

②交流回路で使用するもの

整流形		整流器で交流を直流に変換して、可動コイル形の原理で指針を動かす
可動鉄片形		固定コイルに電流を流して磁界をつくり、その中に鉄片を置いたとき生じる電磁力で鉄片と指針を動かす
誘導形		交流電流によって時間とともに変化する磁界を利用して円板を回転させる

③直流・交流両方の回路で使用するもの

電流力計形		固定コイルと可動コイルの間に働く電磁力を利用して可動コイルを動かす
熱電形		電流による発熱で熱電対を加熱し、これによって生じた熱起電力を測定する
静電形		2つの金属板（電極）の間に働く静電力を利用して測定する

（2）測定するときの計器の置き方を示す記号

		60°
水平に置いて使用	鉛直に立てて使用	傾斜させて使用（60°の場合）

2　電圧計・電流計・電力計の接続　B

(1) 電圧計・電流計の接続

　電圧計は図1のように**負荷**と**並列**に、電流計は図2のように**負荷**と**直列**に接続します。

■図1　　　　　　　　　　　■図2

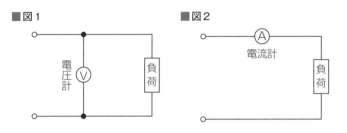

➕ **プラスワン**

電圧計を負荷と並列に接続すれば、負荷にかかる電圧と同じ大きさの電圧が電圧計にもかかる。また電流計を負荷と直列に接続すれば、負荷に流れる電流と同じ大きさの電流が電流計にも流れる。
▶P.25〜27

(2) 電力計の接続

　電力計の内部には、電流コイルと電圧コイルが備えられており、**電流コイルは負荷と直列**に、**電圧コイルは負荷と並列**になるよう、**図3**のように接続します。

■図3

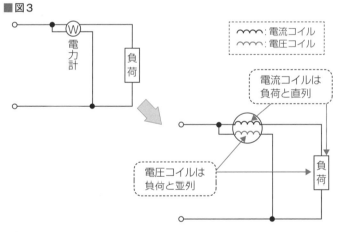

〜〜〜：電流コイル
〜〜〜：電圧コイル

電流コイルは負荷と直列

電圧コイルは負荷と並列

試験では、電圧計、電流計、電力計の3つを同じ回路に接続した図が出題されます。

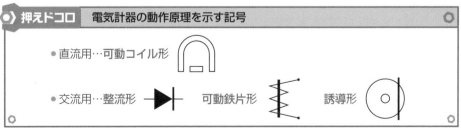

◆ **押えドコロ**　電気計器の動作原理を示す記号

● 直流用…可動コイル形

● 交流用…整流形 ▶▮ 　可動鉄片形 ⧓　誘導形 ⊙

確認テスト

Key Point	できたら チェック ☑

電気計器の記号	☐ 1 計器の目盛板に右のような表示記号があった。この計器の動作原理の種類と測定できる回路で正しいものは、次のイ〜ハのうち、ロである。 イ. 可動コイル形で、直流回路に用いる。 ロ. 電流力計形で、交流回路に用いる。 ハ. 誘導形で、交流回路に用いる。
	☐ 2 電気計器の目盛板に右のような記号があった。記号の意味として正しいものは、次のイ〜ハのうち、ロである。 イ. 可動鉄片形で、目盛板を鉛直に立てて使用する。 ロ. 整流形で、目盛板を鉛直に立てて使用する。 ハ. 可動鉄片形で、目盛板を水平に置いて使用する。
電圧計・電流計・電力計の接続	☐ 3 単相交流電源から負荷に至る電路において、電圧計、電流計、電力計の結線方法として正しいものは、次のイ〜ニのうち、ハである。 イ. ロ. ハ. ニ.

解答・解説

1. × これは「誘導形」の記号であり、交流回路に用いる。∴ハが正しい。 2. × 左は「可動鉄片形」の記号であり、右は「鉛直に立てて使用する」ことを示す記号である。∴イが正しい。 3. × 電圧計は負荷と並列に、電流計は負荷と直列に接続する。また電力計は、内部の電流コイルを負荷と直列に、電圧コイルを負荷と並列になるように接続する。∴イが正しい。

第 6 章

一般用電気工作物の
保安に関する法令

電気事業法、電気工事業法、電気用品安全法および
電気工事士法について学習します。電気事業法が定
める一般用電気工作物の適用を受けるものや、電気
用品安全法が定める特定電気用品の適用を受けるも
のを選ぶ問題、電気工事士しかできない作業を選ぶ
問題がよく出題されます。電気用品安全法に基づく
表示制度、電気工事士法が定める電気工事士の義務
および免状に関する問題も重要です。

Lesson 1 電気の保安に関する法令

Lessonのポイント　このレッスンでは、電気の保安に関する法令のうち、電気事業法と電気工事業法について学習します。電気事業法によって3つに区分される電気工作物のうち、特に一般用電気工作物の定義が重要です。小出力発電設備にも注意しましょう。

1コマ劇場

出力50kW未満ならば、それも含めて一般用電気工作物よ。

屋根の上に太陽電池発電設備がありますね。

1　電気保安4法　　B

　電気工事が不適切であると、さまざまな災害の原因となります。そこでこれを規制するため、電気工事士法により電気工事の**作業従事者の資格と義務**を定め、電気工事業を営む者についても電気工事業の業務の適正化に関する法律（以下「**電気工事業法**」という）による規制を行っています。また、一般家庭の消費者は電気について十分な知識をもっていないことが多いため、**一般用電気工作物**が新設・増設されたとき、または定期的に、電力会社（その委託を受けた電気保安協会等）が**竣工検査・定期検査**を行うことを電気事業法によって義務付けています（ ▶P.220）。さらに、粗悪な電気用品による危険や障害の発生を防止するため、**電気用品安全法**が**電気用品の製造や販売等を規制**しています。

　これら**電気工事士法、電気工事業法、電気事業法**および**電気用品安全法**を、電気保安4法といいます。

プラスワン

電気工事を行う者は電気事業法に基づく電技（電気設備に関する技術基準を定める省令）の基準に適合した工事を行うことも義務付けられている。

電気用品安全法はレッスン2、電気工事士法はレッスン3で詳しく学習します。

2 電気事業法 A

　電気事業法は、電気事業の運営を適正かつ合理的なものとすることによって**電気の使用者の利益を保護**するとともに、**電気工作物の工事、維持および運用を規制**することによって**公共の安全を確保**することを目的とした法律です。試験対策としては、電気事業法が定める電気工作物の区分（特に一般用電気工作物の定義）が重要です。

(1) 電気工作物の区分

　電気工作物は、一般用電気工作物および事業用電気工作物（自家用電気工作物、電気事業用電気工作物の総称）に区分されます。

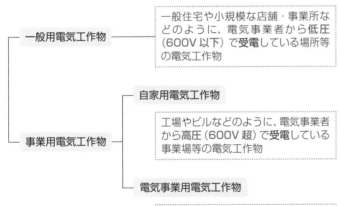

低圧と高圧の区分
▶P.76

> **用語**
>
> 電気工作物
> 電気を供給するための発電所、変電所、送配電線路のほか、工場、ビル、住宅等の受電設備や屋内配線、電気使用設備等をいう。

> **プラスワン**
>
> 電気事業用電気工作物は、電気事業法では「電気事業の用に供する電気工作物」と表現されている。

(2) 一般用電気工作物の定義

①**他の者から600V以下（低圧受電）で電気の供給を受けている電気工作物であること**

　「他の者」とは一般的に**電力会社**のことです。600V超の**高圧で受電**するものは**自家用電気工作物**になります。

②**供給された電気を使用するための電気工作物であること**

　具体的には**屋内配線設備、屋側配線設備、屋外配線設備**のほか、**小出力発電設備**を含みます。小出力発電設備とは

> 一般用電気工作物は①〜⑤の要件をすべて満たすものでなければなりません。

次の表のような、出力が一定未満の発電設備をいいます。

この表はよく出題されるので、必ず覚えましょう。

■小出力発電設備

発電設備の種類	出　力
太陽電池発電設備	50kW未満
風力発電設備	20kW未満
水力発電設備（ダム式を除く）	
内燃力発電設備	10kW未満
燃料電池発電設備	

 用語

内燃力発電設備
ガソリンエンジン等の内燃力を原動力とする火力発電設備をいい、非常用の予備発電装置として用いられる。

受電点
電気事業者（電力会社等）の電気工作物と電気需要者の電気工作物との分界点。

上記の発電設備を**複数組み合わせた場合**は、その**出力の合計が**50kW未満でなければなりません。出力が上記の値以上の場合は、自家用電気工作物になります。

③**電気の供給地点（受電点）とその電気を使用するための電気工作物とが同一構内にあること**

　電気の供給地点（**受電点**）を境にして電気事業用電気工作物と一般用電気工作物とが区分されます。

④**構外の電気工作物と接続する電線が、電気の供給を受けるための電線路（受電線）のみであること**

　受電線以外の電線路が構外の電気工作物と接続されている電気工作物は、一般用電気工作物に該当しません。

⑤**電気工作物が爆発性**または**引火性の物が存在する場所に設置されていないこと**

➕ プラスワン

爆発性または引火性の物が存在する場所とは、火薬類取締法に規定される火薬類を製造する事業場等をいう。

　例題 1　一般用電気工作物に関する記述として、誤っているものはどれか。

イ. 高圧で受電するものは、受電電力の容量、需要場所の業種にかかわらず、すべて一般用電気工作物となる。

ロ. 低圧で受電するものは、小出力発電設備を同一構内に施設しても一般用電気工作物となる。

ハ. 低圧で受電するものでも、火薬類を製造する事業場など設置する場所によっては一般用電気工作物とならない。

ニ. 低圧で受電するものでも、出力60kWの太陽電池発電設備を同一構内に施設した場合、一般用電気工作物とならない。

答 イ. 高圧（600V超）で受電するものは、一般用電気工作物ではなく、自家用電気工作物となるので誤りである。ロ. 小出力発電設備も一般用電気工作物に含まれるので正しい。ハ. 爆発性または引火性の物が存在する場所に設置されたものは一般用電気工作物に該当しない。ニ. 出力50kW以上の太陽電池発電設備は、一般用電気工作物ではなく、自家用電気工作物に該当する。　∴正解はイ

3 電気工事業法

電気工事業法は、**電気工事業を営む者の登録**および**業務の規制**を行うことにより、一般用電気工作物および自家用電気工作物の保安を確保しようとする法律です。

（1）登録

電気工事業を営もうとする者は**経済産業大臣等の登録**を受けなければならず、登録の**有効期間（5年）**の満了後も継続する場合は、**更新の登録**を受ける必要があります。

（2）主任電気工事士の設置

登録電気工事業者は、一般用電気工作物にかかわる工事の業務を行う営業所ごとに**主任電気工事士を置かなければ**なりません。主任電気工事士は、第一種電気工事士または**免状取得後3年以上の実務経験**がある**第二種電気工事士**に限られます。

（3）帳簿の備付け

電気工事業者は営業所ごとに**帳簿**を備え、経済産業省令で定める事項を記載し、**5年間保存**する必要があります。

プラスワン

小出力発電設備は電気を発電する設備であるが、電気事業法ではこれを危険性の少ないものと考え、屋内配線設備などの一般用電気工作物と同一構内で電気的に接続しても一般用電気工作物に該当するものとしている。

プラスワン

電気工事業法では、**絶縁抵抗計、接地抵抗計、回路計（抵抗と交流電圧を測定できるもの）**を営業所ごとに備え付けるよう、電気工事業者に義務付けている。

押えドコロ　一般用電気工作物のポイント

- 低圧受電（600V以下）であること ⇒ 高圧受電は自家用電気工作物
- 小出力発電設備
  - 太陽電池 ‥‥‥‥‥‥‥‥ 50kW未満
  - 風力・水力 ‥‥‥‥‥‥‥ 20kW未満
  - 内燃力・燃料電池 ‥‥‥ 10kW未満

第6章　一般用電気工作物の保安に関する法令

Key Point			できたら チェック ☑
電気保安4法	☐	1	電気の保安に関する法令についての記述として誤っているものは、次のイ～ハのうち、ロである。 イ．「電気工事士法」は、電気工事の作業に従事する者の資格および義務を定めた法律である。 ロ．「電気用品安全法」は、電気用品の製造、販売等を規制し、電気用品の安全性を確保するために定められた法律であり、電気用品による危険および障害の発生を防止することを目的とする。 ハ．「電気工事業法」において、電気工作物は、一般用電気工作物と事業用電気工作物（自家用電気工作物、電気事業用電気工作物）に分類されている。
電気事業法	☐	2	一般用電気工作物の適用を受けるのは次のイ～ハのうち、ロである。 イ．低圧受電で、受電電力の容量35kW、出力15kWの非常用内燃力発電設備を備えた映画館。 ロ．低圧受電で、受電電力の容量45kW、出力5kWの燃料電池発電設備を備えた中学校。 ハ．低圧受電で、受電電力の容量30kW、出力40kWの太陽電池発電設備と電気的に接続した出力15kWの風力発電設備を備えた農園。
電気工事業法	☐	3	「電気工事業の業務の適正化に関する法律」に定める内容に適合していないものは、次のイ～ハのうち、ハである。 イ．一般用電気工作物に係る工事の業務を行う登録電気工事業者は、第一種電気工事士または免状取得後3年以上の実務経験を有する第二種電気工事士を、業務を行う営業所ごとに、主任電気工事士として置かなければならない。 ロ．電気工事業者は、営業所ごとに帳簿を備え、経済産業省令で定める事項を記載し、5年間保存しなければならない。 ハ．登録電気工事業者の登録の有効期間は7年であり、期間満了後も電気工事業を営む場合は、更新の登録を受ける必要がある。

解答・解説

1．✕ イとロは正しい。ハは「電気工事業法」ではなく、「電気事業法」である。 2．○ イ．内燃力発電設備は出力10kW未満でなければ一般用電気工作物の適用を受けない。なお、受電電力の容量は一般用電気工作物の定義とは関係ない。ロ．出力10kW未満の燃料電池発電設備は一般用電気工作物の適用を受ける。ハ．発電設備を複数組み合わせた場合は、出力の合計が50kW未満でなければならない。40kW＋15kW＝55kWなので適用を受けない。 3．○ ハ．登録の有効期間は7年ではなく、5年である。イとロは適合している。

Lesson 2 電気用品安全法

Lessonのポイント 電気用品安全法が定める制度について学習します。試験では、特定電気用品の適用を受ける品目を選ぶ問題や、電気用品の製造・輸入を行う事業者の義務、電気用品に付ける表示、表示のない電気用品の販売・使用の制限について出題されます。

特定電気用品に付ける表示よ。

これは何ですか？

1 電気用品安全法の概要 **B**

電気用品安全法は、**電気用品の製造、販売**等を規制するとともに、**電気用品の安全性の確保**について民間事業者の自主的な活動を促進することにより、電気用品による危険および障害の発生を防止しようとする法律です。この法律の規制対象とされる「電気用品」とは、電気事業法にいう**一般用電気工作物（低圧＝600V以下で受電）**の部分または一般用電気工作物に接続して用いられる機械、器具または材料その他であって、**政令（電気用品安全法施行令）**で**指定**されたものをいいます。電気用品に指定された製品の**製造**や**輸入**を行う事業者は、届出のほか技術基準適合義務などを負い、これらの義務を果たした事業者がその電気用品に、法に基づく表示を付けることができます。そして、この表示が付けられていない電気用品については、**販売**したり、電気工事に**使用**したりすることが制限されます。

電気機器や工事用材料であっても、政令で「電気用品」に指定されていないものは、本法の規制対象外です。

2 「電気用品」の指定品目　A

（1）特定電気用品

　電気用品に指定された品目のうち、構造または使用方法等の使用状況からみて特に**危険や障害の発生する**おそれが多いものを、**特定電気用品**といいます。

■ 特定電気用品の例

①電線（定格電圧100V以上600V以下）
● **絶縁電線**（公称断面積100㎟以下） 　ゴム絶縁電線、合成樹脂絶縁電線 ● **ケーブル**（公称断面積22㎟以下*、線心7本以下） 　＊キャブタイヤケーブルは公称断面積100㎟以下 ● **コード**
②配線器具（定格電圧100V以上300V以下）
● **点滅器**（定格電流30A以下） 　タンブラースイッチ、タイムスイッチなど ● **開閉器**（定格電流100A以下） 　箱開閉器、配線用遮断器、漏電遮断器など ● **接続器**（定格電流50A以下） 　差込接続器、ソケット、ローゼットなど

（2）特定電気用品以外の電気用品

　特定電気用品と比べて**危険性が低い**電気用品です。

■ 特定電気用品以外の電気用品の例

①電線管およびその付属品
● 電線管（可とう電線管を含み、内径120mm以下） ● フロアダクト（幅100mm以下）、線ぴ（幅50mm以下） ● ケーブル配線用スイッチボックス
②電熱器具（定格電圧100V以上300V以下、定格消費電力10kW以下） 　電気ストーブ、電気カーペットなど
③電動力応用機械器具 ● 換気扇（定格消費電力300W以下） ● 電動ドリル等の電動工具（定格消費電力1kW以下）
④光源応用機械器具（定格電圧100V以上300V以下） ● 蛍光ランプ（定格消費電力40W以下） ● LEDランプ（定格消費電力1W以上）

「電気用品」は、特定電気用品とそれ以外の電気用品の2種類に区別されるんだ。

サドル、スリーブ、ロックナットなどは電気用品に指定されていません。

例題1 低圧屋内電路に使用する次のもののうち、特定電気用品の組合せとして、正しいものはどれか。

A. 定格電圧100V、定格電流20Aの漏電遮断器

B. 定格電圧100V、定格消費電力25Wの換気扇

C. 定格電圧600V、導体の太さ（直径）2.0㎜の3心ビニル絶縁ビニルシースケーブル

D. 内径16㎜の合成樹脂製可とう電線管（PF管）

イ. A・B　　ロ. B・D　　ハ. A・C　　ニ. C・D

答 A. 定格電圧100V以上300V以下で、定格電流100A以下の漏電遮断器は特定電気用品に該当する。B. 換気扇（定格消費電力300W以下）は特定電気用品以外の電気用品である。C. 定格電圧が600V以下であり、導体の直径が2.0㎜で3心のケーブルならば、公称断面積22㎟以下で線心7本以下の要件を満たすので、特定電気用品に該当する。D. 内径120㎜以下の可とう電線管は特定電気用品以外の電気用品である。

∴AとCが特定電気用品なので正解はハ。

3 事業者の義務と表示の制度 A

（1）事業の届出

電気用品の製造または輸入の事業を行う者は、事業開始の日から**30日以内**に**経済産業大臣**に届出をしなければなりません。この届出をした者を**届出事業者**といいます。

（2）基準適合義務

届出事業者が電気用品を製造または輸入する場合には、経済産業省令が定める**技術上の基準に適合**するようにしなければなりません。また、その電気用品について**自主検査**を行い、**検査記録**を作成して**保存**しなければなりません。特定電気用品の場合は、販売するときまでに**登録検査機関**の**技術基準適合性検査**を受け、**適合性証明書**の交付を受けてこれを**保存**する必要があります。

特定電気用品は、自主検査のほかに登録検査機関による検査も必要なんだよ。

登録検査機関の例
● ＪＥＴ（電気安全環境研究所）
● ＪＱＡ（日本品質保証機構）

（3）電気用品の表示

（1）（2）の義務を果たした届出事業者は、その電気用品に次の表示を付けることができます。PSはProduct Safety、EはElectrical Appliances & Materialsの略です。

①②ともに電気用品の「製造年月日」は表示事項に含まれていない。

①特定電気用品の場合	②①以外の電気用品の場合
 ● 登録検査機関名 ● 届出事業者名 ● 定格等	● 届出事業者名 ● 定格等 （登録検査機関名はない）

電線、電線管、配線器具等の部品材料であって**構造上表示スペースを確保することが困難なもの**については、上記の記号（マーク）に代えて次のように表示することができる。

①特定電気用品の場合　　　　②①以外の電気用品の場合

　　　＜PS＞E　　　　　　　　　（PS）E

（4）販売および使用の原則禁止

電気用品の**製造**、**輸入**、**販売**の事業を行う者は、上記（3）の**表示が付けられていない**電気用品を、販売したり、販売の目的で陳列したりしてはなりません。また、**電気事業者**や**電気工事士**など一定の者は、上記（3）の**表示が付けられていない**電気用品を電気工事に**使用**してはなりません。

（5）危険等防止命令

経済産業大臣は、無表示品の販売等によって**危険**や**障害**が発生するおそれがあり、その**拡大防止**のために特に必要があると認めるときは、**届出事業者等**に対し、危険や障害を防止する**必要な措置**をとるよう命じることができます。

特定の用途に使用するものとして経済産業大臣の承認を受けた場合は、無表示品でも販売や工事での使用が認められる。

命令に違反した者は罰則に処せられます。

押えドコロ　電気用品安全法のポイント

- 定格電流100A以下の配線用遮断器・漏電遮断器は、特定電気用品
- 電線管や換気扇は、特定電気用品以外の電気用品
- 表示のない電気用品は、原則として販売や工事での使用ができない

確 認 テ ス ト

できたら チェック ☑

Key Point			
電気用品安全法 の概要	☐	1	一般用電気工作物に接続して用いる機械、器具または材料は、すべて「電気用品」として規制対象となる。
「電気用品」の 指定品目	☐	2	特定電気用品に該当するものは、次のイ〜ニのうち、ニである。 イ. 公称断面積150㎟の合成樹脂絶縁電線 ロ. 外径25㎜の金属製電線管 ハ. 消費電力40Wの蛍光ランプ ニ. 定格電流60Aの配線用遮断器
事業者の義務と 表示の制度	☐	3	電気用品安全法により、特定電気用品に付することが要求されていない表示事項は、次のイ〜ハのうち、ロである。 イ. 届出事業者名　　ロ. 登録検査機関名　　ハ. 製造年月日
	☐	4	電気用品の製造または輸入の事業を行う者は、事業開始日から30日以内に経済産業大臣に届け出なければならない。
	☐	5	電気用品の製造の事業を行う者は、一定の要件を満たせば、製造した特定電気用品に (PS⑤) の表示を付することができる。
	☐	6	電線、配線器具等の部品材料であって構造上表示スペースを確保することが困難な特定電気用品については、特定電気用品に付する通常の記号に代えて、＜PS＞Eと表示することができる。
	☐	7	電気用品の製造、輸入または販売の事業を行う者は、経済産業大臣の承認を受けた場合を除き、法に基づく表示のない電気用品を販売してはならない。
	☐	8	電気工事士は、電気用品安全法に定められた所定の表示が付されていない電気用品であっても、これを電気工作物の設置または変更の工事に使用することができる。

第6章　一般用電気工作物の保安に関する法令

解答・解説

1. × すべてではなく、政令で指定されたものだけが「電気用品」として規制対象となる。　2. ○ イ. 公称断面積100㎟以下であれば特定電気用品に該当するが、100㎟超のものは「電気用品」に指定されない。ロ. 電線管（内径120㎜以下）は特定電気用品以外の電気用品に該当する。ハ. 蛍光ランプ（定格消費電力40W以下）は特定電気用品以外の電気用品に該当する。ニ. 定格電流100A以下の配線用遮断器は特定電気用品に該当する。　3. × イとロは特定電気用品に付する表示事項に含まれる。ハの製造年月日は含まれていない。　4. ○　5. × 特定用品には⑤の表示を付ける。　6. ○　7. ○ 特定の用途に使用するものとして経済産業大臣の承認を受けたときは、無表示品であっても販売（または販売目的の陳列）が認められる。　8. × 特定の用途に使用するものとして経済産業大臣の承認を受けた場合を除き、所定の表示が付されていない電気用品を電気工事に使用することはできない。

Lesson 3

電気工事士法

Lessonの ポイント

電気工事士法に関してはほぼ毎回出題されています。第一種と第二種電気工事士の資格の違い、電気工事士の義務、免状の書換えのほか、電気工事士でなければできない作業、電気工事士でなくてもできる軽微な工事が非常に重要です。

1コマ劇場

試験合格後、免状を交付されると電気工事士になれますよ。

これが第二種電気工事士免状ですね!

第二種電気工事士免状

○○県知事

1 電気工事作業従事者の資格　A

（1）電気工事士の資格

　電気工事士法は、電気工事の作業従事者の**資格**や**義務**を定めることによって、電気工事の欠陥による災害の発生を防止しようとする法律です。**電気工事士の資格**は、**免状の種類**によって第一種電気工事士と第二種電気工事士に区分され、それぞれ従事できる作業の範囲が異なります。

①**第一種電気工事士が従事できる作業**
- **自家用電気工作物**（需要設備の**最大電力500kW未満**）にかかわる電気工事の作業（特殊電気工事を除く）
- **一般用電気工作物**にかかわる電気工事の作業

②**第二種電気工事士が従事できる作業**
　一般用電気工作物にかかわる電気工事の作業のみ

（2）電気工事作業に従事できるその他の資格

①特種電気工事資格者

　特殊電気工事（自家用電気工作物にかかわる**ネオン工事**

用語

第一種電気工事士
第一種電気工事士の免状の交付を受けている者。
第二種電気工事士
第二種電気工事士の免状の交付を受けている者。
需要設備
電気を使用するために、その使用場所と同一構内に設置する電気工作物の総合体。

254

および**非常用予備発電装置工事**）に従事することができます。逆にいうと、第一種電気工事士であってもこの資格がなければ特殊電気工事はできません。

②認定電気工事従事者

　最大電力500kW未満の自家用電気工作物のうち低圧の部分（600V以下）の電気工事作業（簡易電気工事という）に従事することができます（電線路の工事を除く）。

■**電気工事従事者の資格まとめ**　　　　　　（○：従事できる作業）

| | 自家用電気工作物（500kW未満） | | 一般用電気工作物 |
	特殊電気工事	簡易電気工事	
第一種電気工事士	○	－	○	○
第二種電気工事士	－	－	－	○
特種電気工事資格者	○	－	－
認定電気工事従事者	－	○	－

第二種電気工事士でも認定電気工事従事者の資格があれば、自家用電気工作物（500kW未満）の低圧部分の電気工事ができるんだ。

2　電気工事士の義務　　A

　第一種電気工事士と第二種電気工事士には、次のような義務があります。

（1）免状を携帯する義務

　電気工事の**作業に従事**するときは、必ず**電気工事士免状**を携帯していなければなりません。紛失しないように自宅や営業所などで保管していても、作業現場で携帯していなければこの義務に違反していることになります。

（2）電技に適合して作業する義務

　電気工事の作業に従事するときは、「**電気設備に関する技術基準を定める省令（電技）**」に適合するように作業を行わなければなりません（●P.244）。

（3）電気用品安全法に適合する電気用品を使用する義務

　電気工事に使用する電気工事材料、電気機械器具などの電気用品は、**電気用品安全法**に適合するものでなければならず、法に基づく表示が付けられていない電気用品は原則として使用できません（●P.252）。

特種電気工事資格者、認定電気工事従事者にも同様の義務が課せられています。

知事への報告義務
都道府県知事から、電気工事の施工方法や機器・材料、検査結果等について報告を求められた場合はこれに応じて報告をする義務がある。

3 電気工事士の免状 　A

（1）免状の交付

電気工事士免状は、第一種・第二種とも都道府県知事が**交付**します。電気工事士試験に合格した者は、必要書類を添えて**居住地の都道府県知事**に免状の交付を申請し、免状の交付を受けてはじめて電気工事士となります。必ずしも免状の交付を申請しなければならないというわけではありませんが、免状の交付を受けない限り、電気工事士でなければできないとされている作業（▶P.257）には従事できません。

（2）免状の記載事項

電気工事士免状には、次の事項が記載されています。
①免状の種類
②免状の交付番号および交付年月日
③氏名および生年月日

（3）免状の書換え

免状の**記載事項**に**変更**を生じた場合は、電気工事士は、その**免状を交付した都道府県知事**に、**免状の書換え**を申請しなければなりません。たとえば、結婚して姓が変わった場合などは「氏名」の変更に当たるので、書換えを申請します。これに対し、引っ越して住所が変わっても、住所は免状の記載事項ではないので、書換えを申請する必要はありません。

（4）免状の再交付

免状を**汚したり**、**破いたり**、**失ったり**したときは、その免状を**交付した都道府県知事**に、**再交付**を申請することができます。汚したり破いたりして再交付を申請する場合には、その免状を申請書に添えて提出する必要があります。また、免状を失って再交付を受けた者が、その失った免状を発見した場合は、発見した免状を、免状の再交付を受けた都道府県知事に速やかに**提出**しなければなりません。

プラスワン

第一種電気工事士の場合は試験に合格するだけでなく、一定年数の実務経験がなければ免状の交付を申請できない。

プラスワン

電気工事士の免状は交付を受けた都道府県だけでなく全国で使用できる。複数の都道府県にわたって電気工事作業に従事する際も申請や届出などは不要である。

住所変更の場合は免状の裏面にある住所欄を自ら訂正すればよいとされています。

再交付の申請は、義務ではなく、「することができる」とされていることに注意。

（5）免状の返納

電気工事士が電気工事士法または電気用品安全法の定める義務に**違反**した場合、**都道府県知事**は、その電気工事士に対して**免状の返納**を命じることができます。

免状の返納を命じられた電気工事士は、命じた都道府県知事に、速やかに免状を返納しなければならない。

例題1 電気工事士の義務または制限に関する記述として、誤っているものはどれか。

イ. 電気工事士は、電気工事士法で定められた電気工事の作業に従事するときは、電気工事士免状を携帯していなければならない。

ロ. 第二種電気工事士の免状があれば、最大電力が500kW未満の自家用電気工作物の低圧部分の電気工事の作業に従事することができる。

ハ. 電気工事士が氏名を変更したときは、免状を交付した都道府県知事に申請して免状の書換えをしてもらわなければならない。

ニ. 電気工事士は、電気工事士法で定められた電気工事の作業を行うときは、電気設備に関する技術基準を定める省令に適合するように作業を行わなければならない。

答 ロ. 第二種電気工事士の免状のみでは、一般用電気工作物にかかわる電気工事の作業にしか従事できない（第二種電気工事士が自家用電気工作物〔最大電力500kW未満〕の低圧部分の電気工事に従事するためには、認定電気工事従事者の資格が必要である）。イ、ハ、ニは正しい。 ∴正解はロ

---

4 電気工事士でなければできない作業 **A**

次の①～⑫は、法令上、**電気工事士でなければできない作業**とされています。第一種または第二種の電気工事士であれば従事できる作業ということです。

①**電線相互**を接続する作業

②**がいしに電線を取り付け**、またはこれを取り外す作業

③**電線を直接造営材**その他の物件（がいしを除く）に取り付け、またはこれを取り外す作業

④**電線管、線ぴ、ダクト**その他これらに類する物に電線を

第6章 一般用電気工作物の保安に関する法令

収める作業

⑤**配線器具**を造営材その他の物件に取り付け、もしくはこれを取り外し、またはこれに電線を接続する作業（露出形点滅器や露出形コンセントを取り換える作業を除く）

⑥**電線管**を**曲げ**、もしくは**ねじ切り**し、または**電線管相互**もしくは**電線管とボックス**などを**接続**する作業

⑦**金属製ボックス**を造営材その他の物件に取り付け、またはこれを取り外す作業

⑧電線、電線管、線ぴ、ダクトその他これらに類する物が**造営材を貫通する部分**に**金属製**の**防護装置**を取り付け、またはこれを取り外す作業

⑨金属製の電線管、線ぴ、ダクトその他これらに類する物またはこれらの付属品を、建造物の**メタルラス張り**、**ワイヤラス張り**または**金属板張り**の部分に取り付け、またはこれらを取り外す作業

⑩**配電盤**を造営材に取り付け、またはこれを取り外す作業

⑪**接地線**を一般用電気工作物（電圧600V以下で使用する電気機器を除く）に取り付け、もしくはこれを取り外し、**接地線相互**もしくは**接地線と接地極**とを接続し、または**接地極**を**地面に埋設する作業**

⑫**電圧600V超**で使用する電気機器に電線を接続する作業

5 電気工事士でなくても行える工事　A

次の①～⑥は軽微な工事として電気工事士法の規制対象から除かれており、**電気工事士免状のない者**でも行うことができます。

①電圧600V以下で使用する**接続器**（差込接続器、ねじ込み接続器、ソケット、ローゼット等）や**開閉器**（ナイフスイッチ等）に、コードまたはキャブタイヤケーブルを**接続**する工事

②電圧600V以下で使用する電動機等の**電気機器**（配線器

接地線を自家用電気工作物（最大電力500kW未満の需要設備に設置される電気機器で電圧600V以下で使用するものを除く）に取り付けたり取り外したりする作業は、第一種電気工事士だけが従事できる。

「軽微な工事」は一般用電気工作物や自家用電気工作物にかかわる工事に含めないものとされています。

258

具を除く）や**蓄電池の端子**に、**電線**（コード、キャブタ
イヤケーブル、ケーブルを含む）をねじ止めする工事

③電圧**600V以下**で使用する**電力量計**もしくは電流制限器
またはヒューズを取り付け、または取り外す工事

④**インターホーン、火災感知器、豆電球**等の施設に使用す
る小型変圧器（2次電圧**36V以下**）の**2次側配線工事**

⑤**電線を支持する**柱、腕木その他これらに類する工作物を
設置し、または変更する工事

⑥地中電線用の**暗きょ**や**管**を設置し、または変更する工事

用語

暗きょ（暗渠）
ケーブルを通すため
に地中に設けられる
構造物。地中電線路
を管路式や暗きょ式
等で施設 ▶P.141

> **例題2** 電気工事士法において、一般用電気工作物の工事また
> は作業でa、bともに電気工事士でなければ従事できないものは
> どれか。
>
> イ. a：接地極を地面に埋設する。
>   b：電圧100Vで使用する蓄電池の端子に電線をねじ止めする。
> ロ. a：地中電線用暗きょを設置する。
>   b：電圧200Vで使用する電力量計を取り付ける。
> ハ. a：電線を支持する柱を設置する。
>   b：電線管に電線を収める。
> ニ. a：配電盤を造営材に取り付ける。
>   b：電線管を曲げる。
>
> **答** 電気工事士でなければできない工事（P.257〜258の①
> 〜⑫）に該当するのはイa（⑪）、ハb（④）、ニa（⑩）とb（⑥）で
> ある。したがって、ニはa、bともに電気工事士でなければ従事で
> きない。なお、軽微な工事（P.258〜259の①〜⑥）にイb（②）、
> ロa（⑥）とb（③）、ハa（⑤）が該当する。　∴正解はニ

押えドコロ　電気工事士法のポイント

電気工事士でなければできない	電気工事士でなくてもできる
●電線管に電線を収める作業	●電力量計の取り付け、取り外し
●電線管の曲げ、ねじ切り、接続	●小型変圧器の2次側配線工事
●配電盤の造営材への取り付け	●電線を支持する柱や腕木の設置
●接地極の地面への埋設	●地中電線用の暗きょや管の設置

確認テスト

できたら チェック ☑

Key Point			
電気工事作業従事者の資格	☐	1	第一種電気工事士であれば、自家用電気工作物（需要設備の最大電力500kW未満）にかかわる電気工事のすべての作業に従事できる。
電気工事士の義務	☐	2	電気工事士は、電気工事の作業において、原則として電気用品安全法に基づく適正な表示が付されたものを使用する義務がある。
電気工事士の免状	☐	3	電気工事士法に違反しているものは、次のイ〜ハのうち、イである。 イ. 電気工事士試験に合格したが、電気工事の作業に従事しないので都道府県知事に免状の交付申請をしなかった。 ロ. 電気工事士が経済産業大臣に届出をしないで、複数の都道府県で電気工事の作業に従事した。 ハ. 電気工事士が電気工事士免状を紛失しないよう、これを営業所に保管したまま電気工事の作業に従事した。
	☐	4	電気工事士が住所を変更したときは、免状を交付した都道府県知事に申請して免状の書換えをしてもらわなければならない。
	☐	5	電気工事士が氏名を変更したときは、経済産業大臣に申請して免状の書換えをしてもらわなければならない。
電気工事士でなければできない作業・電気工事士でなくても行える工事	☐	6	一般用電気工作物の工事または作業でa、bともに電気工事士でなければ従事できないものは、次のイ〜ハのうち、ロである。 イ. a：ソケットにコードを接続する。 　　b：電動機の端子にキャブタイヤケーブルをねじ止めする。 ロ. a：電線管相互を接続する。 　　b：電線管の造営材貫通部分に金属製の防護装置を取り付ける。 ハ. a：電線管をねじ切りし、電線管とボックスを接続する。 　　b：火災感知器の施設に使用する小型変圧器（2次電圧36V以下）の2次側配線工事。

解答・解説

1. × 第一種電気工事士であっても特殊電気工事には従事できないので、すべてに従事できるというのは誤り。 2. ○ 3. × イ. 法に違反するものではない（試験合格後、免状が必要になったときに交付申請すればよい）。ロ. 電気工事士免状は全国で使用できるので、複数の都道府県で作業に従事するための届出などは不要である。ハ. 電気工事の作業に従事するときは電気工事士免状を作業現場で携帯する義務があるので、法に違反している。 4. × 住所は免状の記載事項ではないので、書換えの申請は不要。 5. × 経済産業大臣ではなく、免状を交付した都道府県知事に書換えを申請する。 6. ○ 電気工事士でなければできない工事（P.257〜258の①〜⑫）に該当するのはロa（⑥）とb（⑧）、ハa（⑥）。∴ロはa、bともに電気工事士でなければ従事できない。軽微な工事（P.258〜259の①〜⑥）にはイa（①）とb（②）、ハb（④）が該当する。

第7章

配 線 図

配線図の問題では、試験問題の最後に提示された配線図（平面図・分電盤結線図）を見ながら、合計20問の設問に答えます。前半の10問は図中に示された図記号が表している器具の名称や使用目的、平面図のある部分の最少電線本数などを答える問題であり、後半の10問は配線図全体や指定された図記号、指定された部分について、4枚の写真から1枚を選ぶ鑑別問題です。写真と図記号をしっかり覚えることから始めましょう。

配線図対策の基本

Lessonの ポイント　第二種電気工事士の筆記試験における配線図の問題は、一般的な低圧屋内配線の平面図および分電盤結線図が示され、図記号や配線の種類、施工を行う上で使用する器工具などに関する問題が20問出題されます。

1コマ劇場

ルールを覚えれば大丈夫ですよ。

平面図や分電盤結線図が読み取れないと、解答は難しいですね。

　　配線図の出題は、平面図の屋内配線回路および分電盤結線図を読み解く力が必要になります。また、配線図に表された配線工事の種類、絶縁・接地に関する項目について法規上の基準も整理して学習してください。

1　平面図　　A

　　平面図は、次ページの**図1**に示すように店舗や一般住宅、低圧で配線された工場などに施設されるコンセント・照明器具・機械器具およびそれを操作する点滅器（スイッチ）などを平面に配置し、その間の電気配線を単線で書き表したものです。

　　この配線図をもとに電気設備工事が行われるという想定で、平面図に書き込まれた①〜⑱前後の番号に対応して、264ページのような問題が出題されます（四肢択一）。

■図1　平面図

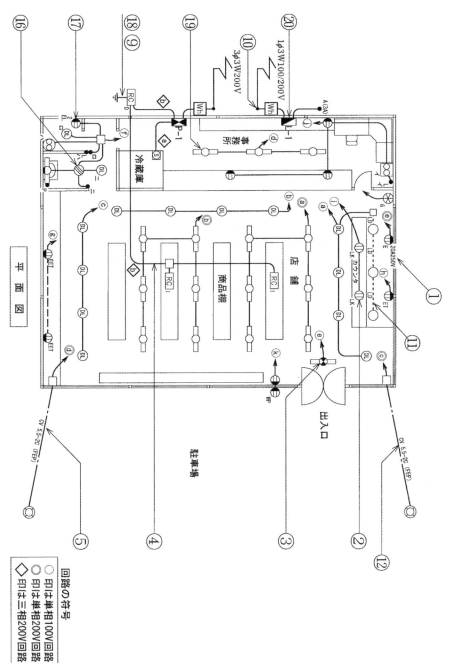

①で示す部分に使用するコンセントの極配置（刃受）は。
②で示すコンセントの取付場所は。
③で示す記号の名称は。
⑤で示す部分の配線工事で用いる管の種類は。

　以上のような問題を解くためには、次のような点がポイントになります。

〔平面図の試験対策ポイント〕
①図記号が示す**配線器具**や**材料、使用工具**などを**理解する**力を付ける
②平面図から、**配線の種類**と**施工方法、特定箇所の最少電線本数、接続箇所の最少電線本数**を読み取る力を付ける
③電気設備技術基準で定められている項目（**接地工事の種類、抵抗の値**など）を確実に理解しておく

2　平面図問題への対策　A

　各番号の部分について、写真で示されたものの名称や役割、図記号の意味以外にも、次のようなことが問われることもあります。それぞれの参照箇所や説明をよく理解しておきましょう。

①**コンセントの種類**（▶別冊P.15、144、145、273）

②**電線の記号の読み取り**（▶P.140、141、175、176、270、271）

③**最少電線本数**（▶P.276〜297）

④必要とされる**リングスリーブ**や**差込形コネクタの種類**と**最少個数**（▶P.216、269、276〜297）

⑤壁押しボタンとチャイムの間の**小勢力回路**で使用できる**電圧の最大値**（▶P.202）

　　小勢力回路とは、呼鈴、警報ベル等に接続する電路であって、最大使用電圧が60V以下のものをいう

⑥壁押しボタンとチャイムの間の**小勢力回路**で使用できる

③と④の問題を解くには、単線図を複線図に書き換える作業が必要です。

①、②や⑤〜⑭の内容を覚えておくだけでも解答できる問題があります。しっかり覚えましょう。

電線（軟銅線）の最少直径

　小勢力回路の電線を造営材に取り付けて施設する場合の電線は、ケーブル（通信用ケーブルを含む）である場合を除き、直径0.8mm以上の**軟銅線**またはこれと同等以上の強さ、太さのものであること

⑦別棟の建物と倉庫等の間に引く配線で、**引込口開閉器が省略できる場合**

　次の条件を**すべて満たせば**引き込み開閉器は省略可能

　屋外（屋側も含む）配線が15m以下、使用電圧が**300V以下**、屋内電路の配線用遮断器が**20Ａ以下**

⑧**引込線取付点**の地表上の**高さ**（◉ P.77）

　原則４ｍ以上（ただし、技術上やむを得ない場合で交通に支障がないときには2.5ｍ以上）

⑨**接地工事の種類**とその**接地抵抗値**の許容される**最大値**〔Ω〕の組合せ（◉ P.209）

⑩許容される**絶縁抵抗**の**最小値**（◉ P.227）

⑪電柱から電線までの**地中電線路**を**直接埋設式**にする場合の**埋没深さの最小値**

　地中電線路を直接埋設式により施設する場合の、地中電線の埋設深さは、車両その他の重量物の圧力を受けるおそれがある場所においては1.2ｍ以上とされている。おそれがない場合は**0.6ｍ以上**

⑫配線工事に必要なケーブルの種類

　３路スイッチや**接地極付コンセント**に接続する場合は、**３心ケーブル**（接地極付コンセントの場合は緑色の接地線が入る）

⑬単相200Ｖ回路に施設する**配線用遮断器**の種類（◉ 別冊 P.11）

　単相３線式200Ｖの回路には、**２Ｐ２Ｅ**（２極２素子）の表示のあるものを使う。**漏電遮断器**も同じ（P：極、E：素子エレメント）

⑭定格電流15Ａの**コンセント**が接続している**配線用遮断器**

配線図に関する問題は、これまで学習してきた内容の集大成ですね。

その通りです。しっかり復習をしましょう。

 重要

単相3線式（1φ3W）かどうかは、分電盤結線図（◉P.266）等の受電点（<7）の傍記表示から読み取る。

の定格電流の最大値

定格電流15Aのコンセント分岐回路を保護する配線用遮断器は定格電流20A以下とされている

3 分電盤結線図　A

分電盤結節図って、難しそうですね！

実際には、そんなに複雑な問題は出題されないので、安心してください。

分電盤結線図は、電気需要家の引込口に設置されている分電盤の内部結線を単線で書き表したものです。分電盤の内部結線図は**近年必ず出題**されています。

受電方式は、近年では**単相3線式**（図2の上の図）が必ず出題されるため、分電盤内部の配線用遮断器等の種類や構成などについて十分に学習しておく必要があります。また、店舗や集合住宅などの配線図では動力回路（**三相3線式200V**）の分電盤結線図（図2の下の図）も示されるのでしっかりと学習しましょう。

■図2　分電盤結線図

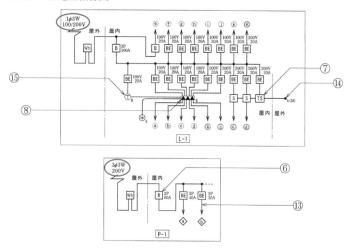

✂ **用語**

単相3線式
柱上変圧器から需要家への配電方式の1つ。記号は「1φ3W」（●P.78）。
3相3線式
柱上変圧器から需要家への配電方式の1つ。記号は「3φ3W」（●P.80）。

実際には、次のような問題が出題されます（四肢択一）。

⑥⑦⑧で示す図記号の名称は（実際は3問）。
⑬で示す回路の相順（相回転）を調べるものは。
⑭⑮で示す図記号の器具は（実際は鑑別問題で2問）。

〔分電盤の試験対策ポイント〕
①受電する電気方式（**単相3線式100/200V**または**三相3線式200V**）による**絶縁抵抗値、接地工事の種類**と**接地抵抗値**
②図記号の表す機器の役割（**配線用遮断器、漏電遮断器**など）
③**電灯用回路**と**動力用回路**の区別

4 低圧配電方式の基本と考え方　A

　一般住宅など単相電源を引き込む配電方式は、単相2線式100Vです。しかし、近年は一般住宅でも使用する電気設備容量が増加しており、単相3線式100/200Vが多くなっています。そのため電気工事士試験の配線図問題においても、近年は単相3線式で引き込まれた住宅や集合住宅を例にした出題となっています。このため、単相3線式の基礎知識（●P.78）が必要です。また、店舗や集合住宅などの動力回路の配線では三相3線式200V（●P.80）の配線となっています。

　配線図を書いたり、配線図の内容を読み取ったりするには、回路の各線の**色**と**対地電圧**が重要になります。

　接地側電線（**対地電圧は0V**）の色は常に「**白色**」が基本です。

　ここで、単相配線の重要点をまとめて示します。

(1)単相2線式
　2本の電線は、**接地側**電線（白色）と**非接地側**電線（原則黒色）です。施工上、接地側の極には必ず白色電線を用います。このため配線図を書くときにも電線の配色に気を付ける必要があります。

(2)単相3線式
①3本の電線は、1本の**接地側**電線（中性線：白色）と2本の**非接地側**電線（黒色と赤色）です。

②中性線の断線は、負荷に加わる電圧に不均衡が生じるため、負荷に障害が発生します。したがって、そのようなことが生じないように、開閉器のうち箱開閉器などの**中性線にはヒューズ**を入れないようにします。

③非接地側電線（黒色および赤色）の**対地電圧**は100Ⅴのため、絶縁抵抗値の最小は0.1MΩです。

　配線図の20問のうちの後半の10問（問41〜50）は、平面図の各部分で使われている（または使われていない）配線器具や計測器、各部分の施工で使われる（または使われない）材料や工具について、写真を元に解答する問題、いわゆる鑑別問題です。

5　鑑別問題について　A

（1）鑑別問題の内容

　実際には、次のような問題が出題されます（四肢択一）。

⑪で示す天井部分に取り付けられる図記号のものは。
⑫で示す電線の切断に使用する工具で**適切なものは**。
⑱で示す部分に接地工事を施すとき、使用されることのないものは。

　ですので、次の点が試験対策のポイントになります。

〔鑑別問題の試験対策ポイント〕
①写真で示されるものの**用途**を確実に理解しておくこと
②図記号の表す機器等と**写真**で示されるものの**対応**を理解しておくこと

　また、使っているケーブルの種類を問う鑑別問題もあります。
　なお、鑑別問題は、一般問題（問1〜30）でも、毎回3問程度出題されます。一般問題の鑑別問題は、配線図とは

鑑別問題は、写真について問われる問題ですね。

別冊も活用して学習しましょう。

関係なく、写真で示されるものの名称や用途を問う形になっています。

一般問題と配線図の問題の鑑別問題については、鑑別問題対策（●別冊P.1〜17）と図記号（●P.270〜275）と合わせて、しっかり覚えることが大切です。

（2）配線の接続に関する問題について

配線図に関する20問のうち、例年2問が

---

①リングスリーブの種類と最少個数の組合せ
②差込型コネクタの種類と最少個数の組合せ

となっていて、次のような問題が出題されます。

---

⑬で示すボックス内の接続をすべて圧着接続とする場合、使用するリングスリーブの種類と最少個数の組合せで、適切なものは。
ただし、使用する電線はＶＶＦ1.6とし、ボックスを経由する電線は、すべて接続箇所を設けるものとする。

これらの問題を解くためには、まず、指定箇所の配線図＝**単線図**を**複線図**に書き換えて（●P.276〜297）、配線の最少本数を確定することが必要です。その上で、リングスリーブの場合は、216ページの表に基づいて、サイズと数を決めます。差込型コネクタは、2本用、3本用、4本用がありますから、配線の数に合わせてサイズと数を決めます。

なお、配線の太さは、平成25年以降の問題では、「**VVF1.6**」か「**IV1.6**」と、問題文に指定されています。問題文に指定がない場合も、問題文の冒頭の【注】や平面図に書き込まれていますから、見落とさないようにしましょう。

この2種類の問題は、近年は毎回のように出題されています。**特定箇所の最少電線本数を問う問題**も単線図を複線図に書き直す作業が必要です。

第7章

配線図

Lesson 2

図記号

1 配線に関係する図記号　A

このあたりの内容は、どれも、これまでに学習していますね。

（1）配線の施工方法の表し方

　配線図に出題される一般電気工作物の配線は、主に屋内配線（一部屋外配線）です。次に主な配線の施工方法の名称と図記号を示します。

■屋内配線（一部屋外設備）の配線名称と図記号

図記号	名称
———————	天井隠ぺい配線
- - - - - - - - - - -	床隠ぺい配線
··················	露出配線
—— · —— · —— ·	地中埋設配線（屋外設備）

（2）電線、ケーブル、管路の配線方法の表し方

　配線図では、書かれた単線で、電線の種類や電線の太さ、電線本数、配管された管の種類を記号で示しています。次にケーブル配線の例および電線管と内部に挿入された絶縁電線の例を示します。

■ ケーブル・電線管と挿入絶縁電線の表記例

ケーブル
——————————————
VVF　　1.6　　　3C 種類　　太さ　　心線の本数
上の図は、電線の太さ（直径）が1.6㎜で、3本（3心）のビニル絶縁ビニルシースケーブル平形（ＶＶＦ）であることを表している

絶縁電線
／／／　◀── 電線の本数
IV　　1.6　　（E19）　　Eは鋼製電線管（ねじなし電線管） 種類　　太さ　　管の種類　　　を表している
上の図は、外径19㎜のねじなし電線管で配管した中に電線の太さ（直径）が1.6㎜の絶縁電線（ＩＶ）が2本挿入（配線）されていることを表している

（3）主な電線・ケーブルおよび電線管の表し方

　配線や配管は記号によって示されるため、配線図に示された記号で使用される電線やケーブルの種類、電線管の種類が判別できなければなりません。次に主な電線・ケーブルおよび電線管の種類と記号を示します。

■ 電線・ケーブル・電線管の種類と記号

記号	電線の種類
IV	600Vビニル絶縁電線
VVF	600Vビニル絶縁ビニルシースケーブル（平形）
VVR	600Vビニル絶縁ビニルシースケーブル（丸形）
CV	600V架橋ポリエチレン絶縁ビニルシースケーブル
EM-EEF	600Vポリエチレン絶縁耐燃性ポリエチレンシースケーブル平形

記号	電線管の種類
なし	薄鋼電線管
E	鋼製電線管（ねじなし電線管）
PF	合成樹脂製可とう電線管（PF管）
CD	合成樹脂製可とう電線管（CD管）
VE	硬質塩化ビニル電線管
HIVE	耐衝撃性硬質塩化ビニル電線管
FEP	波付硬質合成樹脂管

第7章
配線図

2　主な図記号　　A

　配線図においては、図記号で配線や器具・機器の判別ができることが重要です。次に配線図問題によく出題される図記号とその名称およびポイントについて示します。

> 図記号は、1つ1つ覚えるしかありません。しっかり覚えましょう！

■ 配線に関する図記号

図記号	名称	ポイント
♂	立上り	2階建てなど複数階の建物で、階をまたいで配線するときに使用する
♀	引下げ	
♂	素通し	
⊠	プルボックス	多数の電線管が集中する箇所に使用する

図記号	名称	ポイント
□	ジョイントボックス（アウトレットボックス）	電線の接続や器具の取り付けに用いる
◯（斜線）	VVF用ジョイントボックス	VVFケーブル専用のジョイントボックス
⏚	接地端子	接地極からの接地線を裏面の端子に結線する。スイッチボックスなどでコンセントと一緒に取り付け、電気器具の接地線を接続する端子
⏚	接地極	C種接地…E_C、D種接地…E_Dのように、接地種別を傍記する。必要に応じて、接地抵抗値なども傍記する
⚡	受電点	引込口にも使用する

■機器に関する図記号

図記号	名称	ポイント
Ⓜ	電動機	必要によって、電気方式、電圧、容量などを「3φ200V　1.5kW」のように傍記
╪	コンデンサ	電動機の近くに設置し、力率を改善する
◯◯	換気扇	羽根をモデル化した図記号である。天井付は▭◯◯
RC	ルームエアコン	屋外ユニットはO（outdoor）、屋内ユニットはI（indoor）を傍記する
Ⓣ	小型変圧器	ベル変圧器はB、リモコン変圧器はR、ネオン変圧器はNを傍記する
Ⓗ	電熱器	電気温水器を表すことが多い
CT	変流器（箱入り）	主回路に流れる大電流を扱いやすい大きさに変換する機器

■照明器具に関する図記号

図記号	名称	ポイント
▭( )	引掛シーリング（角形）	天井下面に取り付け照明器具のコードを接続して電源を供給する
( )	引掛シーリング（丸形）	照明器具の直付も可能である
⊖	ペンダント	天井からコードでつり下げて使用する照明器具
CL	シーリング（天井直付）	CL：シーリングライトの略

図記号	名称	ポイント
(CH)	シャンデリア	CH：シャンデリアの略
(DL)	埋込器具（ダウンライト）	天井に埋込んで使用する DL：ダウンライトの略
◯	白熱灯	壁付は壁側を塗るかW（wall）を傍記する
▭◯▭	蛍光灯（天井直付）	容量を示す場合は、ワット（W）×ランプ数を傍記する。床付はFを、プルスイッチ付はPを傍記する。◯の形もある
▭◯▭	蛍光灯（壁付）	壁付は壁側を塗るかW（wall）を傍記する
▭⊗▭	誘導灯（蛍光灯）	非常時の避難経路を表示する
⊗	誘導灯（白熱灯）	非常時の避難経路を表示する
◎	屋外灯	傍記がH100であれば、100Wの水銀灯

■コンセントに関する図記号

図記号	名称	ポイント
◒ / ◇	一般形コンセント ワイドハンドル形コンセント	露出形と埋込形の区別は、コンセントへの配線（露出配線／隠ぺい配線）で判断する。露出形は壁や柱に直接取り付ける ● 傍記の種類 口数…2、3のように口数を傍記 抜け止め形……………………LK 接地極付………………………E 接地端子付……………………ET 接地極付接地端子付……EET 漏電遮断器付……………EL 防雨形……………………WP 防爆形…………… EX 医療用……………………H 引掛形……………………T 20A以上………………20A 使用電圧200V…………250V ※15A、125Vは傍記しない 3極以上…3Pのように極数を傍記 ※3Pは三相用であることを示す
⊕	天井付コンセント	天井に取り付ける。抜け止め形（LK）にすることが多い
⊕	フロアコンセント	床面に取り付ける

第7章 配線図

図記号	名称	ポイント	
●	単極スイッチ	タンブラスイッチ、片切スイッチとも呼ばれる。押すとONとなる側に印がある。露出形は露出配線で用いる	
◆	ワイドハンドル形		
●3	3路スイッチ	負荷を2か所から点滅する場合に用いる	
●4	4路スイッチ	3路スイッチの回路の中間に用いて点滅できる箇所を増加させるときに使用する	
●2P	2極スイッチ	同時にON-OFFする単極スイッチが2つ組込まれているタイプ	
●H	位置表示灯内蔵スイッチ	点滅器がOFFのときに内蔵のパイロットランプが点灯して点滅器の位置が確認できる	
●L	確認表示灯内蔵スイッチ	点滅器がONのときに内蔵のパイロットランプも点灯し、負荷の運転が確認できる	
●A(3A)	自動点滅器	屋外灯などを周囲の明暗により、自動的に点滅させる場合に用いる。Aはオートマチックの意味。（3A）は容量を表す	
✎	調光器	照明器具の明るさを調整する	
●R	リモコンスイッチ	リモコン配線専用の点滅器。リモコン変圧器とリモコンリレーを組み合わせて用いる	
●P	プルスイッチ	引きヒモを引くことで電灯などの点滅をする	
●D	遅延スイッチ	スイッチを切ったあと一定時間後に電源が切れる	
⊗	リモコンセレクタスイッチ	複数のリモコンスイッチを集合させたもの	
▲	リモコンリレー	リモコン配線に用いる継電器 複数の場合 ▲▲▲10。（10は集合取付数）	
○	別置表示灯（パイロットランプ）	点滅器と組み合わせて、器具の動作状態や点滅器の位置を示す場合に使用する	

■ 計器に関する図記号

図記号	名称	ポイント
S	開閉器	手動で刃をON-OFFして回路の開閉を行う。箱入りは箱の材質等を傍記。機能はカバー付ナイフスイッチと同じである。傍記表示にf30Aなどの表示がある場合は、ヒューズを内蔵しているので、過電流遮断機能をもつ
Ⓢ	電流計付箱開閉器	図記号の○印が「電流計付」を示している。機能はカバー付ナイフスイッチと同じである

図記号	名称	ポイント
B	配線用遮断器	図記号のBとBEの違いは、Eが付くことで「漏電遮断器」の機能があることを示す ● 2P1E（2極1素子） 単相2線式および単相3線式回路で100Vの分岐回路に使用する。L、Nの極性表示が端子部にあり、N表示の端子は接地側電線（中性線）に接続する
BE	過負荷保護付 漏電遮断器	● 2P2E（2極2素子） 200Vの回路に使用し極性の表示がない。単相3線式回路においても、中性線を使用しない。200Vの回路には極性表示のないこの2P2Eを用いる
E	漏電遮断器	テストボタンが緑の場合が漏電検出遮断専用を示す。過負荷保護付はテストボタンは赤色であることが多い。灰色もある。傍記表示に30AFなどの表示がある場合は過電流遮断機能をもつ
B	モータブレーカ	配線用遮断器のうち電動機の過負荷保護に使用するもの
TS	タイムスイッチ	設定した時間に負荷を動作（ON-OFF）させるため、動作時間を設定できる点滅器
●B	電磁開閉器用 押しボタン	電磁開閉器をON-OFFさせ、電動機を運転・停止する場合に用いる。確認表示灯付の傍記表示：BL、圧力スイッチの傍記表示：P
Wh	電力量計 （箱入りまたはフード付）	電力量を計るための計器

■ そのほかの図記号

図記号	名称	ポイント
◢	分電盤	漏電遮断器や配線用遮断器を1か所にまとめるためのもの
▶◀	制御盤	電動機などを制御するための電磁開閉器、配線用遮断器などを1か所にまとめるためのもの
▷◁	配電盤	分電盤等へ電気を供給するためのもの
●	押しボタン	壁付は壁側を塗る
ベル記号	ベル	小勢力回路（60V以下）で用いられる
ブザー記号	ブザー	
チャイム記号	チャイム	
------ LD	ライティングダクト	照明器具の位置を自由に移動させるためのダクト。下側が開口している

第7章

配線図

275

Lesson 3

単線図から複線図へ

Lessonの ポイント 配線図に関する問題では、指定された部分の最少電線本数を知る必要があるものがあります。そこで、問題の単線図を複線図に書き換える必要があります。単線図を複線図に書き換える手順について説明します。

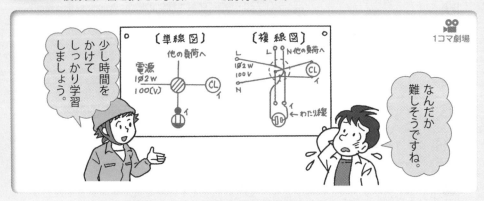

1 単線図と複線図 A

　配線図は、単線結線図で出題されます。しかし、**リングスリーブや差込型コネクタの種類と最少個数を問う問題**（●P.269）や**最少電線本数**を問う問題では、電線の本数を知るために、**単線図を複線図に書き換える**必要があります。そこで、単線図を複線図に書き換える手順について基本回路を用いて説明します。

■図1　単相回路の負荷と点滅器の接続図

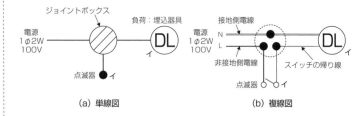

(a) 単線図　　　　　　　(b) 複線図

> 接地側電線とは、接地（アース）がされている電線で、人が触れても感電したりしません。

　低圧回路は接地側電線（**N**：白）と非接地側電線（**L**：黒）の2本で構成されています。電気の器具（電灯や換気扇な

ど）は、その２線間に配置し駆動を操作する点滅器（スイッチ）で動作を制御しています。**図１(a)**に示した**単線図**の状態を、実際の配線通りに忠実に表したものが**図１(b)**の**複線図**（実体配線図）です。この複線図を見れば、各所の配線の様子が具体的に把握できます。

複線図の基本ポイントは以下の２つです。

> ①**器具（負荷）には、必ず**接地側電線（N：白）**が直接接続されている**
> ②**器具（負荷）は、必ず**点滅器を介して非接地側電線（L：黒）**と接続する**

②の理由は、点滅器を介さずに器具（負荷）と非接地側電線を接続すると、電灯などの器具に常に100Vの電圧が加わった状態になり、人が不用意に器具に触れた場合に、感電するなどの危険性が生じます。それを防ぐために、使用しない負荷は、点滅器によって100Vの電圧から切り離せるようになっています。

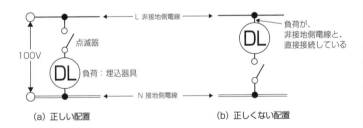

(a) 正しい配置　　　　　　　　　(b) 正しくない配置

2 単線図から複線図への書き換え

単線図から複線図への書き換えでは、回路の電線の引き回しやボックス内の接続本数、配線器具どうしのわたり線などが確認できるように実態に則した複線図を書くことが重要です。

（1）単線図から複線図への書き換え手順

単線図から複線図への書き換え手順を次に示します。

この２つの基本ポイントは、とても大切です。しっかり覚えましょう！

書き換え手順は暗記します！

第7章

配線図

手順 1	図面通りに器具（負荷）を配置
手順 2	電源の２本の線を、接地側電線（N：白）、非接地側電線（L：黒）に区別
手順 3	すべての器具（負荷）とコンセントに接地側電線（N：白）を配線
手順 4	非接地側電線（L：黒）を点滅器とコンセントに配線
手順 5	点滅器の配線を操作する器具（負荷）に配線
手順 6	電線路が最少電線本数となるようにする

①から⑥までの手順の①から④がすべての回路に共通し、特に重要な項目です。

(2) 単線図から複線図への書き換え手順

では、上記の**書き換え手順**に従って下の**図２**に示す単線図を複線図に、書き換えてみましょう。この単線図は、１か所の電灯の点滅を１つの点滅器で行い、同時に常時充電されたコンセントが１つ、また、ほかの負荷回路への送り電源がある基本回路です。

■図２　電灯の１か所点滅とコンセントの基本回路

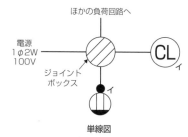

ほかの負荷回路へ

電源
1φ2W
100V

ジョイント
ボックス

CL
イ

単線図

図２に示す回路の条件
①電灯（イ）を、点滅器（イ）で点滅できること
②コンセントは常時充電であること
③同じ電源からほかの負荷回路へ電源を送ること

◆ 書き換え手順

手順 1	図面通りに器具（負荷）を配置

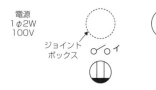

ほかの負荷回路へ

電源
1φ2W
100V

ジョイント
ボックス

CL
イ

イ

重要

電源の２本の線（N、L）をコンセントに直接配線するのは、コンセントを常時充電（いつでも使える）状態にしておくため。

プラスワン

手順 6 は、例えば、スイッチボックスなどの中で同じ極性の器具端子をわたり線（▶P.279、280）で接続して共通の端子とするといったこと。

これ以降、あなたも一緒に複線図を書いてみましょう。きれいでなくてかまいません。たくさん書くことがとても大切です。

手順2 電源の2本の線を**接地側電線**（N：白）、**非接地側電線**（L：黒）に区別

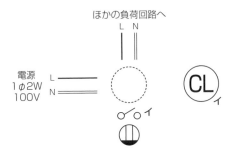

手順3 すべての器具（負荷）とコンセントに接地側電線（N：白）を配線
同時にほかの**負荷回路**にも配線する

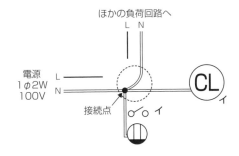

手順3は、基本ポイントの「①器具（負荷）には、必ず接地側電線（N：白）が直接接続されている」です。

手順4 **非接地側電線**（L：黒）を**点滅器**と**コンセント**に配線
同時にほかの**負荷回路**にも配線する

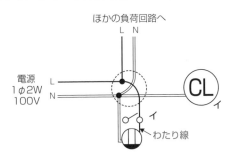

手順4は、基本ポイントの「②器具（負荷）は、必ず点滅器を介して非接地側電線（L：黒）と接続する」ですね。

第7章

配線図

279

◆ わたり線の考え方＝使用する電線の本数を最少にする

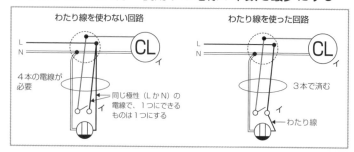

わたり線を使わない回路 / わたり線を使った回路

4本の電線が必要 / 同じ極性（LかN）の電線で、1つにできるものは1つにする / 3本で済む / わたり線

手順⑤ 点滅器の配線を操作する器具（負荷）に配線

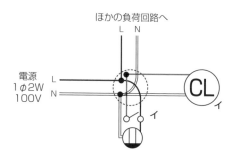

ほかの負荷回路へ / 電源 1φ2W 100V

手順⑥ 電線本数を最少電線本数にする

そのために、わたり線を使いますが、わたり線はスイッチボックス内で使用します。

ただし、今回は **手順④** で済んでいます。

以上で完成です。

3 試験問題への対応　A

第二種電気工事士の筆記試験で、電線の本数（条数）が問われるのは、次の3種類の問題です。

①平面図の特定の部分の**最少電線本数**を問う問題

②平面図の特定のボックス内で使う**リングスリーブの種類と最少個数**

③平面図の特定のボックス内で使う**差込コネクタの種類と最少個数**

電線本数を減らすことは試験対策として大切ですが、工事のコストや作業のしやすさにも影響します。

点滅器が操作する器具（負荷）は図記号の脇に示した記号で区別する。

コンセントには、N線とL線が直接つながっていますが、負荷とL線の間には点滅器があることを確認しましょう。

　では、278ページの単線図と280ページの完成した複線図をもとに、試験対策を進めましょう。

（1）最少電線本数を問う問題

　問題は、次のような形で出されます。

---

③の部分の最少電線本数（心線数）は。
ただし、電源からの接地側電線は、スイッチを経由しないで照明器具に配置する。

プラスワン

左のただし書きがない場合でも、回路の複線図を作成する際は、感電からの保護等のため、点滅器（スイッチ）の配線は必ず非接地側電線の回路で行うことが決められている（● P.277）。

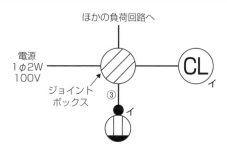

　では、280ページの完成した複線図を見ながら考えてみましょう。

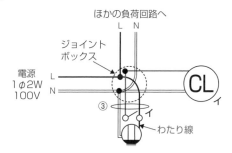

　③の部分の電線本数は3本です。

　ただし、ここでは、わたり線を使っていますから3本になっていますが、わたり線を使わない場合は、280ページのわたり線の説明のように4本になってしまいます。しかし、問われているのは、**最少電線本数**なので、4本では不正解になってしまいます。

　複線図を書く際には、常に**最少電線本数**になるように意識することが大切です。

(2) リングスリーブの種類と数を問う問題

問題は、次のような形で出されます。

⑫で示すジョイントボックス内の接続を圧着接続とする場合、使用するリングスリーブの種類と最少個数の組合せで、適切なものは。
ただし、使用する電線はVVF1.6とする。

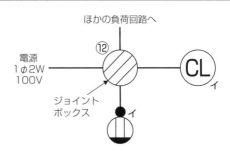

ほかの負荷回路へ

電源
1φ2W
100V

ジョイント
ボックス

CL
イ

イ

リングスリーブと差込形コネクタの最少個数の確定は、そのボックスに関わる最少電線本数が正しく確定されていることが前提になります。

そうですね。最少電線本数を間違えたら、最少個数も間違えてしまうということですね。

下の複線図を見ると、接続箇所は、下のⒶ、Ⓑ、Ⓒで、3つです。Ⓐの接続本数は3本、Ⓑは2本、Ⓒは4本です。問題文にあるように、使用する電線は1.6㎜です。216ページの表にあるように、4本までは小で大丈夫ですから、小3個が正解です。

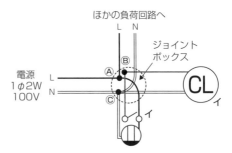

ほかの負荷回路へ
L N

ジョイント
ボックス

電源
1φ2W
100V

L
N

Ⓑ
Ⓐ

Ⓒ

CL
イ

イ

(3) 差込形コネクタの種類と数を問う問題

問題は、次のような形で出されます。

⑫で示すVVFジョイントボックス内の接続をすべて差込形コネクタとする場合、使用する差込形コネクタの種類と最少個数の組合せで、適切なものは。
ただし、使用する電線はVVF1.6とする。

　試験に出る差込形コネクタは、2本用、3本用、4本用の3種類ですから、(2)の複線図を見るとⒶが3本用、Ⓑが2本用、Ⓒが4本用で、それぞれ数は1個ずつとなります。

4 知っておきたい基本回路の複線図　**A**

　図2の基本回路で練習した単線図から複線図への書き換えの手順や手法については、回路が複雑になっても変わりません。基本回路や応用回路を練習した手順を確認しながら学習しましょう。

（1）点滅器1個で2か所の白熱灯を同時に点滅させる回路

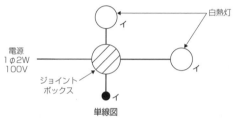

白熱灯

電源
1φ2W
100V

ジョイント
ボックス

イ

単線図

　どのような回路に対しても**書き換え手順①から④**までを、まず行いましょう。

手順1　**図面通りに器具（負荷）を配置**

手順2　電源の2本の線を**接地側電線**（N：白）、**非接地側電線**（L：黒）に区別

手順3　**すべての器具（負荷）とコンセントに接地側電線を配線**

　　　この回路は、コンセントがないので白熱灯だけに配線します

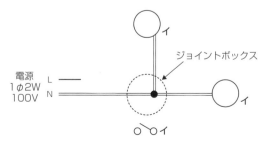

ジョイントボックス

電源
1φ2W
100V

L
N

イ

イ

イ

書き換え手順の通りに進めればよいんですね。

手順3は、基本ポイントの「①器具（負荷）には、必ず接地側電線（N・白）が直接接続されている」です。

➕ プラスワン

点滅器（スイッチ）の刃は、負荷側に付けている。

第7章

配線図

283

手順4は、基本ポイントの「②器具（負荷）は、必ず点滅器を介して非接地側電線（L:黒）と接続する」ですね。

複線図の作図のあとのチェックポイントは、各負荷、コンセント、点滅器から、それぞれ2本の配線が出ているかという点です。

手順4 **非接地側電線**（L：黒）を**点滅器**および**コンセント**に配線

この回路は、コンセントがないので点滅器だけに配線します

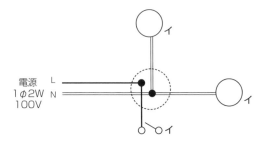

手順5 **点滅器の配線**を操作する器具（同じ記号が書かれたもの：イ）に配線

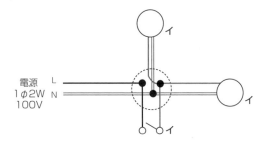

（2）白熱灯2個を2個の点滅器で個々に点滅する回路

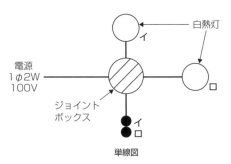

単線図

284

まず、**手順①から③**まで行いましょう。

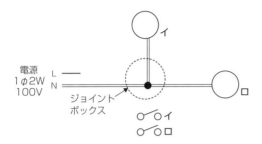

手順 4 **非接地側電線**（L：黒）を**点滅器**に配線

このとき、同じボックスで2つの点滅器イ・ロの両方に非接地側電線を接続することになります。そこで同じ極（LかNか。この場合はL）の線は共通にして「わたり線」を使用します。

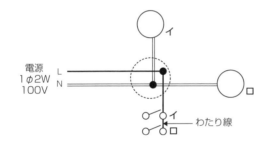

手順 5 **点滅器の配線を同じ記号の器具**（同じ記号が書かれたもの）に配線します。

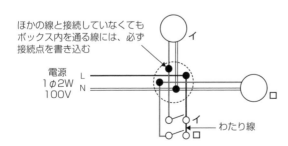

この複線図の作図のポイントは、イの点滅器の帰り線（負荷から点滅器への配線）と、ロの点滅器の帰り線を独立させることです。それができれば、見た目ほど難しい作図ではありません。

（3）接続ボックスが2か所の回路

複線図を描く場合、接続ボックスでは必ず接続を行いましょう。

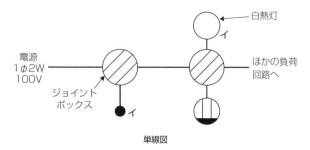

単線図

まず、**手順①から③**まで行いましょう。

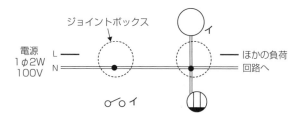

手順4 **非接地側電線**（L：黒）を**点滅器**と**コンセント**に配線し、ほかの負荷回路へも配線する。

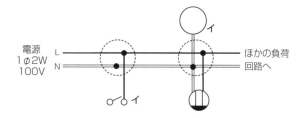

複線図の電線は、ボックス内の接続点や負荷との接続さえしっかりしていれば、あとは曲がった線でもかまいません。

286

手順 5 点滅器の配線を操作する器具（負荷）に配線します。

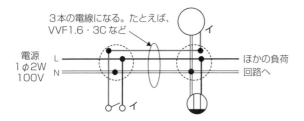

3本の電線になる。たとえば、
VVF1.6・3C など

電源
1φ2W
100V

ほかの負荷
回路へ

（4）1つの白熱灯を2か所から点滅できる回路

（3路スイッチを使用した回路）

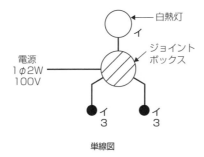

白熱灯

ジョイント
ボックス

電源
1φ2W
100V

単線図

まず、**手順①から③**まで行いましょう。

このとき、3路スイッチの記号、端子番号に気を付けましょう。**0は電源（L）か負荷**につなぎます。そして、2つの3路スイッチの1どうし、3どうしをつなぎます。

その際、1と3は上下（左右）でそろっていなくてかまいません。

3路スイッチは、2つ以上のセットになります。

第7章

配線図

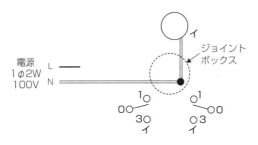

電源
1φ2W
100V

ジョイント
ボックス

手順 4 **非接地側電線**（L：黒）を**点滅器**に配線します。

どちらの3路スイッチの共通端子（0番）に接続するか決める必要があります。一般に、**電源にいちばん近い位置**の3路スイッチとなります。

3路スイッチの同じ番号を配線してつなぎましょう。

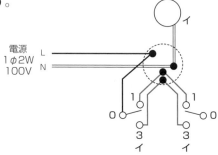

手順 5 電源と接続しなかった3路スイッチの**共通端子**（0番）を、**操作対象の器具**（**負荷**）に配線します。

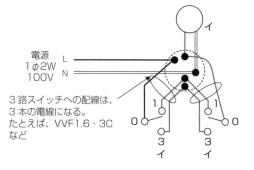

0は電源（L）か負荷につなぎます。そして、2つの3路スイッチの1どうし、3どうしをつなぎます。

（5）1つの白熱灯を3か所から点滅できる回路

（3路スイッチ＋4路スイッチの回路）

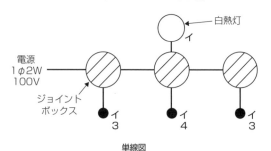

単線図

まず、**手順①から③**まで行いましょう。

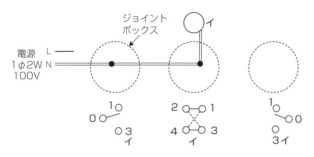

> 4路スイッチは、点滅できる箇所を増加させるときに、3路スイッチの回路の中間に用います。

手順4 **非接地側電線**（L：黒）を**点滅器**（3路スイッチおよび4路スイッチ）に配線します。**電源側にいちばん近い3路スイッチの共通端子（0番）に非接地側電線を配線します。同時に4路スイッチを含めた点滅回路を配線して完成しましょう。

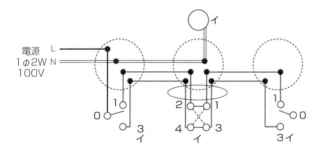

手順5 電源と接続しなかった3路スイッチの**共通端子（0番）を、操作対象の器具（負荷）に配線します。

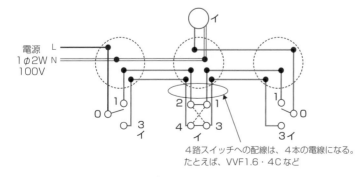

4路スイッチへの配線は、4本の電線になる。
たとえば、VVF1.6・4C など

第7章 配線図

（6）パイロットランプの表示回路（基本回路）

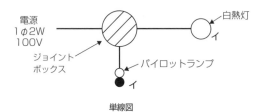

単線図

（ア）パイロットランプの常時点灯回路

　パイロットランプはあとにして**手順①から③**まで行いましょう。

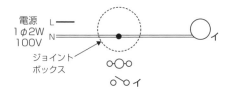

手順4　**非接地側電線**（Ｌ：黒）を点滅器に配線します。
一緒にほかの**器具**（**負荷**）にも配線しましょう。

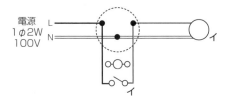

手順5　パイロットランプが**常時点灯**とは、パイロットランプに**常に電源**（Ｎ、Ｌ）**が来ている**ことです（コンセントと同じ考えで配線を考えましょう）。
同じ極性の電線は、「わたり線」を利用しましょう。

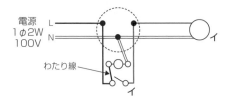

（イ）パイロットランプの電灯と同時点滅回路

確認表示灯内蔵スイッチの回路と同じです。

パイロットランプはあとにして**手順①から③**まで行いましょう。

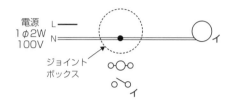

電源
1φ2W
100V

ジョイント
ボックス

用語

確認表示灯内蔵スイッチ
点滅器がONのときに内蔵のパイロットランプも点灯して、器具（負荷）の運転が確認できる。
▶別冊P.10、274

手順 4 **非接地側電線**（L：黒）を**点滅器**に配線します。一緒にほかの**器具（負荷）**にも配線しましょう。

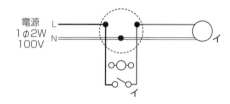

電源
1φ2W
100V

手順 5 パイロットランプが電灯と**同時点滅**とは、電源に対してパイロットランプが電灯と**並列**になっていることです（2個の電灯をつけることと同じだと考えましょう）。同じ極性の電線は「わたり線」を利用しましょう。

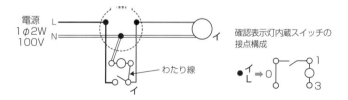

電源
1φ2W
100V

わたり線

確認表示灯内蔵スイッチの
接点構成

第7章

配線図

291

（ウ）パイロットランプの電灯と異時点滅する回路

位置表示灯内蔵スイッチの回路と同じです。

パイロットランプはあとにして**手順①**から**③**まで行いましょう。

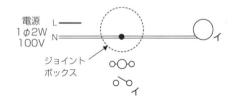

手順 4 **非接地側電線**（L：黒）を**点滅器**に配線します。一緒にほかの**器具（負荷）**にも配線しましょう。

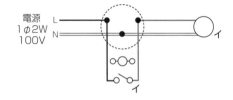

手順 5 パイロットランプが電灯と**異時点滅**とは、パイロットランプと電灯が**直列**になっていることです。ここでも「わたり線」を利用しましょう。

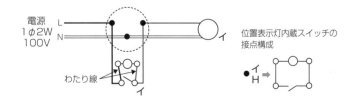

位置表示灯内蔵スイッチの接点構成

（7）自動点滅器の回路

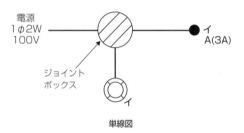

単線図

まず、**手順①**から**③**まで行いましょう。

このときに、自動点滅器の書き方は、自動点滅器の内部構造が下の右の図のようになっていますので、単極の点滅器と同じ考えで書きましょう。

しかし、自動点滅器のON-OFFを行うセンサを働かせるための電源が必要です。

そのため、単極点滅器の回路とセンサの回路が内蔵されていますが接地側電線は共通です。その結果、端子は共通のほかに、電源、負荷の3つになります。

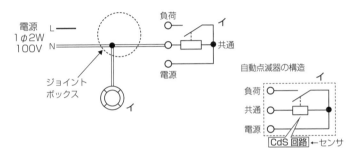

手順4 **非接地側電線**（L：黒）を**点滅器**に配線します。

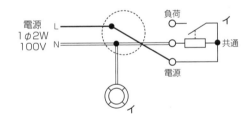

手順5 点滅器の**出力端子**（負荷と書かれている）から**器具**（**負荷**）に配線しましょう。

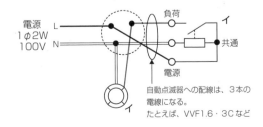

自動点滅器への配線は、3本の電線になる。
たとえば、VVF1.6・3Cなど

第7章

配線図

複線図を書きなれた人でも、少し複雑な図になると、いくつか書いてみないと正解にならないそうです。みなさんも、そのつもりで頑張ってください。

問題1 次の単線図を複線図に書き換えよ。

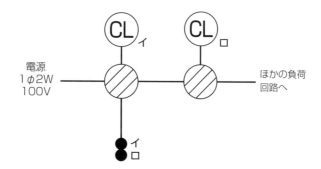

問題2 次の単線図を複線図に書き換えよ。ただし、パイロットランプは、常時点灯とする。

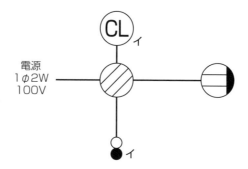

問題3 次の単線図を複線図に書き換えよ。

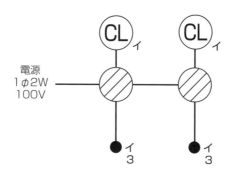

問題4 次の単線図を複線図に書き換えよ。

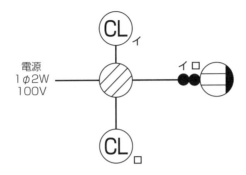

問題5 次の単線図を複線図に書き換えよ。

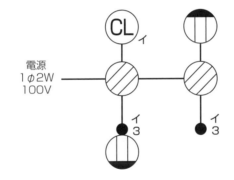

問題6 次の単線図を複線図に書き換えよ。

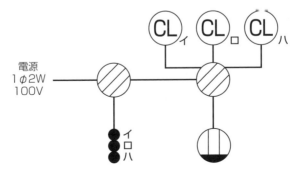

問題1 解答例

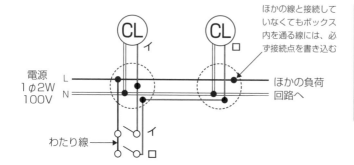

ほかの線と接続していなくてもボックス内を通る線には、必ず接続点を書き込む

電源
1φ2W
100V

ほかの負荷
回路へ

わたり線

一見複雑ですが、接地側電線（手順2）、非接地側電線（手順3）、点滅器と各負荷を結ぶ線（帰り線。手順4）に分けて考えると、割と単純です。

問題2 解答例

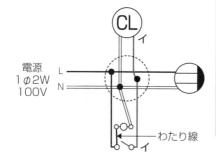

電源
1φ2W
100V

わたり線

パイロットランプが常時点灯とは、パイロットランプに常に電源が来ていることです。同じ極性（L）の電線は、「わたり線」を利用しましょう。コンセントも常に電源が来ているので、電源から接地線、非接地線がつながります。

パイロットランプの同時点滅と異時点滅についても復習しておかなくちゃね。

問題3 解答例

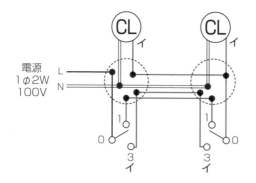

電源
1φ2W
100V

負荷は2つですが、2つは同時に点灯する形なので、2つを並列につなぎます。これも、一見複雑ですが、手順4の3路スイッチは、1どうし、3どうしを結び、右側の0と各負荷とを結ぶ（帰り線）と考えれば、理解しやすくなります。

問題4 解答例

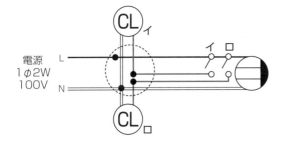

イの点滅器の配線（帰り線）
とロの点滅器の帰り線が交わ
ることはありません。また、
コンセントには、電源から接
地線と非接地線がつながって
います。

問題5 解答例

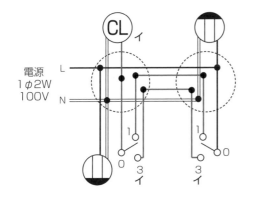

負荷（シーリングライト）が
1つにコンセントが2つとい
う、少し変則的回線です。2
つのコンセントに、電源から
接地線と非接地線がつながっ
ていることを確認しましょう。

問題6 解答例

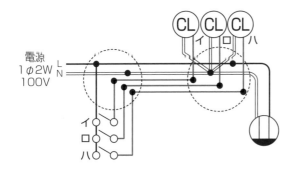

この問題も電線の数は多いで
すが、理屈がわかってくると、
面白いですね。

そう。そんなに難しい理屈で
はありませんし、慣れも重要
です。ペンやマーカーで複線
図に色を塗りながら確認する
のもよい方法ですよ。

第7章

配線図

索　引

重要過去問題集

1 電気に関する基礎理論

1 図のような回路で、端子a－b間の合成抵抗〔Ω〕は。 【H22問1】

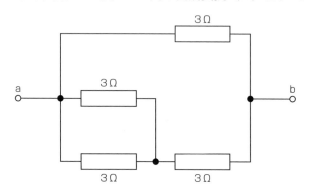

イ. 1.5   ロ. 1.8   ハ. 2.4   ニ. 3.0

2 電線の接続不良により、接続点の接触抵抗が0.2〔Ω〕となった。この電線に10〔A〕の電流が流れると、接続点から1時間に発生する熱量〔kJ〕は。
ただし、接触抵抗の値は変化しないものとする。 【H25(下)問4】

イ. 7.2   ロ. 17.2   ハ. 20.0   ニ. 72.0

3 A、B2本の同材質の銅線がある。Aは直径1.6〔㎜〕、長さ40〔m〕、Bは直径3.2〔㎜〕、長さ20〔m〕である。Aの抵抗はBの抵抗の何倍か。 【H23(上)問1】

イ. 2   ロ. 4   ハ. 6   ニ. 8

4 直径2.6〔mm〕、長さ20〔m〕の銅導線と抵抗値が最も近い同材質の銅導線は。 【H26(下)問3】

イ. 直径1.6〔mm〕、長さ40〔m〕　　ロ. 断面積8〔mm²〕、長さ20〔m〕

ハ. 直径3.2〔mm〕、長さ10〔m〕　　ニ. 断面積5.5〔mm²〕、長さ20〔m〕

5 図のような交流回路で、リアクタンス8〔Ω〕の両端の電圧V〔V〕は。

【H23(下)問2】

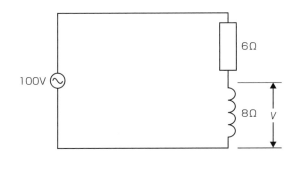

イ. 43　　　ロ. 57　　　ハ. 60　　　ニ. 80

6 図のような交流回路で、抵抗の両端の電圧が80〔V〕、リアクタンスの両端の電圧が60〔V〕であるとき、負荷の力率〔%〕は。【H25(上)問3】

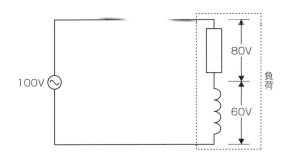

イ. 43　　　ロ. 57　　　ハ. 60　　　ニ. 80

7 図のような三相負荷に三相交流電圧を加えたとき、各線に15〔A〕の電流が流れた。線間電圧 E〔V〕は。　【H23（下）問5】

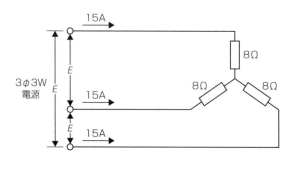

イ. 120　　ロ. 169　　ハ. 208　　ニ. 240

8 図のような三相3線式回路の全消費電力〔kW〕は。　【H26（上）問5】

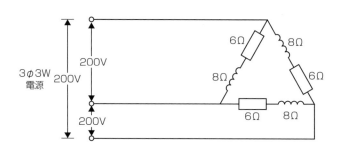

イ. 2.4　　ロ. 4.8　　ハ. 7.2　　ニ. 9.6

2 配電理論および配電設計

9 図のような単相2線式回路で、c−c′ 間の電圧が99〔V〕のとき、a−a′ 間の電圧〔V〕は。
ただし、r は電線の抵抗〔Ω〕とする。　【H27（下）問6】

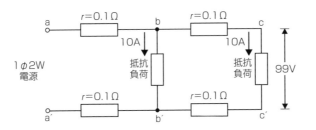

イ. 102 　　　ロ. 103 　　　ハ. 104 　　　ニ. 105

10 図のような単相3線式回路で、電線1線当たりの抵抗が r〔Ω〕、負荷電流が I〔A〕、中性線に流れる電流が0〔A〕のとき、電圧降下（Vs − Vr）〔V〕を示す式は。　【H26（下）問6】

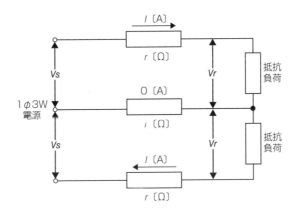

イ. rI 　　　ロ. $\sqrt{3}\,rI$ 　　　ハ. $2\,rI$ 　　　ニ. $3\,rI$

図のような単相3線式回路において、消費電力125〔W〕、500〔W〕の2つの負荷はともに抵抗負荷である。図中の×印点で断線した場合、a－b間の電圧〔V〕は。

ただし、断線によって負荷の抵抗値は変化しないものとする。

【H24（下）問8】

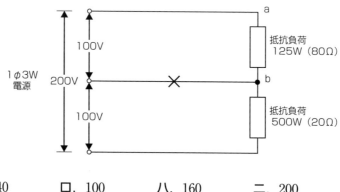

イ. 40　　　ロ. 100　　　ハ. 160　　　ニ. 200

図のような三相3線式回路で、電線1線当たりの抵抗が0.1〔Ω〕、線電流が20〔A〕のとき、この電線路の電力損失〔W〕は。　【H23（上）問8】

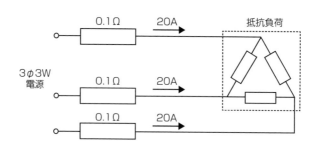

イ. 40　　　ロ. 80　　　ハ. 100　　　ニ. 120

13 金属管による低圧屋内配線工事で、管内に直径2.0mmの600Vビニル絶縁電線（軟銅線）4本を収めて施設した場合、電線1本当たりの許容電流〔A〕は。
ただし、周囲温度は30℃以下、電流減少係数は0.63とする。

【H28（下）問7】

イ. 17   ロ. 22   ハ. 30   ニ. 35

14 図のような、電熱器Ⓗ1台と電動機Ⓜ2台が接続された単相2線式の低圧屋内幹線がある。この幹線の太さを決定する根拠となる電流I_W〔A〕と幹線に施設しなければならない過電流遮断器の定格電流を決定する根拠となる電流I_B〔A〕の組合せとして、適切なものは。
ただし、需要率は100〔%〕とする。　【H20問9】

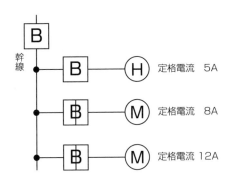

イ. I_W　27
　　I_B　55

ロ. I_W　27
　　I_B　65

ハ. I_W　30
　　I_B　55

ニ. I_W　30
　　I_B　65

15 図のように定格電流60〔A〕の過電流遮断器で保護された低圧屋内幹線から分岐して、10〔m〕の位置に過電流遮断器を施設するとき、a－b間の電線の許容電流の最小値〔A〕は。　【H27（下）問9】

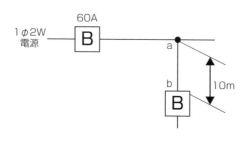

イ. 15　　　ロ. 21　　　ハ. 27　　　ニ. 33

16 低圧屋内配線の分岐回路の設計で、配線用遮断器、分岐回路の電線の太さ及びコンセントの組合せとして、適切なものは。

ただし、分岐点から配線用遮断器までは2〔m〕、配線用遮断器からコンセントまでは5〔m〕とし、電線の数値は分岐回路の電線（軟銅線）の太さを示す。

また、コンセントは兼用コンセントではないものとする。　【H25（下）問10】

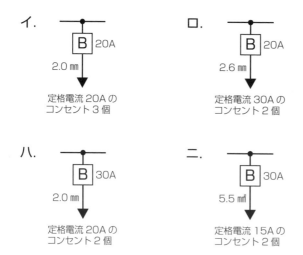

17 一般用低圧三相かご形誘導電動機に関する記述で、誤っているものは。

【H25(上)問13】

イ．じか入れ（全電圧）始動での始動電流は全負荷電流の4～8倍程度である。

ロ．電源の周波数が60〔Hz〕から50〔Hz〕に変わると回転速度が増加する。

ハ．負荷が増加すると回転速度がやや低下する。

ニ．3本の結線のうちいずれか2本を入れ替えると逆回転する。

18 低圧電路に使用する定格電流20〔A〕の配線用遮断器に40〔A〕の電流が継続して流れたとき、この配線用遮断器が自動的に動作しなければならない時間〔分〕の限度（最大の時間）は。 【H26(下)問11】

イ．1 ロ．2 ハ．4 ニ．60

19 低圧の地中配線を直接埋設式により施設する場合に使用できるものは。 【H26(上)問13】

イ．屋外用ビニル絶縁電線（OW）

ロ．600Vビニル絶縁電線（IV）

ハ．引込用ビニル絶縁電線（DV）

ニ．600V架橋ポリエチレン絶縁ビニルシースケーブル（CV）

20 アウトレットボックス（金属製）の使用方法として、不適切なものは。

【H25（下）問13】

イ．金属管工事で電線の引き入れを容易にするのに用いる。
ロ．配線用遮断器を集合して設置するのに用いる。
ハ．金属管工事で電線相互を接続する部分に用いる。
ニ．照明器具などを取り付ける部分で電線を引き出す場合に用いる。

21 金属管（鋼製電線管）の切断及び曲げ作業に使用する工具の組合せとして、適切なものは。　【H26（上）問14】

イ．やすり
　　金切りのこ
　　パイプベンダ

ロ．リーマ
　　パイプレンチ
　　トーチランプ

ハ．リーマ
　　金切りのこ
　　トーチランプ

ニ．やすり
　　パイプレンチ
　　パイプベンダ

一般問題
4 電気工事の施工方法

22 使用電圧100〔V〕の屋内配線の施設場所による工事の種類として、適切なものは。　【H24（下）問23】

イ．点検できない隠ぺい場所であって、乾燥した場所の金属線ぴ工事
ロ．点検できる隠ぺい場所であって、湿気の多い場所の平形保護層工事
ハ．点検できる隠ぺい場所であって、湿気の多い場所の金属ダクト工事
ニ．点検できる隠ぺい場所であって、乾燥した場所のライティングダクト工事

23 使用電圧200〔V〕の三相電動機回路の施工方法で、不適切なものは。

【H25（上）問23】

イ．金属管工事に屋外用ビニル絶縁電線を使用した。

ロ．造営材に沿って取り付けた600Vビニル絶縁ビニルシースケーブルの支持点間の距離を2〔m〕以下とした。

ハ．乾燥した場所の金属管工事で、管の長さが3〔m〕なので金属管のD種接地工事を省略した。

ニ．2種金属製可とう電線管を用いた工事に600Vビニル絶縁電線を使用した。

 24 使用電圧300〔V〕以下の低圧屋内配線の工事方法として、不適切なものは。 【H24（上）問19】

イ．金属可とう電線管工事で、より線（600Vビニル絶縁電線）を用いて、管内に接続部分を設けないで収めた。

ロ．ライティングダクト工事で、ダクトの開口部を上に向けて施設した。

ハ．フロアダクト工事で、電線を分岐する場合、接続部分に十分な絶縁被覆を施し、かつ、接続部分を容易に点検できるようにして接続箱（ジャンクションボックス）に収めた。

ニ．金属ダクト工事で、電線を分岐する場合、接続部分に十分な絶縁被覆を施し、かつ、接続部分を容易に点検できるようにしてダクトに収めた。

4

電気工事の施工方法

25 店舗付き住宅の屋内に三相3線式200〔V〕、定格消費電力2.5〔kW〕のルームエアコンを施設した。このルームエアコンに電気を供給する電路の工事方法として、適切なものは。

ただし、配線は接触防護措置を施し、ルームエアコン外箱等の人が触れるおそれがある部分は絶縁性のある材料で堅ろうに作られているものとする。　【H26(上)問22】

イ．専用の過電流遮断器を施設し、合成樹脂管工事で配線し、コンセントを使用してルームエアコンと接続した。

ロ．専用の電磁接触器を施設し、金属管工事で配線し、ルームエアコンと直接接続した。

ハ．専用の配線用遮断器を施設し、金属管工事で配線し、コンセントを使用してルームエアコンと接続した。

ニ．専用の漏電遮断器（過負荷保護付）を施設し、ケーブル工事で配線し、ルームエアコンと直接接続した。

26 簡易接触防護措置を施した（人が容易に触れるおそれがない）乾燥した場所に施設する低圧屋内配線工事で、D種接地工事を省略できないものは。　【H25(下)問19】

イ．三相3線式200〔V〕の合成樹脂管工事に使用する金属製ボックス

ロ．単相100〔V〕の埋込形蛍光灯器具の金属部分

ハ．単相100〔V〕の電動機の鉄台

ニ．三相3線式200〔V〕の金属管工事で、電線を収める管の全長が10〔m〕の金属管

27 低圧屋内配線工事で、600Vビニル絶縁電線（軟銅線）をリングスリーブ用圧着工具とリングスリーブE形を用いて終端接続を行った。接続する電線に適合するリングスリーブの種類と圧着マーク（刻印）の組合せで、適切なものは。　【H26（下）問19】

イ．直径2.0〔mm〕2本の接続に、小スリーブを使用して圧着マークを○にした。

ロ．直径1.6〔mm〕1本と直径2.0〔mm〕1本の接続に、小スリーブを使用して圧着マークを小にした。

ハ．直径1.6〔mm〕4本の接続に、中スリーブを使用して圧着マークを中にした。

ニ．直径1.6〔mm〕2本と直径2.0〔mm〕1本の接続に、中スリーブを使用して圧着マークを中にした。

一般問題

⑤ 一般用電気工作物の検査方法

28 単相3線式100/200〔V〕の屋内配線において、開閉器又は過電流遮断器で区切ることができる電路ごとの絶縁抵抗の最小値として、「電気設備に関する技術基準を定める省令」に規定されている値〔MΩ〕の組合せで、正しいものは。　【H25（上）問26】

イ．電路と大地間 0.2　　　ロ．電路と大地間 0.2
　　電線相互間　 0.4　　　　　電線相互間　 0.2

ハ．電路と大地間 0.1　　　ニ．電路と大地間 0.1
　　電線相互間　 0.2　　　　　電線相互間　 0.1

29 工場の200〔V〕三相誘導電動機（対地電圧200〔V〕）への配線の絶縁抵抗値〔MΩ〕及びこの電動機の鉄台の接地抵抗値〔Ω〕を測定した。電気設備技術基準等に適合する測定値の組合せとして、適切なものは。

ただし、200〔V〕電路に施設された漏電遮断器の動作時間は、0.1秒とする。　【H25（下）問26】

イ. 0.1〔MΩ〕　　　ロ. 0.4〔MΩ〕
　　50〔Ω〕　　　　　600〔Ω〕

ハ. 0.1〔MΩ〕　　　ニ. 0.2〔MΩ〕
　　200〔Ω〕　　　　　300〔Ω〕

30 低圧屋内配線の絶縁抵抗測定を行いたいが、その電路を停電して測定することが困難なため、漏えい電流により絶縁性能を確認した。「電気設備の技術基準の解釈」に定める絶縁性能を有していると判断できる漏えい電流の最大値〔mA〕は。　【H26（下）問27】

イ. 0.1　　　ロ. 0.2　　　ハ. 0.4　　　ニ. 1.0

31 低圧電路で使用する測定器とその用途の組合せとして、正しいものは。
【H25（上）問24】

イ. 検電器　と　電路の充電の有無の確認
ロ. 検相器　と　電動機の回転速度の測定
ハ. 回路計　と　絶縁抵抗の測定
ニ. 回転計　と　三相回路の相順（相回転）の確認

❻ 一般用電気工作物の保安に関する法令

32 一般用電気工作物の適用を受けるものは。
ただし、発電設備は電圧600〔V〕以下で、1構内に設置するものとする。　【H25（上）問30】

イ. 低圧受電で、受電電力30〔kW〕、出力15〔kW〕の太陽電池発電設備を備えた幼稚園

ロ. 低圧受電で、受電電力30〔kW〕、出力20〔kW〕の非常用内燃力発電設備を備えた映画館

ハ. 低圧受電で、受電電力30〔kW〕、出力40〔kW〕の太陽電池発電設備と電気的に接続した出力15〔kW〕の風力発電設備を備えた農園

ニ. 高圧受電で、受電電力50〔kW〕の機械工場

33 電気用品安全法における特定電気用品に関する記述として、誤っているものは。　【H26（下）問29】

イ. 電気用品の製造の事業を行う者は、一定の要件を満たせば製造した特定電気用品に ⟨PS⟩E の表示を付すことができる。

ロ. 電気用品の輸入の事業を行う者は、一定の要件を満たせば輸入した特定電気用品に (PS)E の表示を付すことができる。

ハ. 電線、ヒューズ、配線器具等の部品材料であって構造上表示スペースを確保することが困難な特定電気用品にあっては、特定電気用品に表示する記号に代えて＜PS＞E とすることができる。

ニ. 電気用品の販売の事業を行う者は、経済産業大臣の承認を受けた場合等を除き、法令に定める表示のない特定電気用品を販売してはならない。

34 電気工事士法において、一般用電気工作物の作業で、電気工事士でなければ従事できない作業は。　【H24（上）問28】

イ．インターホーンの施設に使用する小型変圧器（二次電圧36〔V〕以下）の二次側配線工事の作業

ロ．電線を支持する柱、腕木を設置する作業

ハ．電線管をねじ切りし、電線管とボックスを接続する作業

ニ．電力量計の取り付け作業

1

⑧で示す部分に取り付ける計器の図記号は。　【H25（上）問38】

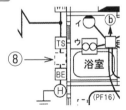

イ． Ⓦ

ロ． S

ハ． CT

ニ． Wh

2

⑤で示す部分の配線工事で用いる管の種類は。　【H24（下）問35】

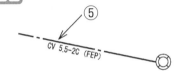

イ．硬質塩化ビニル電線管
ロ．波付硬質合成樹脂管
ハ．耐衝撃性硬質塩化ビニル電線管
ニ．耐衝撃性硬質塩化ビニル管

3

⑦で示す器具はルームエアコン（定格20A250V）用コンセントである。コンセントの極配置（刃受）で、正しいものは。　【H25（下）問37】

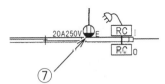

イ．

ロ．

ハ．

ニ．

⑬で示す図記号の器具は。
ただし、写真下の図は、接点の構成を示す。　【H23（上）問43】

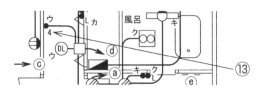

イ.

ロ.

ハ.

ニ.

⑪で示すVVF用ジョイントボックス部分の工事を、リングスリーブE
形による圧着接続で行う場合に用いるものとして、不適切なものは。

【H23（下）問41】

イ.

ロ.

ハ.

ニ.

⑬で示す回路の相順（相回転）を調べるものは。　【H24（下）問43】

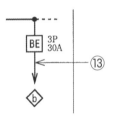

イ.

ロ.

ハ.

ニ.

7 ⑰で示す部分に取り付ける器具は。なお、分電盤結線図の受電点には 1φ3W 100/200Vの傍記表示がある。　【H23（上）問47改】

イ.

ロ.

ハ.

ニ.

配線図

323

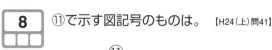

8 ⑪で示す図記号のものは。　【H24（上）問41】

イ.　ロ.　ハ.　ニ.

9 ⑪で示す部分に使用するケーブルで、適切なものは。なお、屋内配線工事は、特記のある場合を除いて、VVFを用いたケーブル工事である。

【H26（下）問41改】

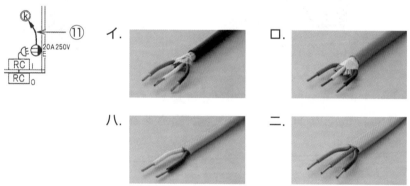

10 ⑥で示す部分の電路と大地間の絶縁抵抗として、許容される最小値〔MΩ〕は。　【H26（上）問36】

イ. 0.1

ロ. 0.2

ハ. 0.3

ニ. 0.4

11 ②で示す部分の接地工事の種類は。　【H26(上)問32】

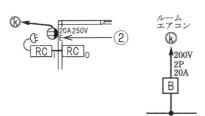

イ．A種接地工事

ロ．B種接地工事

ハ．C種接地工事

ニ．D種接地工事

12 ⑦で示す部分の接地工事における接地抵抗の許容される最大値〔Ω〕は。なお、引込線の電源側には地絡遮断装置は設置されていない。また、L－1：1φ3W 100/200V、P－1：3φ3W 200V、P－2：3φ3W 200Vである。　【H26(下)問37改】

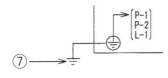

イ．10

ロ．100

ハ．300

ニ．500

13 ⑨で示す部分の小勢力回路で使用できる電線（軟銅線）の最少太さの直径〔mm〕は。　【H26(上)問39】

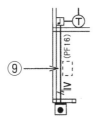

イ．0.8

ロ．1.2

ハ．1.6

ニ．2.0

14 ⑥の部分の過負荷保護装置の定格電流の最大値〔A〕は。　【H24(上)問36】

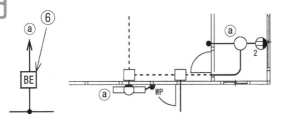

イ．15

ロ．20

ハ．30

ニ．40

15 ⑫で示すVVF用ジョイントボックス内の接続をすべて圧着接続とする場合、使用するリングスリーブの種類と最少個数の組合せで、適切なものは。
ただし、使用する電線はVVF1.6とする。【H26（上）問42】

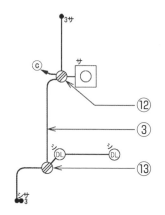

イ.

小
5個

ロ.

小
4個

中
1個

ハ.

小
3個

中
2個

ニ.

小
2個

中
3個

16 ⑯で示すプルボックス内の接続をすべて差込形コネクタとする場合、使用する差込形コネクタの種類と最少個数の組合せで、適切なものは。
ただし、使用する電線はIV1.6とする。【H26（下）問46改】

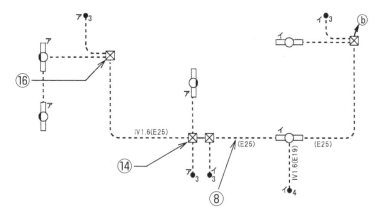

イ. 2本用1個、3本用2個
ロ. 2本用3個、3本用1個
ハ. 2本用3個
ニ. 2本用4個

重要過去問題集　解答・解説

一般問題
1 電気に関する基礎理論

1 解説　　　　　　　　　　　　　　　　　　　　　　　　　　正答 □

設問の回路図を書き直すと、下図のようになる。

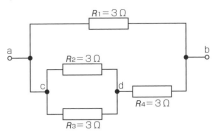

まず、c－d間（抵抗R_2とR_3）は**並列接続**なので、**合成抵抗**の値は「**和分の積**」より、

$$\frac{3 \times 3}{3+3} = \frac{9}{6} = 1.5\,\Omega。$$　　これと抵抗R_4とが**直列接続**なので、

c－d間の抵抗は$1.5 + 3 = 4.5\,\Omega$

さらに、この$4.5\,\Omega$とR_1の$3\,\Omega$が**並列接続**になっている。

$\therefore$端子a－b間の合成抵抗 $= \dfrac{4.5 \times 3}{4.5 + 3} = \dfrac{13.5}{7.5} = 1.8\,\Omega$

2 解説　　　　　　　　　　　　　　　　　　　　　　　　　　正答 二

電力Pは、次のように**電圧Vと電流Iの積**によって表される。

> 電力P ＝ 電圧V × 電流I　　…①

また、**オームの法則**より$V = IR$なので、これを②に代入して、$P = IR \times I = I^2R$という式でも求められる。

> 電力P ＝ 電流Iの2乗 × 抵抗R　　…①′

これを発熱量H＝電力P×使用時間tに代入すると、

発熱量 H＝電流 I の２乗×抵抗 R ×使用時間 t …②

　設問の場合、電線に流れる電流 I＝10Aであり、接触抵抗の値が0.2Ωなので、抵抗 R＝0.2Ω。

　また、使用時間１時間を「秒」に直すと、使用時間 t＝60秒×60分＝3,600秒。これらを式②に代入する。

∴発熱量 H＝10^2×0.2×3,600＝72,000J

∴72,000J＝72kJ

3 解説　　　　　　　　　　　　　　　　　　　　　　　　　　　　正答 **二**

　電気回路において電気の通り道となる導線には、安価な導体として銅（銅線）がよく使われている。しかし、導体（電気を通しやすい物体）といっても抵抗値＝0というわけではなく、わずかながら抵抗値をもっている。導線の長さを L〔m〕、断面積を S〔㎟〕とすると、その導線の抵抗値 R〔Ω〕は、次の式によって求められる。

$R = \rho \times \dfrac{L}{S}$ （ρ は定数）…①

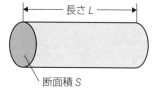
長さ L
断面積 S

　定数の ρ（ロウ）は抵抗率といい、導線の材質によって値が決まっている（「同材質」ということは抵抗率が等しいことを意味する）。

　式①を見ると、導線の**抵抗値 R** は導線の長さ L に比例し、導線の断面積 S に反比例することがわかる（電気は導線が長いほど通りにくくなり、断面積が大きいほど通りやすくなるということ）。

分数の分子にあるものは比例、分母にあるものは反比例するものと考えます（式①で L は分子にあるから比例、S は分母にあるから反比例）。

　そこで、設問の２本（同材質）の銅線A、Bを比べてみる。

　まず、Aの**長さ**（40m）はBの**長さ**（20m）の２倍である。抵抗値 R は長さ L に**比例**するため、Aの抵抗値はBの抵抗値の２倍となる。

　次に、Aの**直径**（1.6㎜）はBの**直径**（3.2㎜）の $\dfrac{1}{2}$ 倍である。

　導線の半径を r〔㎜〕とすると、

　断面積 S を求める式は、半径×半径×3.14（円周率 π）＝$r \times r \times \pi = \pi r^2$

直径が $\dfrac{1}{2}$ 倍であれば、半径も $\dfrac{1}{2}$ 倍 $\left(=\dfrac{r}{2}\right)$ になるので、

断面積 $S = \dfrac{r}{2} \times \dfrac{r}{2} \times \pi = \dfrac{\pi r^2}{4}$　つまり、断面積は $\dfrac{1}{4}$ 倍になる。

∴抵抗値 R は断面積 S に**反比例**するため、Aの抵抗値はBの抵抗値の4倍となる。
　以上をまとめると、Aの抵抗値はBの抵抗値と比べて、

● **長さが2倍**なので、抵抗値も2倍（**比例**）

● 直径が $\dfrac{1}{2}$ 倍（＝**断面積が $\dfrac{1}{4}$ 倍**）なので、抵抗値は4倍（**反比例**）

　結局、2倍×4倍で、8倍になることがわかる。

---

4 解説　　　　　　　　　　　　　　　　　　　　　　　　　　　正答 **二**

　直径2.6㎜（＝半径1.3㎜）ということは、**断面積** $= 1.3 \times 1.3 \times 3.14 \fallingdotseq 5.3$ ㎟であり、二の断面積（5.5㎟）に近い。しかも長さが同じ20mなので、二の抵抗値が最も近いと考えられる。

イ．直径1.6㎜ということは直径2.6mの銅導線（「もとの銅導線」と呼ぶ」より断面積が小さいのだから、反比例して抵抗値は大きくなる。このため、もとの銅導線と抵抗値が近くなるためには長さを短くして抵抗値を小さくしなければならないのに、逆に長くなっている。

ロ．長さが同じ20mなのに断面積が8㎟であることから、もとの銅導線よりも抵抗値が小さいと考えられる。

ハ．長さ10mということはもとの銅導線の $\dfrac{1}{2}$ 倍の長さであり、抵抗値も $\dfrac{1}{2}$ 倍になる。このため、もとの銅導線と抵抗値が近くなるためには、断面積を $\dfrac{1}{2}$ 倍にして抵抗値を2倍にしなければならないのに、ハの直径は3.2㎜（＝半径1.6㎜）で、もとの銅導線よりも断面積が大きいため、抵抗値はさらに小さくなる。

---

5 解説　　　　　　　　　　　　　　　　　　　　　　　　　　　正答 **二**

　この交流回路は**R-L回路**なので、まず60ページの式②より、**インピーダンス** Z の値を求める。図より、抵抗 $R = 6$ Ω、誘導性リアクタンス $X_L = 8$ Ωなので、

インピーダンス$Z = \sqrt{6^2 + 8^2} = \sqrt{36 + 64} = \sqrt{100} = 10\,\Omega$

次に、59ページの式より、この回路に流れる**電流I_Z**の値を求める。

電圧 $= 100\mathrm{V}$、インピーダンス$Z = 10\,\Omega$なので、

電流 $I_Z = \dfrac{100\mathrm{V}}{10\,\Omega} = 10\mathrm{A}$

さらに、この10Aが8Ωのリアクタンス（本問ではコイル）にも流れているので、このリアクタンスにおける**オームの法則**を考えて、

リアクタンスの両端にかかる電圧

$=$電流$I_Z \times$誘導性リアクタンス$X_L = 10\mathrm{A} \times 8\,\Omega = 80\mathrm{V}$

---

6 解説 　　　　　　　　　　　　　　　　　　　　　　　　　正答 二

66ページの解説にあるように、設問のような**抵抗**と**リアクタンス**が**直列接続**された回路では、次の式によって力率を求めることができる。

力率 $\cos\theta = \dfrac{\text{抵抗}R\text{にかかる電圧}}{\text{電源電圧}}$

設問の場合、**抵抗Rにかかる電圧**は80V、**電源電圧**100Vなので、

∴この回路の負荷の力率$\cos\theta = \dfrac{80\mathrm{V}}{100\mathrm{V}} = 0.8$

∴これをパーセント〔%〕で表して、$0.8 \times 100 = 80\%$となる。

---

7 解説 　　　　　　　　　　　　　　　　　　　　　　　　　正答 ハ

設問の三相交流回路は、**Y結線**である。

∴70ページの式②より、

線電流$I =$相電流$I_P = 15\mathrm{A}$

そこで各負荷における**オームの法則**を考えると、

相電圧$E_P =$相電流$I_P \times$抵抗R $= 15\mathrm{A} \times 8\,\Omega = 120\mathrm{V}$

70ページの式①より、**線間電圧$E = \sqrt{3} \times$相電圧E_P**

∴線間電圧$E = 1.73 \times 120\mathrm{V} = 207.6\mathrm{V}$　∴約208Vとなる。

三相交流は単相交流を3つ組み合わせたものなので、**三相交流回路の全消費電力P**を求める場合は、**各単相交流回路の負荷の消費電力を求めて3倍**すればよい。

> 三相交流回路の全消費電力P＝各負荷の消費電力×3

まず、設問の三相交流回路は負荷に**リアクタンス（コイル）**を含んでいるので、各負荷の**インピーダンスZ_P**を求める（▶P.60式②）。

図より、**抵抗$R＝6\,\Omega$、誘導性リアクタンス$X_L＝8\,\Omega$**なので、

インピーダンス$Z_P＝\sqrt{R^2＋X_L^2}＝\sqrt{6^2＋8^2}＝\sqrt{36＋64}＝\sqrt{100}＝10\,\Omega$

次に、この回路は△結線（▶P.70(2)）なので、

線間電圧E＝相電圧$E_P＝200\mathrm{V}$ …（ア）

そこで、各負荷における**オームの法則**を考えると、

相電流$I_P＝\dfrac{\textbf{相電圧}\,E_P}{\textbf{インピーダンス}\,Z_P}$

$＝\dfrac{200\mathrm{V}}{10\,\Omega}＝20\mathrm{A}$ …（イ）

また、各負荷では**抵抗**と**リアクタンス**が**直列接続**（▶P.66）されているので、その**力率$\cos\theta$**は、

力率$\cos\theta＝\dfrac{\text{抵抗}\,R}{\text{インピーダンス}\,Z_P}＝\dfrac{6\,\Omega}{10\,\Omega}＝0.6$ …（ウ）

さらに、64ページの式①より、

力率$\cos\theta＝\dfrac{\text{有効電力（消費電力）}}{\text{皮相電力（電圧×電流）}}$

この両辺に皮相電力をかけて消費電力を求める式にすると、

消費電力＝皮相電力（電圧×電流）×力率$\cos\theta$

つまり、**各負荷の消費電力＝相電圧E_P×相電流I_P×力率$\cos\theta$** …①′ である。

∴上記（ア）、（イ）、（ウ）を式①′に代入して、

各負荷の消費電力＝200V×20A×0.6＝2400W

三相3線式回路の全消費電力Pはこの3倍なので、

∴**全消費電力P**＝2400W×3＝7200W＝7.2kW となる。

2 配電理論および配電設計

9 解説 ━━━━━━━━━━━━━━━━━━━━━━━━━━━━━ 正答 二

（ア）a－a′間 → b－b′間、（イ）b－b′間 → c－c′間それぞれの電圧降下の値〔V〕を求め、これらをc－c′間の電圧に加えることによって、**a－a′間の電圧**を求める。

（ア）**a－a′間 → b－b′間**

この区間の電線に流れる電流は、b－b′間の抵抗負荷に流れる10Aと、c－c′間の抵抗負荷に流れる10Aの合計なので、10＋10＝20Aである。

また、電線の抵抗$r = 0.1\,\Omega$。

∴電線1線分の電圧降下の値＝20A×0.1Ω＝2V

往復2線分なのでこれを**2倍**する。

∴この区間における電圧降下の値＝2V×2＝4V

（イ）**b－b′間 → c－c′間**

この区間の電線に流れる電流は、c－c′間の抵抗負荷に流れる10Aである。

電線の抵抗$r = 0.1\,\Omega$。

∴電線1線分の電圧降下の値＝10A×0.1Ω＝1V

往復2線分なのでこれを**2倍**する。

∴この区間における電圧降下の値＝1V×2＝2V

したがって、c－c′間の電圧99Vに（ア）（イ）の電圧降下の値〔V〕を加えると、**a－a′間の電圧**＝99V＋4V＋2V＝105V

10 解説 ━━━━━━━━━━━━━━━━━━━━━━━━━━━━━ 正答 イ

設問の単相3線式回路は、中性線に流れる2つの電流の値がどちらもI〔A〕で等しいので、**平衡負荷の回路である**（このため**中性線に流れる電流が0**〔A〕になっている）。

したがって、**電圧降下**$(Vs - Vr)$〔V〕は**外側電線1線分**について計算すればよい。

電線1線当たりの抵抗r、負荷電流I〔A〕なので、

∴**電圧降下**$(Vs - Vr) = r$〔Ω〕$\times I$〔A〕$= rI$〔V〕

　設問の単相３線式回路において**中性線が断線**すると、 ２つの抵抗負荷が直列
接続となり、下図のような電源電圧200Vの**単相２線式**の回路となる。

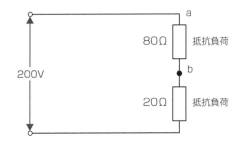

　この単相２線式回路の合成抵抗は、80Ωと20Ωの合計なので、$80 + 20 = 100\,Ω$。
そこでこの回路における**オームの法則**を考えると、

$$回路に流れる電流 = \frac{200\text{V}}{100\,Ω} = 2\text{ A}$$

　この電流が80Ωの抵抗負荷（a−b間）にも流れる。

$\therefore$a−b間における**オームの法則**より、

a−b間の電圧 $= 2\text{ A} \times 80\,Ω = 160\text{V}$となる。

　三相３線式の回路は、**電線３本**で配電する方式なので、線路全体の電力損失
を求める場合は、**電線１線分の電力損失**を求めて**３倍**すればよい。この場合、
負荷の結線方法はY結線でもΔ結線でも関係ない。

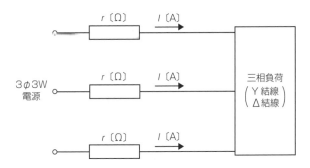

　電力損失は、電線で消費される電力なので、次の公式によって求められる
（●P.91）。

電力P＝電流Iの２乗×抵抗R

したがって、上図のように**線電流がI〔A〕**、**電線１線当たりの抵抗がr〔Ω〕**の場合、

電線１線分の電力損失＝$I^2 \times r = I^2 r$〔W〕

∴**三相３線式回路の線路全体の電力損失**

＝**電線１線分の電力損失×３**＝$I^2 r \times 3 = 3I^2 r$〔W〕

三相３線式回路の電力損失＝$3I^2 r$〔W〕

設問の三相３線式回路の場合、**線電流が**20A、**電線１線当たりの抵抗が**0.1Ωなので、

電線１線分の電力損失＝$20^2 \times 0.1 = 400 \times 0.1 = 40$W

∴**電線路（三相３線式回路の線路全体）の電力損失**

＝40W×３＝120Wとなる。

---

(13) 解説　　　　　　　　　　　　　　　　　　　　　　　　　　　　正答　ロ

電線の許容電流に関する設問である。98ページの(1)の①の表より、**直径2.0mmの600Vビニル絶縁電線を周囲温度30℃以下で施設する場合**、**電線１本当たりの許容電流は35A**である。また、**電線４本を金属管に収めて配線した場合の許容電流の電流減少係数は、0.63**（設問中に示されている）であり、電線１本当たりの許容電流は0.63倍に減少する。

∴電線１本当たりの許容電流値＝35A×$0.63 = 22.05 \fallingdotseq 22$A

したがって、**ロ**が正しい。

なお、この計算は答えの小数点以下を**７捨８入**する。

---

(14) 解説　　　　　　　　　　　　　　　　　　　　　　　　　　　　正答　二

（ア）幹線の太さを決定する根拠となる電流（幹線の許容電流）I_W〔A〕について

設問の図より、電動機Ⓜの定格電流の合計$I_M = 8$A＋12A＝20A

それ以外の負荷Ⓗの定格電流の合計$I_H = 5$A

設問より需要率100％なので、$I_M = 20$A、$I_H = 5$Aのまま公式に代入する。

したがって、$I_M > I_H$であり、$I_M \leqq 50$Aなので、

104ページの②より、

幹線の許容電流 I_W の最小値〔A〕 $=1.25\times I_M + I_H$

∴$1.25\times 20 + 5 = 25 + 5 = 30A$

（イ）過電流遮断器の定格電流を決定する根拠となる電流 I_B〔A〕について

　設問は電動機が含まれている場合であり、

（ア）より $I_M = 20A$、$I_H = 5A$、$I_W = 30A$なので、

106ページの(2)の式より、

　①$3\times I_M + I_H = 3\times 20 + 5 = 65A$

　②$2.5\times I_W = 2.5\times 30 = 75A$

∴①＜②なので、I_Bの最大値〔A〕$= 65A$

　（ア）（イ）より、I_Wの最小値〔A〕$= 30A$、I_Bの最大値〔A〕$= 65A$

---

15 解説　　　　　　　　　　　　　　　　　　　　　　正答　二

　設問の場合、分岐して10mの位置に過電流遮断器を施設するのだから、**8m超**の箇所である。したがって、a－b間の電線（分岐点からの電線）の許容電流 I_A は、幹線の過電流遮断器の定格電流 I_B（$= 60A$）の**55%以上**であることがわかる。

∴a－b間の電線の許容電流 $I_A = 60A\times 55\% = 60\times 0.55 = 33A$以上

∴I_Aの最小値は33Aである。

---

16 解説　　　　　　　　　　　　　　　　　　　　　　正答　イ

　分岐回路は、それぞれの回路を保護する過電流遮断器の定格電流によって分類できる。この場合、定格電流20Aの過電流遮断器を施設している回路であれば「**20A分岐回路**」、定格電流30Aの過電流遮断器を施設している回路であれば「**30A分岐回路**」という名称で呼ぶ（分岐回路の名称は過電流遮断器の定格電流の値と一致）。電技解釈では、分岐回路の種類ごとに、その分岐回路で使用できる電線（軟銅線）の太さ（直径または断面積）と、接続できるコンセントの定格電流の値を、112ページの表のように定めている。

　設問について、肢ごとにみていくと、

イ．20A分岐回路であり、電線の太さ（2.0㎜）が**1.6mm以上**で、接続するコンセントの定格電流（20A）も**20A以下**なので、適切である。なお、電技解釈では、

接続できるコンセントの個数までは定めていないので、2個でも3個でもよい。

ロ．**20A分岐回路**であり、電線の太さ（2.6㎜）は**1.6㎜以上**で適切であるが、接続するコンセントの定格電流（30A）が**20A以下**ではないため、不適切である。

ハ．**30A分岐回路**であり、接続するコンセントの定格電流（20A）は**20A以上30A以下**で適切であるが、電線の太さ（2.0㎜）が**2.6㎜以上**ではないため不適切である。

ニ．**30A分岐回路**であり、電線の太さ（5.5㎟）は**5.5㎟以上**で適切であるが、接続するコンセントの定格電流（15A）が**20A以上30A以下**ではないため不適切である。

したがって、電線の太さとコンセントの定格電流の値がともに適切なのは、**イ**のみ。

> コンセントの個数は「ひっかけ」にすぎません。設問文の「ただし」以下も、解答には影響しないので気にしなくて大丈夫です。

一般問題

3 電気機器、配線器具ならびに電気工事用の材料および工具

17 解説　　　　　　　　　　　　　　　　　　　　　　正答 □

三相誘導電動機は、三相交流電源から動力を得て、**電磁誘導**によって1次側（**固定子**）から2次側（**回転子**）に電力を送り、これを利用して動力を発生する。このうち、鉄心の周りに太い銅線を**かご形**に配置した**回転子**をもつものを三相かご形誘導電動機という。

イ．○　じか入れ始動（**全電圧始動**）とは、三相電源を電動機に直接接続する方法をいう。電動機を始動（起動）させる際には大きな電流が流れるが、**三相かご形誘導電動機**の場合も、じか入れ始動（全電圧始動）を行うと、**始動電流**（始動の際に流れる電流）の大きさは運転時の**全負荷電流**（定格電流）の**4〜8倍程度**になる（◉P.123）。

ロ．×　1分当たりの回転数を回転速度といい（単位〔min⁻¹〕）、このうち、三相誘導電動機に**負荷がかかっていない状態**の回転速度を**同期回転速度**（または単に**同期速度**）という。三相誘導電動機の**極数**をp、**周波数**をf〔Hz〕

とする場合、**同期回転速度***N*sは下の式①によって求められる。

$$同期回転速度\, N_S \,[\text{min}^{-1}] = \frac{120 \times f}{p} \quad \cdots ①$$

極数は電動機の構造によって決まる値です。試験では設問中に示されます。

式①をみると、同期回転速度*N*sは**周波数*f*に比例**することがわかる。したがって、周波数が60〔Hz〕から50〔Hz〕に**減少**すると、回転速度もこれに比例して**減少**する。

ハ. ○ 三相誘導電動機に**負荷がかかった状態の回転速度***N*は、**同期回転速度***N*sよりも**やや低下**する（負荷が増加するにつれて回転速度は低下する）。

ニ. ○ 三相誘導電動機の回転方向を**逆回転**にする場合は、3本の結線のうち、いずれか**2本**を入れ替える（3本とも入れ替えると、入れ替える前と同じ回転方向になる）。

18 解説 　　　　　　　　　　　　　　　　　　　　　　　　正答 □

電路に**過電流**（短絡電流、過負荷電流）が流れたときに、過熱焼損から電線や電気機械器具を保護し、火災の発生を防止するために電路を自動的に遮断する装置を**過電流遮断器**という。過電流遮断器には、**ヒューズ**と**配線用遮断器（ブレーカ）** がある。

配線用遮断器（ブレーカ） は、設定された**定格電流**の値を大きく超える電流が流れると自動的に電路を遮断する装置である。電技解釈では、低圧電路に施設する配線用遮断器について、**性能**と**動作時間**を次のように定めている。

①定格電流の**1倍**の電流で自動的に**動作しない**こと。

②定格電流の**1.25倍**および**2倍**の電流が流れた場合には、136ページの表2の動作時間内に自動的に**動作する**こと。

設問の「自動的に動作しなければならない時間〔分〕の限度（最大の時間）」というのは、配線用遮断器の**動作時間**のことである。継続して流れた40Aの電流をこの配線用遮断器の定格電流20Aと比べると、40A÷20A＝**2倍**。また、定格電流20Aは**30A以下**。

∴136ページの表2より、動作時間は**2分以内**でなければならない。

　屋内電気工事では、導体に絶縁物を被覆（**絶縁被覆**）した電線を使用する（むき出しの**裸電線**は原則として使用禁止）。絶縁被覆した電線として、絶縁電線、ケーブル、コードの３種類がある（●P.140）。

①**絶縁電線**…導体に**絶縁物**を被覆して電気的に絶縁した電線

②**ケーブル**…導体を**絶縁被覆**した外側にさらに**保護被覆（シース）**を重ねた電線

③**コード**……電気器具に付属する**移動電線**などに用いられる電線

　電技解釈では、地中電線路の電線にはケーブルを使用し、管路式、暗きょ式または直接埋設式によって施設することと定めている（管路式、暗きょ式は管や構造物の内部に地中電線を施設する方式。直接埋設式は原則として地中電線に堅ろうなトラフ等の防護を施したうえで一定の深さに埋設する方式）。このように、地中電線路に使用する電線は**ケーブル**でなければならず、**絶縁電線**や**コード**は使えない点に注意が必要である。

　設問のイ〜ニのうち、**ケーブル**は二．600V架橋ポリエチレン絶縁ビニルシースケーブル（CV）のみである（ほかの３つはすべて**絶縁電線**）。

　電線への衝撃や圧迫、化学的な変化、人が触れる危険などを防ぐとともに、施工箇所の体裁を整えるために**電線を一括して収める管**を電線管という。電線管には**金属製**のものと**合成樹脂製**のものがあり、それぞれ**可とう性**なしのものとありのものとに分かれる。

「**可とう性**」とはしなやかに曲がるという意味で、可とう電線管は手で曲げることができます。

設問のアウトレットボックスとは、**金属管工事に**おいて**電線相互を接続する部分**に用いる金属製の箱である。照明器具等を取り付ける部分で電線を引き出す場合や、金属管が交差・屈曲する場所で**電線の引き入れを容易にする**ために使われる場合もある。

したがってイ、ハ、ニは適切で、ロが不適切である。開閉器や遮断器類を集合して設置するために用いるのは**分電盤**であって、ボックス類ではない。

21 解説　　　　　　　　　　　　　　　　正答　**イ**

金属管を**切断**するときは、金属管を**パイプバイス**で固定して、金切りのこで切断するのが一般的。また、金属製や合成樹脂製の材料を切断したり削ったりすると、材料の角に細かな**バリ**（ギザギザの出っ張り）ができ、管を正確に接続できなかったり、けがをしたりすることもあるので、バリ取りの作業を行う。金属管を切断したあとは**やすり**（**金やすり**）を使って切断面を直角に仕上げながらバリ取りを行う。さらに材料の角がとがっていると、電線等を損傷したり、けがをしたりするので、角を削って平らな面を作る面取りの作業も必要となる。金属管の内側の面取りには**リーマ**を用いる（通常は**クリックボール**の先端にリーマを取り付け、手動で回転させて使う）。

金属管を**曲げる**ときは**パイプベンダ**を使い、てこの原理によって**手動**で曲げる（合成樹脂管の場合は**トーチランプ**によって**管を加熱**し、やわらかくしてから手で曲げる）。

なお、**パイプレンチ**は金属管相互を**接続**するときに使用する工具である。

以上より、設問のイ〜ニの工具のうち金属管（鋼製電線管）の**切断**および**曲げ作業**に使用するのは、やすり、金切りのこ、パイプベンダ、リーマの４つ。したがって、工具の組合せとして適切なのは、**イ**である。

22 解説　　　　　　　　　　　　　　　　　　　　　　　　正答 **二**

イ．✕　**金属線ぴ工事**は、乾燥した場所であっても点検できない隠ぺい場所には施工できない。

ロ．✕　**平形保護層工事**は、湿気の多い場所には施工できない。

ハ．✕　**金属ダクト工事**は、湿気の多い場所には施工できない。

二．○　**ライティングダクト工事**は、使用電圧300V以下であれば、乾燥した場所の展開した場所に施工できる。

23 解説　　　　　　　　　　　　　　　　　　　　　　　　正答 **イ**

イ．✕　金属管工事に使用できる電線（**使用電線**）は、絶縁電線とされている。ただし、屋外用ビニル絶縁電線（OW）は使用電線から**除外**されている。

ロ．○　ケーブル工事において、**ケーブル**を造営材（柱、壁、天井等）の下面または側面に沿って取り付ける場合の**支持点間の距離**は、２m以下とされている。

ハ．○　**使用電圧300V以下**の場合、金属管には D 種接地工事を行う。ただし、管の長さが４m以下のものを乾燥した場所に施設する場合などは、D 種接地工事の省略が認められている。

二．○　金属管工事と同様、金属製可とう電線管工事の使用電線も絶縁電線とされており（屋外用ビニル絶縁電線は除外）、一般に**600Vビニル絶縁電線**（IV）などが使用されている。

24 解説　　　　　　　　　　　　　　　　　　　　　　　　正答 **ロ**

イ．○　金属管工事、金属製可とう電線管工事、合成樹脂管工事では、いずれも**管内では電線に接続点（接続部分）を設けない**こととされている。

ロ．✕　ライティングダクトの**開口部**は下に向けて施設するのが原則であり、一定の場合に**横に向けて**施設することが例外的に認められている。したがって、上に向けて施設するのは不適切である。

ハ．○　フロアダクト工事では、**電線を分岐**する場合、接続部分を容易に点検できるようにすれば例外的にフロアダクト内に**接続点を設ける**ことが認められるが、設問の場合は接続部分をジャンクションボックス（フロアダクトが

交差する部分に取り付けて電線の接続や引き入れを行う部品）に収めるため、さらに問題ない。

ニ．○　金属ダクト工事の場合もフロアダクト工事の場合と同様、原則としてダクト内では**電線に接続点を設けない**こととしつつ、**電線を分岐**する場合で、その接続部分を**容易に点検**できるようにすれば、ダクト内に**接続点を設ける**ことが認められる。

25 解説　　　　　　　　　　　　　　　　　　　　　　　正答 **二**

イ．×　205ページの解説5-(2)にあるように、三相200Vエアコンは屋内配線と**直接接続**しなければならず、**コンセント**による**接続は禁止**されているので、不適切である。

ロ．×　205ページの解説5-(3)より、三相200Vエアコンに電気を供給する電路には専用の**開閉器**および**過電流遮断器**を施設する必要がある（過電流遮断器として**配線用遮断器**を使用する場合は開閉器の役割も兼ねるので、配線用遮断器のみでよい）。設問の**電磁接触器**とは、電動機の遠隔操作等を行うための電磁開閉器の一部であり、これを施設するのは不適切である。

ハ．×　イと同様、**コンセント**による**接続は禁止**されているので、不適切である。

ニ．○　205～206ページの解説5-(3)(4)より、三相200Vエアコンに電気を供給する電路には専用の**開閉器**および**過電流遮断器**（または**配線用遮断器のみ**）を施設するほか、**漏電遮断器**も施設しなければならないが、専用の過負荷保護付漏電遮断器を施設した場合は、5-(3)(4)の条件を同時に満たすことになる。したがって、専用の**漏電遮断器**（**過負荷保護付**）を施設し、エアコンと**直接接続**している**ニ**が適切である。

> 三相200Ｖエアコンと**屋内配線**には**簡易接触防護措置**を施すとされていますが、エアコンの簡易接触防護措置を施さない部分が絶縁性のある材料で堅ろうにつくられている場合は、エアコン自体には簡易接触防護措置は不要です。

26 解説　　　　　　　　　　　　　　　　　　　　　　　正答 **二**

イ．○　**合成樹脂管工事**におけるD種接地工事は、**乾燥した場所**であれば省略することができる（●P.192）。

ロ．○　電技解釈では、次のような場合にも**接地工事の省略**を認めている。

①対地電圧150V以下の機械器具を乾燥した場所に施設する場合

②対地電圧150V超であっても低圧用の機械器具を乾燥した木製の床など絶縁性のものの上で取り扱うように施設する場合（コンクリートの床は含まない）

③低圧用の機械器具に電気を供給する電路の**電源側に絶縁変圧器**（**２次電圧300V以下**、**容量３kV・A以下**のものに限る）を取り付け、**負荷側の電路を接地しない場合**

④水気のある場所以外の場所に施設する低圧用の機械器具に電気を供給する電路に漏電遮断器（**定格感度電流15mA以下**、**動作時間0.1秒以下**の**電流動作型**のものに限る）を施設する場合

設問の場合、乾燥した場所であり、対地電圧150V以下なので、①より省略可能。

ハ．○　ロと同様、乾燥した場所であり、対地電圧150V以下なので、①より省略できる。

ニ．×　**金属管工事**では、間の長さ４m以下のものを乾燥した場所に施設する場合は省略が認められるが（◉P.189）、設問では10mなので省略できない。

---

27 解説　　　　　　　　　　　　　　　　　　　　　　　　正答 ロ

216ページの表より、イ、ハ、ニはいずれも**小スリーブ**を使用し、圧着マークは「**小**」でなければならない。適切なのは、ロである。

一般問題
⑤ 一般用電気工作物の検査方法

28 解説　　　　　　　　　　　　　　　　　　　　　　　　正答 ニ

塩化ビニル、ポリエチレンなどの電気を通しにくい物体は**不導体**または**絶縁体**と呼ばれるが、電気をまったく通さないわけではなく、実際にはわずかながら電流が流れる。この電流を漏れ電流といい、電線の絶縁物（絶縁体）に加えた電圧の値を、その電圧によって流れた漏れ電流の値で割ったものを絶縁抵抗という。漏れ電流の値が大きいと感電や火災の原因になるため、**絶縁抵抗**はできるだけ**大きい**ほうがよい。電気設備に関する技術基準を定める省令（**電技**と略す）では、使用電圧が低圧の電路の電線相互間の絶縁抵抗、電路と大地との間の絶縁抵抗のいずれも、開閉器または過電流遮断器で区切ることのできる電

路ごとに、227ページの表に示す値（規定値）を維持しなければならないとしている。

設問について、**単相3線式100/200V**は対地電圧が**150V以下**（電圧側電線と大地間の対地電圧100V、中性線と大地間の対地電圧0V）なので、227ページの表より絶縁抵抗値（規定値）は、電路と大地間、電線相互間ともに**0.1MΩ以上**である。

絶縁抵抗の単位には**メガオーム〔MΩ〕**を用います（1MΩ＝100万Ω）。絶縁抵抗が大きくなるほど、漏れ電流の値は小さくなりますね。

---

29 解説　　　　　　　　　　　　　　　　　　　　　正答　ニ

(1) 絶縁抵抗値について

設問の三相誘導電動機への配線は**三相3線式200V**なので、227ページの表より、**絶縁抵抗値は0.2MΩ以上**である。したがって、**イとハは不適合**。

(2) 接地抵抗値について

設問の場合、使用電圧300V以下なので**D種接地工事**（▶P.210の表）を施すことになり、動作時間0.1秒（＝**0.5秒以内に自動的に電路を遮断**）の漏電遮断器を施設していることから、**接地抵抗値は500Ω以下**である。したがって、**ロは不適合**。

以上(1)(2)より、**ニだけが適切な組合せ**である。

---

30 解説　　　　　　　　　　　　　　　　　　　　　正答　ニ

使用電圧が低圧の電路において、絶縁抵抗測定が困難である場合（測定のためにその電路を停電させることができないような場合など）は、その電路の使用電圧が加わった状態における漏れ電流を測定する。電技解釈では、**使用電圧が加わった状態での漏えい電流が1mA以下**であれば**絶縁性能を有している**ものと認めている（電技解釈では、漏れ電流を「漏えい電流」と表現する）。

---

31 解説　　　　　　　　　　　　　　　　　　　　　正答　イ

イ．○　**検電器**とは、**低圧回路の充電の有無を確認**するための測定器である（▶P.234）。なお、ここでいう「**充電**」とは、電気を蓄えることではなく、電圧が生じていること（通電状態にあること）を意味する。

5

一般用電気工作物の検査方法　〈解答・解説〉

ロ．× 　検相器とは、三相交流の相順（**相回転**）を調べるための測定器である（▶P.235）。電動機の**回転速度**の測定には検相器ではなく、**回転計**を用いる。

ハ．× 　回路計とは、**交流電圧**、**直流電圧**、**直流電流**、回路抵抗を測定するための計器であり、一般に**テスタ**と呼ばれる。**導通試験**において断線の有無などを調べるのに用いられる（▶P.233）。ただし、**交流電流**や**漏れ電流**、**絶縁抵抗**、**電力量**などは測定できない。

ニ．× 　**回転計**は、**電動機等**の回転速度を測定するための機器である。

一般問題

❻ 一般用電気工作物の保安に関する法令

32 解説　　　　　　　　　　　　　　　　　　　　　　　　　　正答 イ

イ．○ 　246ページの表のように、**出力50kW未満の太陽電池発電設備**は一般用電気工作物の適用を受ける。受電電力の容量は一般用電気工作物の定義とは関係ない。

ロ．× 　**内燃力発電設備**は**出力10kW未満**でなければ一般用電気工作物の適用を受けない。

ハ．× 　発電設備を複数組み合わせた場合は、**出力の合計が**50kW未満でなければならない。設問の場合、40kW＋15kW＝55kWなので適用を受けない。

ニ．× 　**高圧**（600V超）で受電するものは**自家用電気工作物**になる。

33 解説　　　　　　　　　　　　　　　　　　　　　　　　　　正答 ロ

イ．○ 　電気用品安全法では、**電気用品**（一般用電気工作物に接続して用いられる機械・器具・材料等であって**政令で指定**されたもの）の**製造**や**輸入**を行う事業者に対し、**届出**や**技術基準適合義務**などを負わせ、その義務を果たした事業者には、その電気用品に、法に基づく表示を認めている。特定電気用品とは、電気用品のうちで特に**危険**や**障害**の発生するおそれが多いものをいい、 (PS E) の表示が付けられる。

ロ．× 　(PS E) は、**特定電気用品以外**の**電気用品**に付ける表示である。輸入とは関係ない。

ハ．○ 　電線など、構造上表示スペースの確保が困難な特定電気用品については、上記イの記号に代えて、＜ＰＳ＞Ｅ と表示することが認められている。

ニ．○　表示のない電気用品は、**販売**することや電気工事での**使用**が原則禁止される。

---

34 解説 ──────────────────────────────── 正答 ハ

イ．×　259ページの④より、電気工事士でなくてもできる**軽微な工事**に該当する。

> **軽微な工事**は、一般用電気工作物や自家用電気工作物にかかわる工事に含まれないものとされています。つまり、電気工事士法の規制対象から除かれているため、**電気工事士免状のない者**でも行うことができます。

ロ．×　同⑤より、電気工事士でなくてもできる**軽微な工事**に該当する。

ハ．○　258ページの⑥より、**電気工事士でなければできない作業**である。

ニ．×　259ページの③より、電気工事士でなくてもできる**軽微な工事**に該当する。

一般用電気工作物の保安に関する法令 〈解答・解説〉

配線図

1 解説　　　　　　　　　　　　　　　　　　　　正答 二

　図記号関連の問題としては、少し難しい問題である。TS はタイムスイッチ（◯P.275）、次の⑧の枠に入るのは、二の Wh（電力量計）で、BE は過負荷保護付漏電遮断器、そして (H) は電熱器（深夜電力利用の電気温水器）で、すべてそろうと、深夜電力を使った給湯設備となる。4つがセットになっていることを覚えておこう。イは電力計、ロは開閉器、ハは変流器。

この問題のように、どういう役割で、どこで使うかも含めて覚えていないと答えられない問題もありますよ。

2 解説　　　　　　　　　　　　　　　　　　　　正答 ロ

　設問の⑤で示されているCV 5.5−2C（FEP）という電線の図記号の、（　）の中＝電線管の種類に注目すると、271ページの中央の表より、FEP＝**波付硬質合成樹脂管**なので、答えはロになる。

　ちなみに、この電線の図記号の全体は、CV＝600V架橋ポリエチレン絶縁ビニルシースケーブルで、5.5＝断面積5.5㎟のものが、2C＝心線は2本で、FEP＝**波付硬質合成樹脂管**の中に入っているということになる。また、270ページの表より、施工方法は地中埋設配線（**屋外設備**）である。

3 解説　　　　　　　　　　　　　　　　　　　　正答 ロ

　設問の⑦で示されているコンセントの傍記表示はEである。273ページを見ると、E：接地極付であることがわかる（接地極付と接地端子付のコンセントの形状◯P.144）。また選択肢はすべて、接地極付の1口コンセントである。次に考えるのは、極配置（刃受）の形状である。問題文にもあるように、20A250V用のコンセントなので、145ページの表から判断すると、ロであることがわかる。なお、コンセントの定格電流が15Aの場合と、使用電圧が100Vの場合

単相100Vは縦が基本。

単相200Vは横が基本。

直角に曲がるのは20A。

346

は、傍記表示には何も書かないことになっている（**定格電流が20Aの場合は20A**と書き、**使用電圧が200Vの場合は**250V〔**定格電圧**〕と書く）。ちなみに、**イ：20A100V用、ハ：15A200V用、ニ：15A100V用**である。

4 解説 正答 ニ

設問の⑬で示されているスイッチ（点滅器）の傍記表示は**4**である。274ページの表から、**4路スイッチ**であることがわかる。次に4路スイッチの接点の構成をさがせば、答えは**ニ**だとわかる。ちなみに、**イ：単極スイッチ、ロ：2極スイッチ、ハ：位置表示灯内蔵スイッチ**である。

5 解説 正答 ロ

この設問は、配線図の⑪という位置指定は問題内容に関係なく、問題文にすべての要素が入っている。リングスリーブを使って**圧着接続**するときに使うものとして**不適切**なものを選ぶという設問である。166ページの解説より、リングスリーブの圧着接続には**ロ**の圧着端子用の圧着ペンチは使わないので、答えは**ロ**になる。**イはケーブルストリッパ**で、ケーブルの保護被覆（シース）や絶縁被覆をはぎ取る。**ハのビニルテープ**は、リングスリーブを使って圧着接続をするときに使う。**ニの電工ナイフ**も、ケーブルの保護被覆（シース）や絶縁被覆のはぎ取りに使う。

6 解説 正答 ニ

この設問も、配線図の⑬という位置指定は問題内容に関係ない。配線図のどの位置にあっても、回路の**相順**を調べるのは、235ページの解説にあるように、**ニの検相器**（この設問では**ランプ式**）である。

7 解説 正答 ロ

設問の**1φ3W 100/200V**の言葉から、⑰の B は単相3線式100/200Vの回路に接続された**配線用遮断器**であることがわかる。さらに、 B に傍記された200Vから、 B が単相3線式200V分岐回路の配線用遮断器であることがわかる。そして、**単相3線式200V分岐回路**に接続している**配線用遮断器**（ブレーカ）と漏電遮断器には、「**2P2E**」（2極2素子）の表示のあるものを用いることになっている（⊙P.275）。そこで、各選択肢の写真の下のラベルを見ると、**ロ**

に「２Ｐ２Ｅ」の表示があるので、答えは口になる。

8 解説   正答 **イ**

この設問の⑪で示されている ⊠ は、イのプルボックスの図記号である。

イ：プルボックス…多数の金属管が交差、集合している場所で、金属管への**電線の引き入れを容易**にするために用いる（▶P.149、271）。

口：ジョイントボックス（アウトレットボックス） 図記号 □ …**電線管相互を接続**する部分に用いる。照明器具を取り付ける部分で電線を引き出す場合や金属管が交差、集合している場所で、電線の引き入れを容易にするために使われる場合もある。

八：コンクリートボックス 図記号 □ …**コンクリートに埋め込んで用いる**ボックス。**ジョイントボックスと同様の機能**をもつ。

二：VVF用ジョイントボックス 図記号 ⊘ …VVF（平形600Vビニル絶縁ビニルシースケーブル）相互の接続に用いる。

9 解説   正答 **二**

この設問では、**VVF**（600Vビニル絶縁ビニルシースケーブル平形）の使用が明示されているので、**丸形のイと口は適切ではない**。また、この設問の⑪の配線につながるコンセントには、**20A250V Ｅ**という傍記表示がある。**Ｅは接地極付コンセント**のことであり（▶P.273）、接地極付コンセントにつながる配線では、**接地線**（緑色）が入るためケーブルは**3心**になる。なので、答えは二になる。

10 解説   正答 **イ**

電路と大地間の**絶縁抵抗値**は、227ページの表に示すように電路の使用電圧によってその最小値が定められている。第二種電気工事士試験で扱われる**低圧**の電圧区分は600V以下の電圧であり、その範囲で使用電圧として用いられているのは、100V、200V、400Vの3種である。227ページの表で、それぞれ**100V**は**0.1MΩ以上**、**200V**は**0.2MΩ以上**、**400V**は**0.4MΩ以上**と、1、2、4の数値が対応しているので覚えやすいと思われる。注意が必要なのは**単相3線式の200V**であるという点である。この回路は、対地電圧が100Vであるため、絶縁抵抗の考えでは100Vの回路と同等に扱われるので、最小値は**0.1MΩ**である。

また、この設問の⑥で示されている配線用遮断器の傍記200V 2P 20Aからも、**単相3線式200V**の分岐用配線用遮断器と判断できる。

いずれにしても絶縁抵抗値は0.1MΩ以上であればよいことになるので、**イ**が正解となる。

---

11 解説 ━━━━━━━━━━━━━━━━━━━━━━━━━ 正答 二

この設問の②で示されているコンセントが接続する配線は ⓚ へとつながっている。ⓚ は、傍記表示が200V 2P 20Aと書かれた漏電遮断器に接続している。この200Vという表示は、**使用電圧**（定格電圧も）**200V**という意味である。なので、**使用電圧300V以下のD種接地工事**に該当する。

なお、第二種電気工事士の試験範囲は、**低圧**（600V以下）で、600V以下の接地工事の種類は**C種**と**D種**だけである。また、定格電圧の種類は、100V、200V、400Vであり、C種接地工事は400Vの回路（電動機回路）で施工される場合だけで、試験に出題されるのは**D種接地工事**がほとんどである。

---

12 解説 ━━━━━━━━━━━━━━━━━━━━━━━━━ 正答 ロ

この設問の⑦の接地部分には、L－1：1φ3W 100/200V、P－1：3φ3W 200V、P－2：3φ3W 200Vの3つの回路が接続されている。いずれも、**使用電圧**（定格電圧も）**200V**なので、**使用電圧300V以下のD種接地工事**に該当する。また、設問で、「引込線の電源側には**地絡遮断装置**は**設置されていない**」とあるので、**接地抵抗値の最大値**は500Ωにはならず、100Ωのままで、**ロ**が正解となる。

地絡とは、事故などによって電気回路と大地との間に**電気的な接続**が生じてしまうことをいい、そこに電流（地絡電流）が流れることを**漏電**といいます。

D種接地工事の**接地抵抗値の最大値**は、規定の性能の漏電遮断器が接続していれば500Ω、していなければ100Ωということですね。

13 解説　　　　　　　　　　　　　　　　　　　正答　イ

この設問の⑨で示されている空白は、押しボタン（■）とチャイム（♩）を接続する電線の傍記表示のうちの**太さ**の部分である。そして、小勢力回路で使用できる電線の太さは、コードを使用する場合（ケーブルも使用できる）は、265ページの解説にあるように、「直径0.8mm以上の軟銅線か同等以上の強さ、太さのもの」と決められている。なので、答えは**イ**になる。

14 解説　　　　　　　　　　　　　　　　　　　正答　ロ

この設問の⑥で示されている BE は、過負荷保護付漏電遮断器である。この過負荷保護付漏電遮断器には ⓐ が接続している。そして、ⓐ の配線を見ると、壁際に ⊖ の図記号がある。これは、定格電流15Aの2口コンセントである（定格電流が15Aのコンセントには傍記表示はしない〔▶P.273〕）。定格電流15Aのコンセントなので、266ページの解説にもあるように、この**過負荷保護付漏電遮断器の定格電流の最大値**は、20Aである。**ロ**が正しい。

15 解説　　　　　　　　　　　　　　　　　　　正答　イ

■複線図の正解例

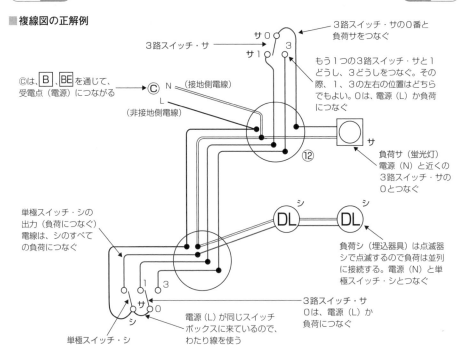

350

設問では、電線の太さはすべて1.6mm。それを、前ページの図の⑫のVVF用ジョイントボックス内で、リングスリーブを用いて5か所で圧着接続する。1.6mm 2本、3本は、リングスリーブの小となる（▶P.216）ので、小を5個使う。答えは**イ**。

■ 複線図の正解例

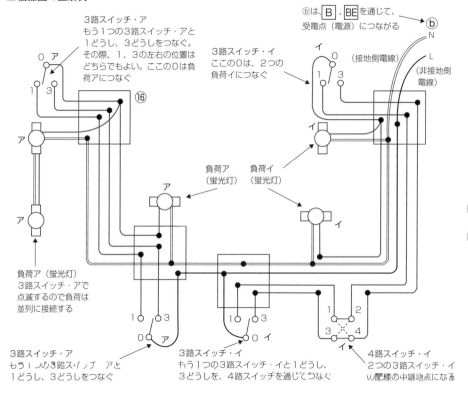

⑥は、| B |、| BE | を通じて、
受電点（電源）につながる → ⓑ

3路スイッチ・ア
もう1つの3路スイッチ・アと
1どうし、3どうしをつなぐ。
その際、1、3の左右の位置は
どちらでもよい。ここの0は負
荷アにつなぐ

3路スイッチ・イ
ここの0は、2つの
負荷イにつなぐ

3路スイッチ・イ
イ

（接地側電線）
N

L
（非接地側
電線）

負荷ア
（蛍光灯）　負荷イ
（蛍光灯）

負荷ア（蛍光灯）
3路スイッチ・アで
点滅するので負荷は
並列に接続する

3路スイッチ・ア
もう1つの3路スイッチ・アと
1どうし、3どうしをつなぐ

3路スイッチ・イ
もう1つの3路スイッチ・イと1どうし、
3どうしを、4路スイッチを通じてつなぐ

4路スイッチ・イ
2つの3路スイッチ・イ
の配線の中継地点になる

配線図〈解答・解説〉

　上の図の⑯のプルボックス内での接続は、接続箇所が4か所で、2本用の差込形コネクタを3個、3本用を1個使う。答えは**□**。

法改正・正誤等の情報につきましては『生涯学習のユーキャン』ホームページ内、「法改正・追録情報」コーナーでご覧いただけます。
https://www.u-can.jp/book

出版案内に関するお問い合わせは・・・
ユーキャンお客様サービスセンター
Tel 03-3378-1400 （受付時間 9:00 ～ 17:00 日祝日は休み）

本の内容についてお気づきの点は・・・
書名・発行年月日、お客様のお名前、ご住所、電話番号・FAX 番号を明記の上、下記の宛先まで郵送もしくは FAX でお問い合わせください。

【郵送】〒 169-8682　東京都新宿北郵便局 郵便私書箱第 2005 号
　　　　「ユーキャン学び出版　電気工事士資格書籍編集部」係
【FAX】　03-3350-7883
◎お電話でのお問い合わせは受け付けておりません。
◎質問指導は行っておりません。

写真提供 (50音順)　朝日電器株式会社　株式会社稲葉電機　株式会社松阪鉄工所
工機ホールディングス株式会社　全国金属製電線管附属品工業組合
パナソニック株式会社　藤井電工株式会社　未来工業株式会社

ユーキャンの 第二種電気工事士〈筆記試験〉合格テキスト&問題集 第2版

2016年 2 月24日　初　版　第 1 刷発行 2020年10月16日　第 2 版　第 1 刷発行	編　者　ユーキャン電気工事士 　　　　試験研究会 発行者　品川泰一 発行所　株式会社 ユーキャン 学び出版 　　　　〒151-0053 　　　　東京都渋谷区代々木1-11-1 　　　　Tel 03-3378-1400 編　集　株式会社 東京コア 発売元　株式会社 自由国民社 　　　　〒171-0033 　　　　東京都豊島区高田3-10-11 　　　　Tel 03-6233-0781 （営業部）

印刷・製本　シナノ書籍印刷株式会社

ユーキャンの

第二種
電気工事士

筆記試験
ポイントレッスン

取り外して使えます。

鑑別問題対策資料集

◆工具◆

圧着ペンチ（リングスリーブ用）	圧着ペンチ（圧着端子用）

リングスリーブに挿入された電線を圧着接続する （特徴）握りが黄色	圧着端子に挿入された電線を圧着接続する （特徴）握りが赤色
油圧式圧着ペンチ（手動油圧式圧着器）	電工ナイフ
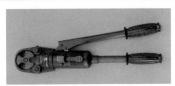	
油圧の力を使って太い電線を圧着接続する （特徴）油圧用ポンプが付いている	絶縁電線の被覆をはぎ取る
ワイヤストリッパ	ケーブルストリッパ

絶縁電線の被覆をはぎ取る	ケーブルの保護被覆（シース）や絶縁被覆をはぎ取る

ケーブルカッタ	合成樹脂管用カッタ
	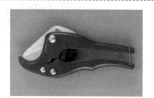
太い絶縁電線やケーブルなどの切断に用いる	合成樹脂管の切断に用いる

面取器	パイプバイス
 内側　　　　　　　外側	
合成樹脂管の切断面の内外の処理（バリ取り）に用いる	金属管を切断するときなどに、管を固定する。パイプ万力とも呼ばれる

金切りのこ	パイプカッタ
	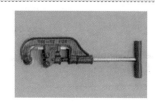
金属管を切断するときに用いる	太い金属管を切断するときに用いる

やすり（金やすり）	クリックボール

金属管を切断したあとに、切断面のバリ取りをする	先端に**リーマ**や**ドリルビット**、**羽根ぎり**等を付けて用いる

リーマ	リード型ねじ切り器
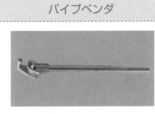	
金属管内側のバリ取りの際に、**クリックボール**の先端に付けて使う	金属管にねじを切るときに、**ダイス**と呼ばれる刃を付けて使う
ダイス	パイプベンダ
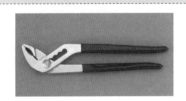	
金属管にねじを切るとき、**リード型ねじ切り器**に付けて使う刃	金属管を曲げるのに用いる
ウォータポンププライヤ	パイプレンチ

太い金属管を接続するとき、金属管やカップリングを回したり固定したりするのに用いる	太い金属管を接続するとき、金属管やカップリングを回したり固定したりするのに用いる
トーチランプ	呼び線挿入器

合成樹脂管を曲げる際の加熱に使う	電線管に電線を呼び込むための呼び線を通す工具

張線器（シメラ）	木工用ドリルビット
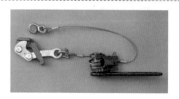	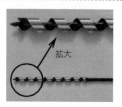 拡大
架空引込線などで電線やメッセンジャワイヤに張力を加え、たるみを取る作業に用いる	電動ドリルや**クリックボール**に取り付けて、木材に穴をあける
羽根ぎり	ホルソ
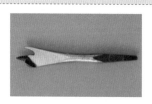	
クリックボールに取り付けて、木材に穴をあける	**電動**ドリルに取り付けて、金属板に穴をあける
ノックアウトパンチャ	電工用ドライバー
金属板に穴をあけるときに用いる。写真は油圧式 	 器具のねじや木ねじの締め付けなどに用いる
絶縁ペンチ	ハンマ
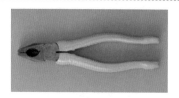	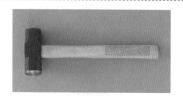
電線の切断、加工などに用いる	接地極を地中に打ち込むときやＶＶＦケーブル用ステープルの打ち付けなどに用いる

◆ 材 料 ◆

リングスリーブ	差込形コネクタ
中 　　　　　　　　 小	2本用　　 3本用　　 4本用
ボックス内で電線を圧着接続するときに用いる。専用の黄色い柄の圧着ペンチを使う	ボックス内で電線を接続するときに用いる。大きさによって接続できる電線の本数が決まっている
圧着端子	ビニルテープ

機器の端子に電線を接続するのに用いる。専用の赤い柄の圧着ペンチを使う	電線を接続した箇所の絶縁のために用いる（差込形コネクタを除く）
ステープル	サドル

平形ケーブル（ＶＶＦ）を造営材に固定するときに用いる	金属管を造営材に固定するときに用いる
パイラック	カールプラグ
金属管を鉄骨などに固定するときに用いる 	サドル等をコンクリートに取り付けるとき、カールプラグをコンクリートに埋め込んでから、木ねじで固定する 

エントランスキャップ	カップリング

垂直配管の**金属管上端部**に取り付けて、雨水の浸入を防止するために用いる	ねじつきの薄鋼電線管相互の接続に用いる
コンビネーションカップリング	ねじなしカップリング

２種金属製可とう電線管と金属管を接続するときに用いる	ねじなし電線管（両端ともねじが切られていない）相互を接続するときに用いる
ロックナット	リングレジューサ
	ボックスに打ち抜かれた穴（ノックアウトという）の径が、接続する金属管の外径より大きい場合に調整用に用いる 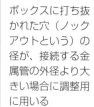 
金属管をボックスに取り付けて固定するのに用いる	
絶縁ブッシング	ねじなしボックスコネクタ

金属管から引き出された電線の被覆を損傷させないために、金属管の管端に取り付ける	ねじなし電線管（両端ともねじが切られていない）とボックスの接続に用いる

ノーマルベンド	ユニバーサル
 金属管相互を**直角**に接続するとき（**屈曲半径**の大きい場合）に用いる	 金属管相互を**直角**に接続するときに用いる。T形、L-L形、L-B形がある
ジョイントボックス（アウトレットボックス）	コンクリートボックス
電線管相互を接続する部分に用いる 図記号 	**コンクリートに埋め込んで**用いるボックス 図記号 
ＶＶＦ用ジョイントボックス	プルボックス
ＶＶＦ（平形600Vビニル絶縁ビニルシースケーブル）相互の接続に用いる 図記号 	多数の金属管が交差、集合している場所で、金属管への電線の引き入れを容易にするために用いる 図記号 
露出スイッチボックス	合成樹脂製埋込形スイッチボックス
露出金属管工事で、スイッチやコンセントの取り付けに用いる。埋込タイプのものもある。写真はねじなし管用 	埋込配線の工事で、スイッチやコンセントの取り付けに用いる。露出タイプのものもある 

プレート

スイッチやコンセントのカバー

平形ケーブル

① 　② 　③

導体を絶縁被覆した外側にさらに保護被覆（シース）を重ねた電線のうち、平形のもの。上の③は接地線（緑色）が入っている。これは、接地極付コンセントなどにつながる

プリカチューブ（2種金属製可とう電線管）	ビニル被覆金属製可とう電線管

可とう性（曲がる性質）のある金属製の電線管。1種より機械的強度が高い	**防水性**で、**可とう性**（曲がる性質）のある金属製の電線管

硬質塩化ビニル電線管（ＶＥ管）	合成樹脂製可とう電線管（ＰＦ管）
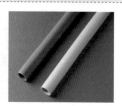	
合成樹脂管のうち、可とう性（曲がる性質）のない、まっすぐ伸びた硬質管	合成樹脂管のうち、**可とう性**（曲がる性質）と**自己消火性**がある

ＴＳカップリング	ＰＦ管用カップリング

硬質塩化ビニル電線管（ＶＥ管）相互を接続するときに用いる	ＰＦ管相互を接続するときに用いる

ＰＦ管用サドル	ＰＦ管用ボックスコネクタ

ＰＦ管を支持するときに用いる	ＰＦ管をボックスに接続するときに用いる

ライティングダクト	１種金属線ぴ
照明器具の位置を自由に移動させるために照明器具をぶらさげるダクト。開口部が下になるよう取り付ける 図記号 - - - - - - - - LD 	金属線ぴは、法定の金属製のものか、黄銅か銅製のものとされる。黄銅と銅製のものは、幅5㎝以下、厚さ0.5㎜以上に限られている。１種の幅は4㎝未満 

２種金属線ぴ	ケーブルラック
２種の幅は4㎝以上5㎝以下 	多数のケーブル配線の支持、固定に使う、はしご状のラック 

がいし	ネオン管用サポート
① ② ③ 絶縁電線を支持する。①ノブがいし　②玉がいし　③ＤＶ線引き留めがいし	① ② ①チューブサポート　ネオン管の支持をする ②コードサポート　ネオン電線の支持をする

◆ 配線器具 ◆

単極スイッチ（片切りスイッチ）	2極スイッチ（両切りスイッチ）
電灯を点滅するときに用いる。タンブラスイッチとも呼ばれる 図記号 ● ◆ ワイドハンドル形	独立した2つの接点をもち、2つの回路の点滅を同時に行う 図記号 ●2P
接点の構成 	接点の構成 
3路スイッチ	4路スイッチ
電灯を2カ所から点滅するときに用いる。階段スイッチとも呼ぶ 図記号 ●3	3路スイッチの回路の中間に用いて点滅できる箇所を増加させる 図記号 ●4
接点の構成 	接点の構成 
位置表示灯内蔵スイッチ	確認表示灯内蔵スイッチ
点滅器がＯＦＦのときに内蔵の表示灯（パイロットランプ）が点灯して点滅器の位置が確認できる 図記号 ●H	点滅器がＯＮのときに内蔵の表示灯（パイロットランプ）も点灯して器具（負荷）の運転が確認できる 図記号 ●L
接点の構成 	接点の構成 

カバー付ナイフスイッチ	電流計付箱開閉器
手動で刃を入切して回路の開閉を行う 図記号 S 	図記号の○印が「電流計付」を示している 図記号 

漏電遮断器	配線用遮断器
単相3線式200Vの回路用のものには、2P2E（2極2素子）の表示がある。テストボタンがある。Eは漏電遮断器 図記号 E 2P2E 20A 30mA  	単相3線式200Vの回路用のものには、2P2E（2極2素子）の表示がある。開閉器の機能を兼ねる 図記号 B 2P2E 20A

漏電遮断器（過負荷保護付）	配線用遮断器（電動機保護兼用）
漏電や過電流が発生したときに電路を自動的に遮断する。テストボタンがある 図記号 BE 3P 15A 30mA 	過電流が発生したときに電路を自動的に遮断する 図記号 B 3P 10A 

電磁開閉器	電磁開閉器用押しボタン
電動機の遠隔操作や自動操作などに使われる開閉器 図記号 S 	電磁開閉器の入／切に用いる。確認表示灯付の傍記表示はBL。圧力スイッチの傍記表示はP 図記号 ●B 

11

リモコントランス	リモコンリレー
リモコン配線に用いる変圧器 図記号 	リモコン配線のリレー（継電器）として用いる 図記号 （集合使用時） 
モータブレーカ	ベル変圧器（チャイムトランス）
配線用遮断器のうち電動機の過負荷保護に使用するもの 図記号 	ベルやブザーなどの配線に用いる変圧器 図記号 
ネオン変圧器（ネオントランス）	安定器
ネオン管の点灯に必要な高電圧を発生させる変圧器 図記号 	 蛍光灯の放電の開始と放電を安定させるもの　図記号
タイムスイッチ	光電式自動点滅器
設定した時間に電灯などを点滅させるタイマー式の自動点滅器 図記号 	周囲の明るさを検知して、自動的に電灯などを点滅させる 図記号 ● A(3A) 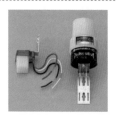

進相コンデンサ	フロートレススイッチ電極
回路の力率を改善するためのコンデンサ 図記号 	水位を検知して、ポンプの動きを制御する 図記号 LF

プルスイッチ	リモコンスイッチ
引きヒモを引くことで電灯などの点滅をする 図記号 ●P	リモコン配線専用の点滅器 図記号 ●R

換気扇（壁付）	換気扇（天井付）
台所やトイレなどで排気をして換気をする 図記号 	台所やトイレなどで排気をして換気をする 図記号

分電盤	制御盤
漏電遮断器や配線用遮断器を1か所にまとめたもの 図記号 	電動機などを制御するための電磁開閉器、配線用遮断器などを1か所にまとめたもの 図記号

調光器	蛍光灯（天井直付）
電灯の明るさを調節する 図記号 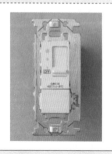	蛍光ランプを用いた照明  図記号 壁付 　　の形もある 壁側を塗る
白熱灯（壁付）	HID灯（高輝度放電ランプ）
白熱ランプを用いた照明 図記号 　	〈図記号の傍記〉 高圧水銀灯　　H メタルハライド灯　M 高圧ナトリウム灯　N 図記号  H100 ※数字はW数
ペンダント	シーリング（天井直付）
コードやチェーンで天井からつり下げて使用する 図記号 　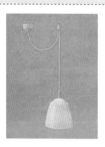	天井に直接付ける。図記号のCLは、シーリングライトの略 図記号 　
シャンデリア	埋込器具（ダウンライト）
複数の照明を天井に直接付ける。図記号のCHは、シャンデリアの略 図記号 　	天井に埋め込むタイプ。図記号のDLは、ダウンライトの略 図記号 　

引掛シーリング（角形）	引掛シーリング（丸形）
天井下面に取り付け照明器具のコードを接続して電源を供給する 図記号 	天井下面に取り付け照明器具のコードを接続して電源を供給する 図記号

2口コンセント	接地極付コンセント
2口以上の場合は、口数を図記号に傍記。写真は、100V15Aなので、定格電圧・電流の傍記はない 図記号 ワイドハンドル形	接地極付なので、図記号にEを傍記。刃受の形状から、15A200V（使用電圧）なので、定格電圧250Vを傍記 図記号

接地極付コンセント	接地端子付コンセント
接地極付なので、図記号にEを傍記。刃受の形状から、20A200V（使用電圧）なので、20Aと定格電圧250Vを傍記 図記号 	接地端子付なので、図記号にETを傍記 図記号

接地極付接地端子付コンセント	2口接地極付抜け止め形コンセント
接地極付接地端子付なので、図記号にEETを傍記。刃受の形状から、15A・20A共用。よって20Aも傍記 図記号 	2口なので2を図記号に傍記。接地極付なので、Eも傍記。刃受の形状から、抜け止め形なので、LKも傍記 図記号

漏電遮断器付コンセント	接地極
漏電遮断器付なので ＥＬを図記号に傍記。２口なので、２も傍記 〔図記号〕 	接地線に接続して地中に埋没する金属棒 〈図記号の傍記〉 C種接地　E_C D種接地　E_D 〔図記号〕
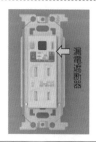 	

漏電火災警報器	火災警報器
漏電を検出し、警報を発する。電路を遮断する機能はない 〔図記号〕 	
	天井に取り付けて、煙（左。煙を吸い込む穴が開いている）や熱（右）を感知して警報を出す

◆ **計測器** ◆

回路計（テスタ）	絶縁抵抗計（メガー）
交流電圧、直流電圧、直流電流、回路抵抗を測定するための計器 	各部分の**絶縁抵抗**の値が規定値以上に維持されているかどうかを確認する計器。目盛り盤にMΩの文字がみえる 

接地抵抗計（アーステスタ）	電力計
 **接地極**と**大地**との間の抵抗（**接地抵抗値**）を計る計器	**電力**を計る計器。単位はW 

電流計	周波数計
電流を計る計器。単位はA 	周波数を計る計器。単位はHz 
クランプ形電流計	漏れ電流計
電線を被覆の上からクランプする（はさみ込む）ことによって電流を測定する計器。クランプメータとも呼ぶ 	クランプ形電流計と同様に、電線を被覆の上からクランプすることによって、漏れ電流を測定する計器 
検電器	検相器
低圧回路の充電の有無（電圧が生じているかどうか）を確認するための測定器	① ②

検電器欄:
ネオン式
音響発光式

検相器欄:

三相交流の相順（相回転）を調べるための測定器。①回転円板式 ②ランプ式

電力量計	照度計
電力量を計る測定器 	明るさを計る計器。単位はlx 

主な図記号

◆ 屋内配線（一部屋外設備）の配線名称と図記号

図記号	名称
———————	天井隠ぺい配線
- - - - - - - - - -	床隠ぺい配線

図記号	名称
··········	露出配線
— · — · — · —	地中埋設配線（屋外設備）

◆ ケーブル・電線管と挿入絶縁電線の表記例

ケーブル
———————
VVF　1.6　　3C 種類　太さ　心線の本数
上の図は、電線の太さ（直径）が1.6㎜で、3本（3心）のビニル絶縁ビニルシースケーブル平形（VVF）であることを表している

絶縁電線
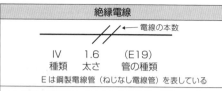
IV　1.6　（E19） 種類　太さ　管の種類 Eは鋼製電線管（ねじなし電線管）を表している
上の図は、外径19㎜のねじなし電線管で配管した中に電線の太さ（直径）が1.6㎜の絶縁電線（IV）が2本挿入（配線）されていることを表している

◆ 電線・ケーブル・電線管の種類と記号

記号	電線の種類
IV	600Vビニル絶縁電線
VVF	600Vビニル絶縁ビニルシースケーブル（平形）
VVR	600Vビニル絶縁ビニルシースケーブル（丸形）
CV	600V架橋ポリエチレン絶縁ビニルシースケーブル
EM-EEF	600Vポリエチレン絶縁耐燃性ポリエチレンシースケーブル平形

記号	電線管の種類
なし	薄鋼電線管
E	鋼製電線管（ねじなし電線管）
PF	合成樹脂製可とう電線管（PF管）
CD	合成樹脂製可とう電線管（CD管）
VE	硬質塩化ビニル電線管
HIVE	耐衝撃性硬質塩化ビニル電線管
FEP	波付硬質合成樹脂管

◆ 配線に関する図記号

図記号	名称	ポイント
♂	立上り	2階建てなど複数階の建物で、階をまたいで配線するときに使用する
♀	引下げ	
♂	素通し	
⊠	プルボックス	多数の電線管が集中する箇所に使用する

図記号	名称	ポイント
□	ジョイントボックス（アウトレットボックス）	電線の接続や器具の取り付けに用いる
⊘	VVF用ジョイントボックス	VVFケーブル専用のジョイントボックス
⏚	接地端子	接地極からの接地線を裏面の端子に結線する。スイッチボックスなどでコンセントと一緒に取り付け、電気器具の接地線を接続する端子
⏚	接地極	C種接地…E_C、D種接地…E_Dのように、接地種別を傍記する。必要に応じて、接地抵抗値なども傍記する
⚡	受電点	引込口にも使用する

◆ 機器に関する図記号

図記号	名称	ポイント
Ⓜ	電動機	必要によって、電気方式、電圧、容量などを「3φ200V　1.5kW」のように傍記
⊥	コンデンサ	電動機の近くに設置し、力率を改善する
∞	換気扇	羽根をモデル化した図記号である。天井付は▭
RC	ルームエアコン	屋外ユニットはO（outdoor）、屋内ユニットはI（indoor）を傍記する
Ⓣ	小型変圧器	ベル変圧器はB、リモコン変圧器はR、ネオン変圧器はNを傍記する
Ⓗ	電熱器	電気温水器を表すことが多い
CT	変流器（箱入り）	主回路に流れる大電流を扱いやすい大きさに変換する機器

◆ 照明器具に関する図記号

図記号	名称	ポイント
( )	引掛シーリング（角形）	天井下面に取り付け照明器具のコードを接続して電源を供給する
(○)	引掛シーリング（丸形）	照明器具の直付も可能である
⊖	ペンダント	天井からコードでつり下げて使用する照明器具
CL	シーリング（天井直付）	CL：シーリングライトの略

図記号	名称	ポイント
(CH)	シャンデリア	CH：シャンデリアの略
(DL)	埋込器具 （ダウンライト）	天井に埋込んで使用する DL：ダウンライトの略
○	白熱灯	壁付は壁側を塗るかW（wall）を傍記する
▭○▭	蛍光灯（天井直付）	容量を示す場合は、ワット（W）×ランプ数を傍記する。 床付はFを、プルスイッチ付はPを傍記する。◯の形もある
▭○	蛍光灯（壁付）	壁付は壁側を塗るかW（wall）を傍記する
▭◉▭	誘導灯（蛍光灯）	非常時の避難経路を表示する
◉	誘導灯（白熱灯）	非常時の避難経路を表示する
◎	屋外灯	傍記がH100であれば、100Wの水銀灯

◆コンセントに関する図記号

図記号	名称	ポイント
⊖	一般形コンセント	露出形と埋込形の区別は、コンセントへの配線（露出配線／隠ぺい配線）で判断する。露出形は壁や柱に直接取り付ける ● **傍記の種類** 　**口数**…2、3のように口数を傍記 　抜け止め形………………LK 　接地極付…………………E 　接地端子付………………ET 　接地極付接地端子付……EET 　漏電遮断器付……………EL 　防雨形……………………WP 　防爆形……………………EX 　医療用……………………H 　引掛形……………………T 　20A以上…………………20A 　**使用電圧200V**…………250V 　　※15A、125Vは傍記しない 　**3極以上**…3Pのように極数を傍記 　　※3Pは三相用であることを示す
◇	ワイドハンドル形 コンセント	
⊕	天井付コンセント	天井に取り付ける。抜け止め形（LK）にすることが多い
⊕	フロアコンセント	床面に取り付ける

◆ **スイッチ（点滅器）に関する図記号**

図記号	名称	ポイント	
● ◆	単極スイッチ ワイドハンドル形	タンブラスイッチ、片切スイッチとも呼ばれる。押すとONとなる側に印がある。露出形は露出配線で用いる	
●3	3路スイッチ	負荷を2か所から点滅する場合に用いる	
●4	4路スイッチ	3路スイッチの回路の中間に用いて点滅できる箇所を増加させるときに使用する	
●2P	2極スイッチ	同時にON-OFFする単極スイッチが2つ組込まれているタイプ	
●H	位置表示灯内蔵 スイッチ	点滅器がOFFのときに内蔵のパイロットランプが点灯して点滅器の位置が確認できる	
●L	確認表示灯内蔵 スイッチ	点滅器がONのときに内蔵のパイロットランプも点灯し、負荷の運転が確認できる	
●A(3A)	自動点滅器	屋外灯などを周囲の明暗により、自動的に点滅させる場合に用いる。Aはオートマチックの意味。（3A）は容量を表す	
✎	調光器	照明器具の明るさを調整する	
●R	リモコンスイッチ	リモコン配線専用の点滅器。リモコン変圧器とリモコンリレーを組み合わせて用いる	
●P	プルスイッチ	引きヒモを引くことで電灯などの点滅をする	
●D	遅延スイッチ	スイッチを切ったあと一定時間後に電源が切れる	
⊗	リモコンセレクタ スイッチ	複数のリモコンスイッチを集合させたもの	
▲	リモコンリレー	リモコン配線に用いる継電器 複数の場合 ▲▲▲₁₀（10は集合取付数）	
○	別置表示灯 （パイロットランプ）	点滅器と組み合わせて、器具の動作状態や点滅器の位置を示す場合に使用する	

◆ **計器に関する図記号**

図記号	名称	ポイント
S	開閉器	手動で刃をON-OFFして回路の開閉を行う。箱入りは箱の材質等を傍記。機能はカバー付ナイフスイッチと同じである。傍記表示にf30Aなどの表示がある場合は、ヒューズを内蔵しているので、過電流遮断機能をもつ
Ⓢ	電流計付箱開閉器	図記号の○印が「電流計付」を示している。機能はカバー付ナイフスイッチと同じである

図記号	名称	ポイント
B	配線用遮断器	図記号のBとBEの違いは、Eが付くことで「漏電遮断器」の機能があることを示す ● 2P1E（2極1素子） 単相2線式および単相3線式回路で100Vの分岐回路に使用する。L, Nの極性表示が端子部にあり、N表示の端子は接地側電線（中性線）に接続する
BE	過負荷保護付漏電遮断器	● 2P2E（2極2素子） 200Vの回路に使用し極性の表示がない。単相3線式回路においても、中性線を使用しない。200Vの回路には極性表示のないこの2P2Eを用いる
E	漏電遮断器	テストボタンが緑の場合が漏電検出遮断専用を示す。過負荷保護付はテストボタンは赤色であることが多い。灰色もある。傍記表示に30AFなどの表示がある場合は過電流遮断機能をもつ
B	モータブレーカ	配線用遮断器のうち電動機の過負荷保護に使用するもの
TS	タイムスイッチ	設定した時間に負荷を動作（ON-OFF）させるため、動作時間を設定できる点滅器
●B	電磁開閉器用押しボタン	電磁開閉器をON-OFFさせ、電動機を運転・停止する場合に用いる。確認表示灯付の傍記表示：BL、圧力スイッチの傍記表示：P
Wh	電力量計（箱入りまたはフード付）	電力量を計るための計器

◆ そのほかの図記号

図記号	名称	ポイント
	分電盤	漏電遮断器や配線用遮断器を1か所にまとめるためのもの
	制御盤	電動機などを制御するための電磁開閉器、配線用遮断器などを1か所にまとめるためのもの
	配電盤	分電盤等へ電気を供給するためのもの
●	押しボタン	壁付は壁側を塗る
	ベル	
	ブザー	小勢力回路（60V以下）で用いられる
	チャイム	
------ LD	ライティングダクト	照明器具の位置を自由に移動させるためのダクト。下側が開口している

筆記試験対策の押えドコロ

電気に関する基礎理論

押えドコロ 1. 合成抵抗 R の値

- 直列接続…各抵抗の和に等しい

$$R = R_1 + R_2 + R_3 \cdots$$

- 並列接続…枝分かれしている各部分の抵抗の逆数の和の逆数に等しい

$$\frac{1}{R} = \frac{1}{R_1} + \frac{1}{R_2} + \frac{1}{R_3} \cdots$$

押えドコロ 2. 直並列接続の回路

電流
$$I = I_1 = I_2 + I_3$$
電圧
$$V = V_1 + V_2$$
$$V_2 = V_3$$

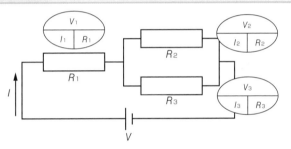

押えドコロ 3. 電力・電力量・発熱量

- 電力 P ＝電圧 V ×電流 I ＝電流 I の2乗×抵抗 R
- 電力量 W ＝発熱量 H ＝電力 P ×使用時間 t
  $$= 電圧 V × 電流 I × 使用時間 t$$
  $$= 電流 I の2乗 × 抵抗 R × 使用時間 t$$
- $1Ws = 1J$、　$1kWs = 1kJ$、　$1kWh = 3,600kWs = 3,600kJ$

押えドコロ 4. 導線の抵抗値

- 導線の抵抗値 ┌ 長さを2倍、3倍すると、抵抗値も2倍、3倍（正比例）
  └ 断面積を2倍、3倍すると、抵抗値は1/2倍、1/3倍（反比例）

- 導線の直径（半径）を2倍にすると、断面積は4倍 ⇒ 抵抗値は1/4倍

5. コンデンサ

コンデンサ…電気を蓄えたり放出したりするための部品

静電容量…コンデンサが蓄えることのできる電気の量 ⇒ 単位は〔F〕（〔μF〕）

6. 実効値と最大値

正弦波交流の電圧（または電流）の 　実効値 $= \dfrac{\text{最大値}}{\sqrt{2}}$

最大値 $= \sqrt{2} \times$ 実効値

7. 交流回路のインピーダンス

● インピーダンス…直列の R-L-C 回路全体の抵抗値〔Ω〕

インピーダンス $Z = \sqrt{R^2 + (X_L - X_C)^2}$

R	：抵抗
X_L	：誘導性リアクタンス
X_C	：容量性リアクタンス

＊並列の場合、この式は使えない

8. 力率の求め方

● 基本的な求め方………力率 $\cos\theta = \dfrac{\text{有効電力} P}{\text{皮相電力} VI}$

● 直列の R-L-C 回路……力率 $\cos\theta = \dfrac{\text{抵抗} R}{\text{インピーダンス} Z}$

● 並列の R-L 回路………力率 $\cos\theta = \dfrac{\text{抵抗} R \text{に流れる電流}}{\text{枝分かれしていない部分の電流} I}$

9. 三相交流回路

● Y 結線…線間電圧 $E = \sqrt{3} \times$ 相電圧 E_P

線電流 $I =$ 相電流 I_P

● Δ 結線…線間電圧 $E =$ 相電圧 E_P

線電流 $I = \sqrt{3} \times$ 相電流 I_P

● 三相交流回路の全消費電力 $P =$ 各負荷の消費電力の3倍

● 配電理論および配線設計

押えドコロ ◉ **10. 単相3線式の線間電圧と対地電圧**

- 線間電圧…電圧側電線と中性線の間 ⇒ 100V
  電圧側電線相互間 ⇒ 200V
- 対地電圧…中性線と大地間 ⇒ 0V
  電圧側電線と大地間 ⇒ 100V

押えドコロ ◉ **11. 配電線路の電圧降下**

電線1線分に流れる電流 I〔A〕、抵抗 r〔Ω〕とした場合の電圧降下〔V〕

- 単相2線式（単一負荷の場合）… $2Ir$〔V〕
  ＊複数負荷の場合は、区間ごとに分けて考えていく
- 単相3線式（平衡負荷の場合）… Ir〔V〕（中性線には電流が流れない）
  ＊不平衡負荷の場合は、中性線にも電流が流れる（出題の可能性は低い）
- 三相3線式（Y結線・Δ結線）… $\sqrt{3}\,Ir$〔V〕

押えドコロ ◉ **12. 配電線路の電力損失**

電線1線分に流れる電流 I〔A〕、抵抗 r〔Ω〕とした場合の電力損失〔W〕

- 単相2線式 …………………………… $2I^2r$〔W〕
- 単相3線式（平衡負荷の場合）……… $2I^2r$〔W〕（中性線では電力損失なし）
  ＊不平衡負荷の場合は、中性線でも電力損失あり（出題の可能性は低い）
- 三相3線式（Y結線・Δ結線）……… $3I^2r$〔W〕

押えドコロ ◉ **13. 導体の太さと許容電流**

導体の太さ	許容電流
直径 1.6〔mm〕	27〔A〕
直径 2.0〔mm〕	35〔A〕
断面積 5.5〔mm²〕	49〔A〕

電線管に収めるとき
またはケーブルの場合、
電流減少係数をかけ合わせる
（整数値は7捨8入）

押えドコロ 14. 幹線の許容電流 I_W の最小値

電動機の定格電流の合計 I_M ＞それ以外の負荷の定格電流の合計 I_H のとき、

I_W の最小値〔A〕
- $I_M \leqq 50A \Rightarrow 1.25 \times I_M + I_H$
- $I_M > 50A \Rightarrow 1.1 \times I_M + I_H$

押えドコロ 15. 分岐回路の電線の太さ、コンセントの定格電流

分岐回路の名称	電線の太さ	コンセントの定格電流
20A分岐回路	1.6mm以上	20A以下
30A分岐回路	2.6mm以上 または 5.5㎟以上	20A以上30A以下

押えドコロ 16. 漏電遮断器の取り付けが省略できる場合

- 機械器具を「乾燥した場所」に施設する場合 ⇒ 省略できる
  - →「水気」「湿気」のある場所は（ほかに省略できる理由がなければ）、
    省略できないものと判断する
- 電気用品安全法の適用を受ける二重絶縁構造の機械器具 ⇒ 省略できる

電気機器、配線器具ならびに電気工事用の材料および工具

押えドコロ 17. 三相誘導電動機のポイント

- 三相かご形誘導電動機 ⇒ Y-Δ始動法で始動電流を小さくする
- 逆回転にするとき ⇒ 3本の結線のうち2本を入れ替える
- 進相コンデンサの使用 ⇒ 力率の改善が目的

押えドコロ 18. 照明器具のポイント

- 発光効率：白熱電灯 ＜ 蛍光灯（スタータ形 ＜ 高周波点灯専用形）＜ LED
- 放電灯の安定器 ⇒ 放電を安定させる
- 蛍光灯回路のコンデンサ ⇒ 雑音を防止する

押えドコロ ● **19. 配線用遮断器、地絡保護装置のポイント**

● 配線用遮断器の動作時間

定格電流30A以下の配線用遮断器	1.25倍の電流	2倍の電流
	60分以内	2分以内

● 零相変流器の役割 ⇒ 地絡電流の検出

押えドコロ ● **20. 電線と接続器のポイント**

● 地中電線路には、ケーブルを使用
● 600Vビニル絶縁電線（IV）の絶縁物の許容温度…60℃
● コードの許容電流

公称断面積　0.75 ㎟	7 A
公称断面積　1.25 ㎟	12 A

押えドコロ ● **21. 金属管工事用材料のポイント**

● アウトレットボックスの使用方法
  ● 電線相互を接続する部分に用いる
  ● 照明器具等の取付部分で電線を引き出す場合に用いる
  ● 電線の引き入れを容易にするために用いる
● 絶縁ブッシングの用途 ⇒ 電線の被覆を損傷させないこと
● エントランスキャップの用途 ⇒ 雨水の浸入防止

押えドコロ ● **22. 合成樹脂管の種類**

合成樹脂管 ─┬─ 硬質塩化ビニル電線管（VE管）
　　　　　　 └─ 合成樹脂製可とう電線管（PF管、CD管）

押えドコロ 23. 金属管用と合成樹脂管（VE管）用の主な工具

	金属管用	合成樹脂管（VE管）用
切断	●金切りのこ ●パイプバイス	●金切りのこ ●合成樹脂管用カッタ
面取り	●リーマ ●クリックボール	●面取器
曲げ	●パイプベンダ	●トーチランプ
ねじ切り	●リード型ねじ切り器	〈ねじ切りしない〉
接続	●ウォータポンププライヤ ●パイプレンチ	●TSカップリング ●トーチランプ

押えドコロ 24. 電線用・穴あけ用工具のポイント

- ケーブルカッタ……太い電線やケーブルなどを切断する
- ボルトクリッパ……鋼銅線や鉄線などを切断する
- ワイヤストリッパ…電線の被覆をはぎ取る
- 呼び線挿入器………電線の通線に用いる
- ホルソ………………電動ドリルに取り付けて金属板に穴をあける

押えドコロ 25. 接触防護措置のポイント

- 簡易接触防護措置
  ⇒ 設備に人が容易に接触しないように講じる措置
- 接触防護措置
  ⇒ 設備に人が（手を伸ばしても）接触しないように講じる措置

電気工事の施工方法

押えドコロ 26. 屋内配線工事と施設場所のポイント

- 金属管工事
- 合成樹脂管工事（CD管を除く）
- 可とう電線管工事（2種金属製可とう電線管）
- ケーブル工事（キャブタイヤケーブルを除く）

この４種類は、屋内のどの場所でも施工できる

押えドコロ 27. 特殊場所で施工できる工事の種類

爆発性粉じん・可燃性ガス等 が存在する場所	可燃性粉じん・危険物 が存在する場所
● 金属管工事 ● ケーブル工事	● 金属管工事 ● ケーブル工事 ● 合成樹脂管工事

押えドコロ 28. 金属管工事のポイント

- 絶縁電線を使用する（屋外用ビニル絶縁電線〔OW〕は除外）
- 金属管内では電線に接続点を設けない
- 4m以下の金属管を乾燥した場所に施設 ⇒ D種接地工事省略

押えドコロ 29. 金属製可とう電線管・合成樹脂管工事のポイント

- 管内には電線の接続点を設けない
- 金属製可とう電線管の屈曲半径は管の内径の3倍以上でよい場合がある
- 合成樹脂管の差込み接続
    接着剤なし：差込み深さは管外径の1.2倍以上
    接着剤あり：差込み深さは管外径の0.8倍以上

押えドコロ 30. ダクト・線ぴ工事のポイント

- 金属ダクト、フロアダクト、2種金属製線ぴの内部
  ⇒ 一定の場合、電線に接続点を設けることができる
- 金属ダクト工事・フロアダクト工事 ⇒ 接地工事の省略ができない

押えドコロ 31. ネオン放電灯その他の工事のポイント

- ネオン放電灯の管灯回路の配線は、がいし引き工事
- メタルラス等と金属管等とは電気的に接続しないようにする
- 三相200Vエアコン ● 定格消費電力は2kW以上
  ● 配線と直接接続する（コンセントは禁止）

押えドコロ **32. 接地工事のポイント**

- D種接地工事：接地抵抗値は原則100Ω以下、接地線は直径1.6mm以上
- 木製の床上ならば接地を省略できる（コンクリート床は含まない）
- 水気のある場所では漏電遮断機を施設しても接地を省略できない

押えドコロ **33. 電線の接続のポイント**

- 電線の接続：電気抵抗を増加させないこと
  　　　　　　：引張強さを20%以上減少させないこと
- 直径1.6mmの電線2本を接続するときのみ、圧着マーク「○」
- 差込形コネクタによる接続 ⇒ 電気絶縁用テープは不要

一般用電気工作物の検査方法

押えドコロ **34. 竣工検査、接地抵抗測定のポイント**

- 竣工検査で実施する項目
  目視点検 → 絶縁抵抗測定・接地抵抗測定 → 導通試験 → 通電試験
- 接地抵抗測定：接地抵抗計を使用 ⇒ 交流電圧で測定
  接地極はE→P→Cの順に10m以上の間隔で一直線上に配置

押えドコロ **35. 絶縁抵抗測定のポイント**

- 電技が定める絶縁抵抗値（規定値）
  対地電圧150V以下 ⇒ 0.1MΩ以上、対地電圧150V超 ⇒ 0.2MΩ以上
- 絶縁抵抗測定
  電線相互間……負荷はすべて取り外し 〕負荷側の点滅器等を
  電路と大地間…負荷は接続したまま 〕「入」にして測定

押えドコロ **36. 主な測定器の種類と用途**

- 回路計（テスタ）…導通試験に用いる
- 検電器…低圧回路の充電の有無を確認する
- 検相器…三相回路の相順（相回転）を調べる

電動機の回転速度を
調べるのは回転計

押えドコロ 37. 電気計器の動作原理を示す記号

- 直流用…可動コイル形

- 交流用…整流形 　可動鉄片形 　誘導形

一般用電気工作物の保安に関する法令

押えドコロ 38. 一般用電気工作物のポイント

- 低圧受電（600V以下）であること ⇒ 高圧受電は自家用電気工作物

- 小出力発電設備 ┬ 太陽電池 ………………… 50kW未満
　　　　　　　　├ 風力・水力……………… 20kW未満
　　　　　　　　└ 内燃力・燃料電池…… 10kW未満

押えドコロ 39. 電気用品安全法のポイント

- 定格電流100A以下の配線用遮断器・漏電遮断器は、特定電気用品
- 電線管や換気扇は、特定電気用品以外の電気用品
- 表示のない電気用品は、原則として販売や工事での使用ができない

押えドコロ 40. 電気工事士法のポイント

電気工事士でなければできない	電気工事士でなくてもできる
● 電線管に電線を収める作業	● 電力量計の取り付け、取り外し
● 電線管の曲げ、ねじ切り、接続	● 小型変圧器の2次側配線工事
● 配電盤の造営材への取り付け	● 電線を支持する柱や腕木の設置
● 接地極の地面への埋設	● 地中電線用の暗きょや管の設置

MEMO